版权声明

Copyright © 1993 BY LISA MILLER, MARGARET RUSTIN, MICHAEL RUSTIN, JUDY SHUTTLEWORTH.

Simplified Chinese edition copyright

© 2018 China Light Industry Press Ltd. / Beijing Multi-Million New Era Culture and Media Company, Ltd.

All rights reserved.

保留所有权利。未经中国轻工业出版社书面授权，任何人不得以任何方式（包括但不限于电子、机械、手工或其他尚未被发明或应用的技术手段）复印、拍照、扫描、录音、朗读、存储、发表本书中任何部分或本书全部内容（包括但不限于光盘、音频、视频等）。中国轻工业出版社未授权任何机构提供源自本书内容的电子文件阅览、收听或下载服务。如有此类非法行为，查实必究。

英国精神分析系列丛书

丛书主编　杨方峰

Closely Observed Infants

婴儿观察

Tavistock临床中心解读人类的非言语沟通

[英] 莉萨·米勒　　玛格丽特·拉斯廷
　　（Lisa Miller）　（Margaret Rustin）　编著
　　迈克尔·拉斯廷　朱迪·沙特尔沃思
　　（Michael Rustin）　（Judy Shuttleworth）

樊雪梅　译

中国轻工业出版社

图书在版编目(CIP)数据

婴儿观察：Tavistock临床中心解读人类的非言语沟通／(英)莉萨·米勒(Lisa Miller)等编著；樊雪梅译. —北京：中国轻工业出版社，2019.2 (2025.8重印)
　　ISBN 978-7-5184-2139-8

Ⅰ. ①婴… Ⅱ. ①莉… ②樊… Ⅲ. ①婴儿心理学－研究 Ⅳ. ①B844.11

中国版本图书馆CIP数据核字（2018）第235850号

责任编辑：潘　南　　　　　责任终审：杜文勇
文字编辑：王雅琦　　　　　责任校对：刘志颖
策划编辑：阎　兰　　　　　责任监印：吴维斌

出版发行：中国轻工业出版社（北京鲁谷东街5号，邮编：100040）
印　　刷：三河市鑫金马印装有限公司
经　　销：各地新华书店
版　　次：2025年8月第1版第6次印刷
开　　本：710×1000　1/16　印张：17.5
字　　数：180千字
书　　号：ISBN 978-7-5184-2139-8　定价：58.00元

读者热线：010-65181109
发行电话：010-85119832　　010-85119912
网　　址：http://www.chlip.com.cn　　http://www.wqedu.com
电子信箱：1012305542@qq.com

版权所有　侵权必究

如发现图书残缺请拨打读者热线联系调换

251659Y2C106ZYW

丛书序

近年来，精神分析在中国的蓬勃发展，使得客体关系已然成为大家耳熟能详的词汇。发源于英国的客体关系精神分析，在众多流派中最为重视人际关系的背景，对于同样热衷人际关系的中国人而言，想必最能贴近其心智经验。由梅兰妮·克莱茵（Melanie Klein）开创的这一学派，率先关注尚未掌握语言能力的婴幼儿与母亲之间的沟通方式。而中国人往往习惯于间接、含蓄的表达，话语中常常包含言外之意，表达的形式也重于言语所直接传达的内容，这相较于西方人表达上的直言不讳，更像是前言语期母婴之间的沟通方式。

继弗洛伊德发现人类的动力潜意识（dynamic unconscious）之后，克莱茵与她的追随者们，勇于探索人类心灵的最深处，将一些远离我们日常经验的心智运作模式呈现给世人。这样的内容难免令初学者感到费劲，也增加了翻译工作的难度，给人留下一种印象：这类深度心理学著作晦涩难懂，几乎无法译成流畅的中文。记得大约在十年前，我还是一名航天专业的工科学生，偶然在图书馆翻到精神分析的书籍，便受到深深吸引。一些读不太懂的文字，却总有几句触动你的心弦，于是便有了想要继续深入下去的愿望。随着对精神分析的兴趣日益浓厚，我决定收拾行囊，远赴英国，学习纯正的客体关系精神分析。海外学习的经验让我发现，并非所有的精神分析书籍都是难读的，甚至一些英文原版的入门读物，非常通俗易懂，比相应的中文译著要好读得多。2013年的某个午后，我在伦敦Tavistock中心*的图书馆偶然看到繁体中文版的《俄狄浦斯情结新解》一书，译文流畅、精准，顿时领略到中文阐述精神分析思想的美，也打破了"精神分析书籍难以译成流畅的中文"的印象。

再后来，读到同一系列中《内在生命》(*Inside Lives*)、《谈话治疗》(*Talking Cure*)等著作，更加确信精神分析思想可以通过生动、贴切的中文表达。2000年林玉华教授从英国受训回来后，便开始致力于精神分析的推广，其中包括引进一系列Tavistock中心出版的经典著作，前文提及的几本好书便属于这一系列。2015年在北京遇见"万千心理"的编辑阎兰，我极力把这套丛书推荐给她。于是，在阎兰编辑的努力下，其中几本的简体中文版便陆续得以问世。

安东尼·贝特曼（Anthony Bateman）等人的《当代精神分析导论——理论与实务》(*Introduction to Psychoanalysis: Contemporary Theory and Practice*)一书，将带领读者一览当代精神分析的几个主要流派，略述精神分析跨世纪以来的争议所衍生出来的几大学派在理论与实务上所强调的重点，包括古典精神分析、克莱茵学派、独立学派、当代弗洛伊德学派、人际学派、科胡特学派、拉康学派及自我心理学（林玉华，2002）。

《临床克莱茵》(*Clinical Klein*)一书首次从临床与历史的视角对克莱茵学派的思想进行了全面的阐述。克莱茵学派的概念来源于临床治疗的工作，鲍勃·欣谢尔伍德（Bob Hinshelwood）精心地挑选克莱茵所做的个案，介绍克莱茵如何架构其诠释，如何由病人的谈话中探测病人的心智内涵与历程，及如何借此了解病人所传达的潜意识（林玉华，2002）。

英国的Tavistock中心成立于1920年，被认为是世界级精神分析取向心理治疗的训练重镇之一，以克莱茵学派为主。大卫·泰勒（David Taylor）所主编的《谈话治疗》一书，收集Tavistock中心的临床研究与个案讨论，论证Tavistock模式对于心智世界的了解，如：心智是如何形成的；在各成长阶段中，

---

* 英国Tavistock中心（The Tavistock & Portman NHS Foundation Trust），译为塔维斯托克中心，是一家集临床心理治疗、教学和科研为一体的顶尖心理治疗机构。克莱茵和温尼科特等精神分析史上的重要人物，曾在该中心授课。——序文作者注

心智如何运作；"心"如何具有理性所不知的理性；谈话如何有治疗效果等（林玉华，2002）。

马戈·沃德尔（Margot Waddell）是 Tavistock 中心的资深儿童心理治疗师，她所撰写的《内在生命——精神分析与人格发展》（*Inside Lives: Psychoanalysis and The Growth of The Personality*），从精神分析角度阐述人的发展历程。她由临床实例及文献，巨细无遗地描绘由婴儿到老年的成长过程中，促进及妨碍心智及情绪成长的因素。沃德尔根据多年从事精神分析的经验，以当代精神分析的克莱茵思路为主轴，深入浅出地描绘人格的发展过程（林玉华，2002）。

俄狄浦斯情结可说是精神分析最主要的概念之一。弗洛伊德之后，俄狄浦斯的概念经过几番修饰，约翰·史坦纳（John Steiner）所编辑的《俄狄浦斯情结新解》（*The Oedipus Complex Today: Clinical Implications*）收集了克莱茵及3位克莱茵学派主要代表人物——布里顿（Britton）、费德曼（Feldman）和奥肖内西（O'Shaughnessy）对于俄狄浦斯的解释。克莱茵以她的个案，10岁的李察及2岁9个月的丽塔为例，描绘俄狄浦斯情结如何通过游戏呈现。其他3位作者则以他们自己的案例，描述当代精神分析对于俄狄浦斯的了解如何由克莱茵的主要概念衍生而来（林玉华，2002）。

1948年，埃丝特·比克（Esther Bick）在 Tavistock 中心开始以"婴儿观察"作为儿童心理治疗师的养成训练课程之一。1960年伦敦的精神分析学院（Institute of Psycho-Analysis）跟进，"婴儿观察"成为受训精神分析师的必修课程之一。目前欧洲、加拿大、美国、南美、非洲、澳洲及亚洲的许多精神分析训练学院，也将此作为精神分析训练的先修课程。《婴儿观察》（*Closely Observed Infants*）一书的作者们，皆为 Tavistock 的教师，他们以案例描述精神分析师或心理治疗师，如何通过观察婴儿学习早期的情绪发展及其内在世界的形成过程，了解婴儿与家人最原始的情绪互动，并观察自己在观察婴儿与家人互动过程中的情绪反应（林玉华，2002）。

赫伯特·罗森菲尔德（Herbert Rosenfeld）在《僵局与诠释》（*Impasse and Interpretation*）一书中，以鲜活的案例，有力地呈现精神分析对于精神病的治疗效果。他由临床案例解释在诊疗室中的"治疗"及"反治疗"因素，并以案例周详而细致地描绘如何借由了解自恋状态及投射认同，避免治疗僵局的发生。作者认为，能与病人最病态的部分接触，是治疗成功的要素（林玉华，2002）。

《理解创伤》（*Understanding Trauma*）一书描绘创伤事件对于幸存者情绪及生活的影响，常常是持久而不被觉知的。作者们以理论及临床案例，描绘如何从精神分析的角度，了解创伤事件对于每位当事者的意义，及帮助当事者寻回生活的意义的治疗过程。本书介绍多种不同的干预方式，如短期个体咨询、团体治疗及个体分析等（林玉华，2002）。

林玉华教授建议将简体中文版系列命名为"英国精神分析系列丛书"，有意避开"客体关系"这一术语，是因为流传到美国的客体关系与英国本土的客体关系已经大为不同。正在流向中国，碰触到中国文化的英国精神分析，又将呈现什么样的面貌？

精神分析的学习是一个漫长的过程，分析师需要在长年累月的个人分析（精神分析的频率一般为每周四五次）与督导学习中慢慢积淀。翻译精神分析著作亦是如此，需要建立在对原著有一定体悟的基础上。放眼当今中国，在追求经济发展的大环境下，精神分析似乎也成了一种快速生活，即，快速出书、快速认证、快速见效、快速赚钱……这似乎违背了精神分析追求慢生活的本质与精髓。对此，客体关系视角的理解可以是：当人们没有遇到足够好的客体时，难以维持在抑郁位置（depressive position），相应地，象征形成（symbol formation）的能力也会不足，即，人与人的关系连接无法较多地依靠互相了解、看见与被看见的形式来维系［比昂（Bion）的K连接（K link）］，而不得不过度仰赖具体、有形或不变的事物，如：共同拥有的孩子与房产；学历、学位、职称等外在的名头；金钱、礼物等可以互换的现实利益。

伦敦学习的经历，让我有幸结识林玉华、樊雪梅、魏秀年等前辈，她们对于精神分析的热爱与天赋，对于学习方法与分析设置的坚守，着实令我感动。她们作为主要译者参与了这套"英国精神分析系列丛书"的翻译，参与翻译的还有许多专业资质和语言功底兼具的译者，在此不一一列出。最后，我衷心希望"万千心理"出版的这套经典丛书的简体中文版，可以让广大读者近距离感受英国精神分析的理念和实践方法。

杨方峰

2017.1

译者致谢

仅于此占用一页篇幅，谢谢几位在翻译本书过程中提供协助的朋友及师长。

谢谢严明及查尔斯（Charles）在我翻译此书的中期，协助我了解书中一些此地的特殊日常用语。

谢谢杰基·弗林特（Jackie Flint，我在 Tavistock 中心的同学），在我翻译本书的最后阶段，成为我随时提问的对象。书中与生产、育婴、儿童福利有关的组织机构皆经过杰基的指点，我才明了其功能。

谢谢我的婴儿观察督导迪莉斯·道斯（Dilys Daws），她在小组研讨中深刻而极富哲理的诠释常令我沉思良久。母亲和婴儿之间复杂而多变的互动，在她的解释下，有着诗歌般的美妙和动人，而她对我的支持与欣赏，渐渐安顿我初来乍到时的慌乱。

此书是我来伦敦后完成的第一本书，仅以此书恭喜我在此地历经 10 个月后的重生。

2002.7

雪梅于伦敦

作者序

本书介绍了 Esther Bick 于 1948 年引进 Tavistock 中心用来培训儿童心理治疗师的婴儿观察课程。她的创举影响甚巨。目前，每年有上百个学生在 Tavistock 中心修习此课程，而且此课程带来的惊人教育效果使它广被采用。伦敦精神分析学院（The Institute of Psychoanalysis in London）于 1960 年始，将婴儿观察列为其必修课程，英国境内的其他精神分析导向心理治疗机构也纷纷跟进。此课程也发展至海外，其中以意大利最为引人注目，其他如法国、西班牙、挪威、德国、澳洲、加拿大、美国及好几个南美洲国家。

在研究婴儿及其家庭的方法中，精神分析导向婴儿观察是极独特的一种。近来，越来越多研究者希望使用学术研究的方式来探究婴儿的发展。这些细致的新研究法使临床工作者与研究者之间有了对话的基础，同时，一门新兴且重要的领域也在此时诞生：婴儿精神医学（Infant Psychiatry）。在此脉络下，出版 Tavistock 中心儿童心理治疗师在这方面的经验似乎正逢其时，且极具价值。本书的前 3 位编辑是资深儿童心理治疗师，教授婴儿观察课程已二十余年，第 4 位是对精神分析极感兴趣的社会学家。本书是在与 Martha Harris 讨论之中渐渐成形，探究"人类关系（human relationship）"的内涵是 Martha Harris 的专长，本书 4 位编辑受她的影响极深，特别要将此书献给她，以纪念她，并表达深刻的感激。

为了保护本书中每个家庭的隐私，撰写各章个案研究的作者将列名为对此书有贡献者，而非某章的作者。所有的观察者中，Mary Barker 参与早期的计划讨论，我们征得其同意，以她早年的手稿为其他观察者撰写研究报告的基础，很遗憾的是玛丽于 1987 年过世。

收集多位作者的作品，并结集成书的过程甚是缓慢。我们要特别感谢整理手稿并打字的工作人员，她们的巧心及耐性给我们极大的帮助，在此要特别感谢 Jane Raynor，Diana Bissett，Susan Fitzgerald 与 Patrick Lefevire 协助我们处理计算机问题。Buckworth 出版社的编辑 Deborah Blake 协助我们完成本书最后阶段。感谢所有参与其中的人及提供我们观察机会的家庭，能参与他们的婴儿的发展，是我们莫大的荣幸。感谢我们的家人陪我们一起熬过出版此书的过程。

前 言

本书要将用于训练儿童心理治疗师的婴儿观察法介绍给各个专业领域。本书的作者因在 Tavistock 中心接受或从事儿童心理治疗师训练而熟识此观察法，但此婴儿观察法并不限于训练治疗师与分析师，它也可以拓展并丰富其他专业工作者的工作，例如教师、医师及社工人员。此外，本观察法也不限于伦敦或英格兰。伯明翰（Birmingham）、利兹（Leeds）、牛津（Oxford）、布里斯托（Bristol）及爱丁堡（Edinburgh）也有人使用；意大利许多城市也在此列，法国及美国亦是。虽然此观察法被广为应用，不过一开始它是用来训练儿童精神分析导向心理治疗师。虽然儿童心理治疗师在"国家健康服务"（National Health Service）的各单位与儿童、青少年及其家庭工作时，其工作内容各式各样，但儿童心理治疗领域的训练工作其实根植于系统的、密集且专一的儿童精神分析。不过，此观察法渐渐从特定领域走向更广泛的应用——其结论源自对个体亲密、细腻的注意。

本书重点在于对特定婴儿的描述。相关个案报告源自每周1次的观察记录，撰写者皆为 Tavistock 中心的受训者。我们在挑选时，希望呈现不同环境下的婴儿发展，读者会发现本书所列的例子来自不同的背景。虽然所有的家庭都双亲健在，但他们在其家庭中的角色、社会阶层、种族背景及其教养子女的态度、观念各异。每个例子呈现的方式略有不同。有些有清楚的主题及说明。例如埃里克（Eric），我们描述头胎婴儿早年生命的骚动不安。埃里克的父亲（母亲亦是）会以戏谑的方式表达其挑战之意，我们认为将此段互动与奥利弗（Oliver）

做比较会极有趣。奥利弗的父亲显然不只突显与他儿子的关系，也突显他与观察者的关系。苏珊（Suzanne）与凯茜（Kathy）这对双胞胎则有她们独特的议题要面对：有个双胞胎姐妹及身为别人的双胞胎姐妹是什么感受。在哈利（Harry）的例子中，我们看见母亲自身的问题一开始并不明显，然而后来在与哈利的关系中渐渐发展成形，在这个过程中，哈利也推动了整个状态的发展。其他例子，以史蒂文（Steven）与杰弗瑞（Jeffrey）为例，平铺直叙的叙述让我们可以静静观看这两个婴儿如何适应他们的家庭，成为其中的一员。每一家皆有其自身的调性和文化。

对于每个例子我们尽量不做评论，希望避免过分引导读者。然而选择性地呈现某些素材，形成某种气氛一定是免不了的。我们希望读者以开放的态度阅读这些素材，无须带有太多先见，也不必给予太多注解。有些读者可能希望先读观察例子，然后再调整心情，运用大脑中不同的能力去阅读前三章有关理论的部分。这三章探讨婴儿观察法在训练及教学方面的应用、背后的理论，以及方法学。虽然排除前三章不读至为可惜，不过这三章在本书中还是次要的，观察案例才是本书首要的部分，这些例子才是读者应花心思细细咀嚼的文本。文本本身会说它们自己的故事，而不只是用来印证理论的例子。读者若熟识理论，有助文本将它自身阐释得更深刻、更细腻，然而理论不该限制文本的自我阐述。

创造性阅读案例素材与创造性阅读文学作品有其相似之处。本书中进行婴儿观察的学生们所使用的方法，与有些读者在阅读文学作品时，因对作者的背景及年代有所了解，并对文学评论有所认识而采取的方式是类似的。然而，当他在阅读作品时，他会将这些知识置于背后，让自己的心灵与作品之间有亲密且直接的接触。这些学生各有对婴儿的了解，及对理论不同深浅的认识。在进行观察时，这些都被放在一旁，以便让经验本身阐述它自己。在小组督导时，团体成员一起讨论每一份观察内容，也是同样的历程。成员们尽可能地贴近观察内容本身，以便形成想法及概念，而不是用来验证理论。我们亦希望本书的读者在阅读时采取这样的态度，并专注于婴儿本身，想一想弗洛伊德所做的观察，他的案例史"读起来就像小说一样"。

既然是阅读小说，被搅起诸般情绪自然是免不了的。此婴儿观察法便将情绪纳入考量。然而，观察者在做记录时，需将自身的情绪反应放在一边，以免这些情绪干扰客观事实的书写。有趣的是，这些事实本身是"情绪事实（emotional truths）"。观察者不可能心如止水地撰写记录，读者在阅读时的心情也不可能平静无波。也许在此我们该提一提弗洛伊德，弗洛伊德起初认为"移情"（病人对分析师的种种复杂强烈的情感）一无是处。然而，他并未因此不谈移情，他反而仔细检视、细细思量，而看见移情（病人的情感）和反移情（分析师心里被搅起的情感）可以用来探究病人心里发生的事。观察中的情境也一样，观察者在其中探究心智活动、心智状态。婴儿的智力及社交能力的发展、心智的成长、性格及人际关系皆受其情绪发展的影响，而其情绪发展则发生于他与照顾者的关系中。情绪是最重要的，需要有人加以观察并记录，观察者和读者在其中，也会有情绪。这不会使人分神，也不会有害于参与的过程。准确地说，情绪是提供了解不可缺少的工具。

直接面对强烈的婴儿情感会唤起参与其中的人类似的情绪。在一场讲述婴儿情绪发展的演讲中，有位女士提出一些问题，这些问题与她最近遇到的事有关，在聆听演讲的过程中，开始困扰她，使她深深担心起来。她想到，她经常在她的公寓里听到婴儿的哭声，这个婴儿好像没人关心似的。演讲的内容引发她思考一些极重要的议题。当我们感受到早年焦虑的力道，意识到婴儿期经验的重要性，我们内在成人的责任感便会开始运作。本书呈现的想法涉及广泛的政治及社会议题，它提供新的方向来思考儿童养育的议题。它不只增加临床工作者的理解能力，同时也与医疗、社会服务及教育制度的决策制定、实施情形有关，例如：儿童性虐待或肢体虐待、收养及寄养问题、情绪伤害或剥夺。值得思考的重要议题是，成年人如何能对原始焦虑及痛苦越来越敏感，同时学习承受此种敏感。

本书中呈现观察者对细节的专注，一般人通常不会注意这些细节，也不易记得。在第十一章中，有一段文字描写了杰弗瑞对母亲离开他眼前的体验，第十章则谈到对史蒂夫来说，无能为力的感觉似乎从他的经验里消失了。安德鲁的善感与令人害怕的"结"之间的关联，罗莎和父母亲之间因断奶引起的不安，金刚面具吓着了奥利弗的那片段。弗洛伊德很遗憾地说发现"每一个奶妈早就知道的事"是他的宿命；梅兰妮·克莱茵因观看并倾听小孩玩游戏的细节而得到许多启发。我们也以观察的眼，细看每天发生的平凡事，聚焦于儿童发展过程中的细腻与复杂，在这些过程中，我们看见孩子们或多或少长成其父母的样式。

  本书的编辑认为有必要做些小小的调整，以整合观察记录，因此，读者在阅读时不至于被不一致的用法干扰。例如，所有婴儿的父母都称"母亲和父亲（或妈妈和爸爸）"。事实上，这些撰写观察记录的学生们称呼父母的方式各不相同。有人称呼他们某某先生、某某太太，有人称呼他们爸、妈，或是直接用父母的名字。选择用什么称谓来称呼有其意义，小组督导中的讨论甚至能让如此细微的内涵浮现出来。然而，我们希望注意细节不至于使我们失去兴趣了解不同例子之间的共通点，因为变异其实是很微小的。

莉萨·米勒（Lisa Miller）

目 录

丛书序 / I

译者致谢 / VII

作者序 / IX

前 言 / XI

第一部分 理论与方法

第一章　面对原始焦虑 / 3
　　　　结论 / 16

第二章　精神分析理论与婴儿发展 / 19
　　　　绪论 / 19
　　　　新生儿的不同状态 / 21
　　　　母亲的角色 / 23
　　　　发挥涵容功能的母亲 / 25
　　　　婴儿的涵容经验 / 28
　　　　经验内化 / 30

处理痛苦及具体沟通的发展 / 32

自我感的形成 / 34

内在世界 / 36

觉察到人的完整性及依赖感 / 41

象征思考的发展 / 44

结论 / 48

第三章　婴儿观察法的反思 / 63

观察的焦点 / 68

观察与理解 / 71

观察历程的记忆与记录 / 78

作为研究法使用的婴儿观察 / 79

第二部分　观察

第四章　埃里克 / 89

抚平痛苦 / 93

发展对话 / 102

发现新的认同 / 105

对母亲的矛盾情感 / 107

忍受挫折 / 112

结论 / 114

第五章　双胞胎姐妹：凯茜和苏珊 / 117

父母亲 / 117

在医院里 / 120

在家观察：母亲和婴儿之间初次互动 / 122

母亲与苏珊的关系 / 125

母亲与凯茜的关系 / 127

　　　　　后来的发展 / 129

　　　　　与父亲的关系 / 130

　　　　　一岁大 / 133

　　　　　结语 / 135

第六章　安德鲁 / 139

第七章　罗莎 / 161

　　　　　断奶及玩耍 / 169

　　　　　断奶引发的情绪 / 175

　　　　　思考及沟通的发展 / 176

第八章　哈利 / 179

　　　　　结论 / 195

第九章　史蒂文 / 197

　　　　　结论 / 211

第十章　奥利弗 / 213

　　　　　结论 / 225

第十一章　杰弗瑞 / 227

　　　　　结论 / 244

参考书目 / 247

英汉专业术语表 / 257

第一部分

理论与方法

第一章

面对原始焦虑

/ Margaret Rustin /

有系统地观察婴儿的发展，提供观察者进入婴儿及其家庭原始情绪状态的机会；同时，观察者还能看见自己面对此种混乱不安环境的反应。本章的重点是，婴儿观察的经验如何训练准治疗师进入临床工作。

为了让读者有个梗概，我要先说明婴儿观察在儿童心理治疗师训练课程中的地位。此种研究婴儿的特殊技术的先驱是 Esther Bick。第二次大战后，精神分析学界渐渐发展出一种训练儿童心理治疗师的具体方式。受训的学生被要求固定在每周同一个时间拜访某个家庭 1 个小时，事后做记录；记录时必须尽量详细记下他们所观察到的每一个细节。任何推论、猜测，及记录者个人的反应，通常不是记录内容的一部分。学生们会参加 1 个约有 5 名观察员的小组，每周见面 1 次，每次约一个半小时，小组里有位督导和成员们一起研究观察的内容。小组督导的取向各异，而学生们得轮流报告"他们的"婴儿，每位成员一学期有 2 次机会，在小组里完整地讨论他们的经验。观察和小组讨论将持续两年。

小组的任务是，根据手边可得的证据来探索婴儿和母亲，及其他家庭成员在被观察的 1 个小时里的情绪事件。有时，家里会有保姆协助照顾婴儿，那么这个保姆也会被列为直接观察的对象之一。观察的目标在于描述婴儿和其他人之间关系的发展，包括与观察员的关系，并试着理解其行为和沟通模式的潜意识意义。经过一段时间后，学生会对家庭互动的独特动力有幅全面的蓝图，能对整个情况有相当的理解。家庭成员的内在世界会渐渐显明出来，这内在世界是构成其人格及人际关系的基础。婴儿人格的形成特别要注意体质和气质因素之间的交互影响，还要考虑抱持性环境（holding environment）中特殊的优点和弱点。大部分的观察员都觉得，他们打心底对所观察的婴儿有了一些真实的理解，不只能够对婴儿的内在世界心领神会，也能领会其形式和结构，并能辨识其内化客体关系的模式。婴儿观察因而成为探究儿童早年发展，及理解家庭生活的极佳入门。虽然婴儿观察是训练儿童心理治疗师的核心部分，它也能给其他从事儿童工作者提供很有价值的专业训练。

投入这么多时间接受婴儿观察训练，最有力的理由大约可总结为：学习早年的情绪发展（指的是真正婴儿的情绪发展），同时也可从自己对观察的反应中学习。后者指的是观察者在进行观察时，如何在这个家庭里找到安置自己的位置，观察员对不同家庭成员的认同，对焦虑、不确定感和大量的无助有什么样的反应，以及观察带来的情绪震撼又如何揭露了观察员的个人问题。

观察的地点属于非临床情境，所以，观察员的责任仅是维持稳定、不介入、友善并全神贯注的态度。这个经验让学生有机会发现自己是否有从事临床工作的潜力，及自己是否喜爱临床工作。基于此，我认为婴儿观察是极佳的临床工作的前置训练，它让受训练者和训练者能好好衡量受训练者担任心理治疗师的适合程度。一旦做了决定，让自己暴露在强烈的情感中，就会感觉自己被拉近情绪力道强烈的领域，要挣扎着维持自己的平衡和完整的自我，经历一些不熟悉的困惑和婴儿情绪生活的力量，凡此种种都是婴儿观察带给初学者的重要学习。这样的学习和比昂对学习的看法有关，比昂认为"学习某样东西（learning about）"和"从经验中学习（learning from experience）"是不同的；前者是一种智性活动，后者则能导致一种对知识的"了然"（Biblical sense of "knowing"），能触及人和事物的核心本质。这是一种有深刻情绪的知识形式。

小组研讨的是很关键的部分，特别是学生在讨论中，会渐渐明白观察情境中的移情和反移情因素。举例来说，学生们会发现，从打第一通电话和被观察家庭联络起，他们就开始遇见许多想不到的情况。督导会鼓励他们向被观察的家庭表示，他们有兴趣研究家庭情境中婴儿的发展，希望把观察当作儿童发展专业研究的一部分：任何与治疗或心智健康有关的事都不在此项学习之列，强调自己只在一旁观看婴儿发展出来的关系、能力和活动，以及希望看见婴儿日常作息，希望被观察的家庭不要因为观察员的出现而改变其日常生活作息。被观察家庭对观察员的期待（通常曰母亲调和），包括把观察员当作儿童养育专家，能提供所有专业知识，或认为观察员一无所知，需要别人教她生活基本常识，特别是照顾婴儿的基本知识。在小组里交换经验，有助于观察员觉察到自己被这个家庭放在什么样的位置，并了解到这并不是因为他们真的感知到观察员的能力，而是源自母亲内在世界观点对他们的期待。督导会告诫学生们，为了在这个家庭里建立舒服的观察位置，他们可以提供一些绝对必要的个人信息，但除此之外，不给太多个人信息；学生们要把观察员的角色解释为接受的倾听者，而不是空白的被动者，观察者会遵循母亲、婴儿和其他家庭成员的引导。当然，观察员的角色会随着这个家庭对他的认识越来越深，而渐渐不同；同时，婴儿慢慢会直接和观察员玩游戏，或聊天谈话，这时，观察员也得厘清自己的角色。

进行观察时，最好区分以下两种焦虑：一种源自观察员对新角色不熟悉而产生的苦恼，另外一种焦虑源自母亲和婴儿产后几周会产生的感受。这两种不同来源的焦虑会交错影响，使整个情况更难或更易承受，取决于所有参与者的涵容能力（containing capacities）。

首先，让我们谈一谈新手观察员关心的任务特征，并探讨其较原始的方面。通常，研讨小组的所有成员都会忧心此种观察情境带有"侵犯的可能（intrusive potential）"。观察员是被邀请进入一个家庭的亲密关系中，它不只是社交拜访，而是贴近小婴儿的照护过程。观看喂食、洗澡、抱，以及母亲对这个新生婴儿的所有反应，观察员因而参与了母亲和婴儿生命中最脆弱的时刻。这个过程经验到的常不只是表面的感觉，而是从深处涌出的东西。观察员完全经验母亲和婴儿之间的亲密，包括对婴儿生理照护的所有细节。婴儿的娇小、摇晃着的脑袋、明亮的大眼睛、娇嫩的肌肤，凡此种种都让观察员惊叹；即使有些观察员有自己的婴儿，或其工作场所经常接触婴儿，还是会感到震惊。观察员的身份不像一般成年人见到婴儿时那样主动，不主动的姿态为的是留个空间，让婴儿的感官感觉产生更强烈的冲击。同时，也让人有机会更深刻地认同婴儿的经验，新手观察员在此情境下，也可能认同"试着想要了解婴儿的母亲"。了解自己的婴儿对新手妈妈来说，特别让人无力，即使是很有经验的母亲，在面对不同婴儿时，也总是新手妈妈。

观察员会很担心他们的观看会破坏母婴之间亲近的私密关系。在小组讨论时，成员可能会以批评此种研究方法来表达这种担心，好像很害怕这种观察会是一种攻击性的偷窥。此时，小组督导必须和成员们谈一谈因观察而引起的焦虑，协助观察员区分他们被要求完成的观察任务，以及他们多么害怕这项任务被误用。例如，对父母的养育能力做自以为是的评断，用以证明成员们的优越；只报告这个家庭经验的困境，而忽略其中也有优点和快乐的时候；或是对其中生理的，特别是性方面的经验感到兴奋。

除非谨慎的思考，不然观察的脉络也有可能导致付诸行动（acting out），因为观察母婴互动，可能使观察员本身的"婴儿自我"受到痛苦的刺激。观察员内在冲突被激起的方式有很多种，像是她有时候可能会感受到满有竞争敌意的母亲、被忽略的手足、慈爱的祖父，或被排除在外的第三者所传递的感情，引起她自身内在的冲突。她自己婴儿期的潜意识记忆，或她自己身为母亲的恐惧和渴望（真实的或潜藏的），都可能被激发出来。如果母亲喂母乳，男性观察员的位置会特别敏感，母亲和观察员必须找到方法安置此种身体上的亲密，这种亲密在西方文化里仍不寻常。实际上，丈夫若能在场，这种观察上的亲密便比较能够忍受，不然，母亲可能会在观察员到访时避免喂奶，以免尴尬。

我们的眼神含有丰富的潜意识意涵，会引起一些关切。它可以让人觉得是慈爱的、感兴趣且诚恳的，也可以让人感觉到像攻击的武器一样（监看，为了吹毛求疵），为了投射不悦的情感（就像大家熟知的"看了眼红"）、越过别人允许的界限、侵犯（就像从钥匙孔里偷窥），或是通过扭曲而误解真实（像是哈哈镜把人变胖变瘦）。

在早先的拜访里，通过实际翔实的观察安排，以及适当的安置，能揭露关系中初始的不确定，再好好想一想这些不确定。这样的经验有助于初次观察的学生。怎么介绍自己；要把自己安置在房间里的哪个位置；什么时候坐下来；要不要脱掉外套；要不要接受主人招待的茶水；面对受访家庭中迷人的、恶霸般的、干扰人的或黏人的其他小孩，该怎么回应；在观察期间，面对其他人的到访该如何处理；该怎么结束，怎么离开等，都是重要的议题。要说多少话、怎么处理个人问题、怎么找到个人与专业关系之间的平衡点并维持等等，都是在研讨会中一再出现的关键问题。对观察员而言，要找出个人独特的解决之道，并与此不完美的解决之道共处，或试着改变这种不完美，都可能是相当痛苦的挑战。

例如，有位观察员进行第一次观察，就遇见妈妈把婴儿托给她照管，自己跑出去处理急事。她觉得自己身陷两难。一方面，她得回应这个渴望协助的新手妈妈，这位妈妈不知道自己要如何兼顾照顾婴儿（她担心"如果我现在动他，他一定会醒过来"）及处理家务；另一方面，观察员又想要建立一个母亲和婴儿都能在场的观察情境。她得怎么做才能达到自己的目的，又不会让人觉得矫情或怪异，也不至于将母亲留在无助、怨恨中？（另一种困惑是，大部分的母亲很难理解，为什么观察员会对一个熟睡的婴儿有兴趣。婴儿睡着时，她们要不是觉得应该和观察员聊聊天，以娱嘉宾；要不就是把熟睡的婴儿留给观察员，期待观察员在婴儿醒来时召唤她。）这种情况一旦发生，观察员很难不变成保姆，等观察员同时看到母亲和婴儿时，已经挣扎了好几个月。这个缺乏支持的母亲觉得她找到了一个值得信赖的人，可以成为她的帮手；另一方面这个母亲也表达了，她坚信观察员只是来看婴儿，不是来看她，好像她并不值得别人对她感兴趣。

这个例子让我们看见观察员的任务有其困难的一面：如何把母亲当作成年人，做出适当回应，同时又要注意到母亲本身的婴儿状态会促使她做出不同的反应。观察员普遍存在的共同经验是，他们会希望发挥保姆的功能，这反映出许多母亲所面临的某些压力及没有足够支持的处境；它还反映出母亲面临的重要议题，像是她心底的自我贬损，她和婴儿相处上的困难，或她对婴儿的敌意。

另有一位观察员也遇到类似的情况：有好几次，她准时抵达，却发现母亲不在家；有时这个母亲会在门上贴张字条，指明婴儿一个人在屋子里，母亲很快就会回来。有一次，观察员甚至在等待时，听见屋里传来婴儿悲伤的哭声，却完全无能为力，直到母亲回来。这种事让观察员陷入严重焦虑，担心婴儿可能会有的痛苦和危险，并想到责任归属的问题。上述的特殊观察情境显示，母亲很早就呈现出无法承担起养育责任的警示信息，后来当孩子开始会爬、会走，这种情况就更明显。这个母亲会让孩子置身于危险环境，不加照看。观察员必须想出最有用的介入方式，替补母亲的忽略，找到提醒母亲注意问题的方法，而不致使情况恶化；并考虑母亲是否真的需要更多协助，扮演协助母亲改善其养育能力的支持力量。

有些极端的例子里，母亲有明显严重的疏忽，像是虐待行为或性虐待。小组成员会开始讨论观察员要如何处理这个局面，因为这种情况显然需要与儿童福利有关的执法单位介入。常见的情况是观察员的在场，成了一个安全因素，她无法确定危险行为是否曾发生，她的在场让母亲能沟通其脆弱；或此种情况是否延续至其他场景使婴儿陷在真实的危险中。细微地观察事件发生的顺序有助于澄清这些疑问，然而可以确定的是，观察员每周拜访一次，必然会使观察员的焦虑持续很长一段时间。这类极端的案例突显了观察员角色的不确定性。她原是这家人的访客，后来却得选择以社工或警察的身份进入这个家，而非受邀来访的客人；要不然她就得牺牲孩子或父母的福祉，与这个家庭共谋，怯懦、混淆、不思考，不处理这个家庭所处的危机。不论哪一种位置，都要痛苦地承受当中引发的紧张情绪。若将孩子所受的虐待界定为包括情绪虐待，那么家庭施虐的各个方面便会浮现出来，其数量往往惊人地多。此时，研讨小组的关键角色便是包容观察员的焦虑，提供空间来思考整个件事，并发挥长时间反省的重要性，以减低焦虑不安的观察员想过早介入的冲动。有时候，介入确实是需要的，同时观察员会发现有人会向她寻求各种帮助。

观察员与家庭之间存在着协商的空间，让彼此思考观察员进入家庭所带来的改变及当观察无法继续时发生的状况；这个空间也提供给准治疗师一些难忘的经验，他们会在其中发现，看似平常且合理的事也会有强烈、丰富的潜意识内涵。与受访家庭约定固定的时间，不是因为想要营造临床气氛，而是因为我们需要体谅和为别人着想。一个外来者的长期拜访会对家庭生活产生极大的影响，受访家庭需要事先对这样的拜访有些认识，观察员也需要事先为如此近距离的观察做好结构化的工作。定期的拜访可以让观察聚焦于移情和反移情，这与临床引发的反应很相似。这些情感极具张力，所以当需要重新安排拜访时间时，有时会让人大大松一口气，然而要处理好这类改变，需要很微妙的技巧。

举例来说，有位观察员因故需要调动自己的分析时间，她要求接受观察的妈妈将观察时间从傍晚调到早上，她并没有留时间让妈妈想一想改时间的事。新的时段对这个妈妈来说并无不便，甚至还有好处，她表面上答应了，但后来却发生令人不解之事，又接连数次取消观察。这一连串令人困惑的情况包括，观察员在被观察者家门前，不得而入；或是遇见妈妈来开门时还穿着睡衣，看起来还没准备好、一脸茫然。看来观察员已借由投射，将自己因分析时间被调整的挫败感传递给母亲和婴儿，母亲回应观察员的要求的样子，即反映了观察员自身未被看重的感觉。

经过这段不稳定的时期，观察员慢慢重建拜访的固定节奏，然而后来的情况仍可见更改时间所带来的痛苦并未得适当解决。这家人搬到新的公寓去，地点并不远，母亲却很清楚地表示，她不希望观察员到新家继续观察。尽管她的小女儿（此时已16个月大）显然喜欢观察员的到访，而母亲也对观察员有某种程度的依恋，也喜欢和观察员谈她女儿的发展，但母亲还是做了中止观察的决定。她们是在接近暑假时搬的家，妈妈似乎下定决心这次由她来控制整个状况，并让观察员措手不及。观察员必须面对失去一份稳定关系的痛苦，她原本期待这份关系还会持续一阵子；她当然也得仔细思考，她早先的做法如何破坏了观察的稳定发展。与临床处境不同的是，她对接受观察者没有责任，无须诠释受观察者面对改变、分离及失落时的婴儿式反应（虽然诠释或能处理这些婴儿式的反应），她能做的只是承受这种拒绝、责难及罪疚感。

虽然观察员不必诠释假期前的焦虑，但某个小范围里，观察员仍要小心预备假期会中断观察一事，要把握机会提醒这件事，并注意恢复观察后，受访者面对观察员时的心烦苦恼。假期后的拜访，观察员常会面临的情况是，看见门上贴了张"取消"的纸条；或是婴儿不认得她了，或是不理她，或生气；也有可能是母亲情绪不好，变得陌生起来。假以时日，因为有个婴儿在其中，表达了分离后再见的惶惑、受伤、愤怒、重新忆起和原谅，观察者与受观察家庭之间因分离而出现的紧张会得到极大的舒缓，关系会渐渐复原。

以下要呈现一些婴儿观察研讨小组讨论过的原始资料，这些记录清楚说明了母婴二人关系在最早几周里的原始焦虑和防御特质。然后，我会对其中的互动、观察员在家庭中的功能做一些评论。最后，再讨论究竟观察员可以从这个经验中学到什么。

***

观察 5 周大的迈克尔

观察情境

迈克尔（Michael）是一对年轻双职工夫妇（20 岁和 23 岁）的第 1 个小孩，他们结婚 2 年，住在伦敦市郊的劳工区。他们决定买个新房子，在等待的阶段，他们搬进太太的娘家住。也就是说，迈克尔出生前一段时间及出生后的几周，是住在外婆外公家里。观察员在母亲生产前拜访这对夫妇，并讨论定期观察的可能性，他们同意接受观察。迈克尔出生时，她在医院短暂探望了母亲和婴儿；然后，迈克尔 8 天大时，她开始到家里进行较长时间的观察。这是第 4 次观察。父亲在一家水电器行上班；母亲是当地一家大型医院的柜台工作人员。迈克尔的外公外婆都在工作。

观察记录

母亲开门让我进来，笑着说："他该做的昨天晚上都做完了，现在睡着了。"迈克尔在前门边的婴儿车里，这是他第一次睡婴儿车。他趴着，头侧向一边，他的腿在毯子里动着。妈妈请我坐，并立即告诉我迈克尔昨天晚上一直到清晨2点才睡，然后5点又醒来。"我真的会杀了他，"妈妈说："他整个晚上不睡觉，白天又一直睡。"这时，电视声音很大，几乎很难谈话，妈妈站起来把电视关小声一些。她说："都是爹的错，他一哭，我爹就把他抱起来摇，他就习惯了。"

她继续谈到迈克尔晚上不睡觉，很难带，她会一边喂奶，一边就打起瞌睡来。他得2个小时喂一次，她又修正说："嗯，差不多是2小时喂一次。晚上可以撑6小时左右。时间过得好快——喂他差不多要喂半个小时，等过1.5小时，又要喂他了。"她有个同事是卫教访视员，建议可以给婴儿吃一些帮助睡眠的药；她觉得这样可能不太好。我说她一定很累了，她同意，并表示她照顾迈克尔很疲倦。星期五晚上，她去参加一个朋友办的化装舞会，不过她只能待2个小时，就得回来了。

这个时候，门铃响了……我注意到爸爸从窗户外往里看。妈妈"哦"了一声，好像很惊讶，立刻开门让爸爸进来。他进屋里来，说："嗨！"然后看着迈克尔，又说："他睡着了。"妈妈要他小声一点，他说："哦，好好，我不弄。"好像是妈妈觉得他会打扰到迈克尔，仿佛在处理婴儿的事上他会做错事一样。爸爸给妈妈签一些文件，是申请新贷款用的。他开玩笑地说："来吧，把你的命给签掉吧。"妈妈签了，又问他偿还的情况。他回答妈妈，然后妈妈问他能不能留下来。他说不行，他得回去工作，然后很和善地和我们说再见。

迈克尔动了动，低声呜咽了几声，妈妈查看他醒了没；他再次睡着，短暂的沉默。妈妈看起来很累，她打起精神说，她先生和他父亲要开始一项新生意（谈了一些跟这件事有关的细节）……接着她语带悲惨地说，她和丈夫达成协议，平时夜里由她起来照顾婴儿，周末夜里则由他照顾。现在，他连周末和周日也要工作，因为生意刚刚开始，结果周末时他根本没有办法在夜里起来照顾婴儿。另外一件让她很烦的事是，新房子星期五就交房了，他们要等2个星期才能搬进去，因为爸爸要先做装潢。"他现在就是去装修房子，"她说："还有我们得想办法给新屋弄块地毯。"她补充说，如果她丈夫不装修的话，他们其实可以直接搬进去。

她去把迈克尔抱起来，好像为了让自己不再想这些事，其实迈克尔只是发出呻吟声，看起来还一脸睡相。她抱起迈克尔说："每次喂之前，他就会哭。"她让迈克尔坐在膝上，等着看会发生什么事。他闭着眼睡着，嘴唇和舌头发出吸吮的声音，他随意地用拳头把身上的毛衣扯到嘴边，然后把拳头送进嘴里，可能是有意或无意的。他的脸皱起来，开始低声哭了。妈妈责备地说："又怎么了？你还可以等的，你以前等过更长的时间。"她站起来，把迈克尔抱直，靠在她肩上，然后去转电视频道。"你可以等我转台吧。"

接着，她抓了一条毛巾，然后把自己和迈克尔安顿好。她站起来的时候，他就不再哭了；当妈妈把乳房送到他嘴边，他立刻饥饿地吸起来。他吸得很急，很专心地吸了好几分钟。母亲静静地端详着他，然后说还好他们有录像带，电视12点停播，之后就什么节目也没有了。有了录像带，她晚上可以看，白天她可以看儿童节目。我说，现在家里每个人都在工作，情况一定很不一样（比起圣诞假期）。她同意，并说全家人都在的时候真的很好，因为他们都想抱迈克尔，她就可以去洗个澡，然后回到房间把门关上。这个地方一片混乱，实在需要好好整理一下——她今天早上推着婴儿车带迈克尔出去散步，因为他哭个不停，所以房间都没有收拾，所有的东西和尿布散了一地。有时候，早餐后遗留下来的餐具也需要洗一洗收起来。短暂沉默后，她看起电视。电视里原来播的儿童节目播完了，现在播的是一部老电影，场景是维也纳；有个美国音乐家向一位迷人的少女求爱。他们结了婚，女主角说："我现在只想要生个宝宝。"妈妈没有反应，神情呆滞地看着荧幕。然后她打起精神来，让迈克尔坐在她膝上，开始拍他的背。他的头倒向一边，打起瞌睡。她让他倚在她肩上，他打了嗝儿。她把他放回腿上，说："等一下帮你换尿布。还要吗？"她决定让他继续吸奶，他一碰到乳房便吸得很用力。她说迈克尔在车上都睡得非常好。2天前，外公建议若他无法入睡，就把他带到外面车子里——可是她不想出去，外面很冷，还得换衣服，迈克尔也得穿衣服。假如他真的睡了，一旦要帮他脱掉衣服，他也一定会醒过来。有一天，他白天一直哭，她就上楼去，不理他一会儿，等她下楼来，他还在哭。

她决定帮迈克尔换尿布。她把迈克尔放在茶几的垫子上，开始解开他的衣服。她对迈克尔说："如果你很乖的话，我们就让你踢踢脚。"她解开他的套裤和尿布，开始清洗。他一直咯咯出声，深呼吸着，这会儿则完全安静下来。妈妈说："他很喜欢这样。"迈克尔吐了些奶，妈妈在帮他擦脸时，他拉了一坨黄色的黏物。"就这样，"她说，"两头儿一起来了。"她有点不太高兴，但仍小心地不让迈克尔的下半身沾到垫子上的大便。然后她注意到迈克尔的上衣也弄脏了，所以她把迈克尔擦干净后，把他的衣服脱掉。她一边把迈克尔的腿抬高过头，一边说："都是你害的。"迈克尔有点抗议的动作。

把迈克尔弄干净之后，他满足地躺着。妈妈逗着他，想让他笑一个。迈克尔专心看着妈妈，挥着手和脚。妈妈说："他只有在早上4点才笑。"

观察的时间到了，我问妈妈，这个时间对她合不合适。她说可以，不过下个礼拜不行，另外一个时间比较好。她得去装子宫节育环，上次做的时候她昏了过去。她说："我应该接受麻醉止痛的。"我们约了另外一个时间。她抱着迈克尔陪我走到门口，对迈克尔说："说再见。"迈克尔没有反应，她笑着说："他没兴趣。"

观察评论

  在这次观察里，我们看见的是个忧郁、无力的少妇。她埋怨她父亲（宠坏了婴儿）、埋怨她丈夫（晚上都不帮忙，只忙着生意，只顾着装潢新居）、埋怨婴儿（他的需求搞得她筋疲力尽，还一点也不能等待）。她似乎觉得自己和婴儿在满足各自的需求之间竞争（她想看电视，他要吃奶；她的睡眠和她的夜生活）。她的谈话中完全未提及自己的母亲，而且她好像觉得自己像是个没有人关心的小女孩，失去了一个支持她来照顾婴儿的内在慈爱客体。

  一直看电视可解释为妈妈想借此填补一些活力，希望借此稳住自己破碎空洞的感觉，同时也缓和自己内在想杀掉婴儿的恨意所引发的焦虑。她能意识到她对婴儿的敌意，并能毫不保留地与观察员分享她背负沉重压力的感觉。其中还有一个特别显著的问题是，新生婴儿夺走了大家的注意力。她原本是家中最得疼爱的女儿，甚至可能还被视为孩子，而不是个独立的成年人。如今婴儿却取代了她，她的父母的情爱都转移给婴儿、这个令人心醉的孙子身上。她先生对婴儿的兴趣也让她很难过，原因大概也相同。我推测这对夫妇在生第一个孩子时搬回娘家住，与妈妈先前在这个家中失去其地位的痛苦经验有关，例如弟妹的出生（这次的观察，我们还不知道她是否真有弟妹，不过后来证实确实有）。

  这些令人苦恼的感觉袭来时，她转身抱起迈克尔，好像要安慰自己似的，抱起婴儿来，重新感觉自己作为母亲的一些美好感受。这个时刻，她更多是被自己的需求推动，而不是回应迈克尔的需要。稍后，她在帮他换尿布时，婴儿的排泄物让她有被迫害的感觉。于是她责怪他是引发这些不舒服的始作俑者，包括他得换掉衣服，她则多了这么些麻烦事。

  这段时间，迈克尔好像一直在自己的感觉里。他吸乳房吸得很用力，和妈妈的沟通也很有效，成功地让妈妈知道他要喝奶。在他刚醒来的那几分钟，每样东西他都拉到嘴里去，其注意力很清楚地放在口腔感官。当他把拳头放进嘴里时，他似乎才清醒地意识到想象与真实的不同。动嘴巴、梦想自己得到满足，和渴望真的食物及有个真奶头可吸是不一样的。此种被拥抱及哺乳的经验可以统合他，并在婴儿搜寻食物及联结时，提供连续感、专注的注意力，及完整的回应。观察员注意到婴儿睡意浓浓时随意的动作，以及在吸奶时的专注满足。在看着他吸奶时，妈妈谈到她需要看电视，仿佛她潜意识里知觉到迈克尔因她的拥抱、喂食得到注意后，她自己的焦虑、压力、不确定才得以靠着在其他关系里被支持而平缓下来，这也让她免于被无力招架的混乱、解体感淹没。她在谈"房间里一团乱，都没有整理"的时候，传递的即是此种无力招架的混乱感。

观察员同情迈克尔，迈克尔的妈妈好像很不容易接纳他的需要和感觉；她也很同情妈妈，这个妈妈深受这些困惑不解且原始的感觉所苦，不管是内在或外在都感受不到有人支持。读者可以说观察员的探视可能给这个妈妈一些安慰，释放她的一些寂寞及孤单。观察员本身感受到妈妈需要人家注意她的压力，这使她无法如其所愿地观察到迈克尔细微的行为反应。

讨论

这篇观察记录描绘了常见的产后抑郁现象——这个时期，妈妈心智状态内的婴儿部分重新活跃起来——同时，也聚焦于母亲和婴儿之间共同承受的某些原始焦虑。母亲得日夜照顾婴儿，她觉得自己快要被吞噬了，混乱、泛滥的脏乱也超过她能包容的能力，婴儿无止境的要求，凡此种种夺走了她原先的生活模式，让她变成一部喂奶机器，此种困境让母亲倍受威胁。她对迈克尔有愤怒和敌意，而她丈夫及父亲是支持她、使她不至于崩溃的力量。迈克尔在换尿布、换衣服时的不安、躁动反应，显示他对身体完整性的焦虑；然而借由吸奶而感觉自己各部分统合起来的体验，也清楚地呈现其中。在这篇记录中，也有一些小地方可以看出迈克尔的愉悦，以及母亲为他的强壮而快乐的反应，这些都成为后来发展的重点。

观察员在研讨会中，先谈到她的观察经验让她很不安，因为这个妈妈的愤怒，以及被迫害的感觉，特别是指向迈克尔的那部分，让观察员很难忍受。同时，她又对妈妈可以直言不讳感到奇特，例如妈妈讲了一个同类相残的笑话，表达她对婴儿贪婪吸吮奶水的感觉；又在谈及地窖里的棺木时，透露她对处理家务的公开敌意。然而观察员最难忍受的是，有时得眼见迈克尔脆弱地被剥夺、被忽视，并眼睁睁看着母亲那么受苦。她感觉自己被两个相反的方向拉扯着，想要协助帮忙婴儿和母亲，她看见母亲这边有一股和婴儿争夺照顾和注意的潜意识竞争，这是母亲这方最关键的因素，它使得家里其他成员很难提供帮助。1个小时的观察让她筋疲力尽——有点进到母亲筋疲力尽的状态——矛盾的感觉冲击着她，同时又因迈克尔呈现的强烈生命力而激动。

这些原始心智状态的冲击当然会让观察员感到苦恼。这时，研讨小组提供了体贴包容，同时，做记录的原则也唤醒观察员内在成人部分的工作能力；某些观察员在观察过程中感到震撼，并决定接受个人的分析，而接受分析确实是进入临床工作前必备的经验。

※※※

结论

观察婴儿的经验能帮助受训者准备进入临床实务工作，这是已得肯定的看法，在此我要简要地把一些论点汇集起来。首先要注意的是场所、固定的时间、固定的探视，以及任何改动带来的干扰后果，包括因假期而暂停观察。观察过程中，借助在不批判的态度所营造的氛围下，所引发的各种感觉，我们可以区分出移情和反移情的部分。反移情部分包括观察员个人潜意识反应的侵入（即古典反移情概念），以及探索观察员的情感状态后，可能发现观察员的情感是因为家庭成员投射、植入而造成（当代的反移情概念）。

因为涉入的情感是那么强烈，其沟通有些甚至是语言发展之前的，那么，处理移情和反移情便是最基本的工夫，这和观察婴儿另一项益处有关，即发展出婴儿式的沟通能力。学生们能学会接收正常的投射—认同，理解婴儿的肢体语言，并学习理解语意发展之前，人们所使用的语言，这种能力让他们日后面对病人的婴儿式移情时，能进行有效的处理。这些训练在处理沉默的病人时，特别有帮助，因为任何细微的肢体变化都可能是发生什么事的主要证据来源；同时，在处理身心症病患、年幼儿童时，这些能力也特别有用。

最有价值的部分是，它能培养精神分析的态度，包括形成能以长时间观察加以验证的科学性假设，2年的婴儿观察是培养精神分析态度很好的入门训练。另一项重要的学习是，发展出对情绪的敏锐度，能借由心智中有反省力的部分辨识各种不同的感觉。比昂谈到母亲营造内在涵容空间的状态与婴儿原始情绪之间的沟通关系，要做个优秀的观察员及临床工作者也需要有相同的能力。它要求观察员或治疗师拥有一个心智空间，在其中想法得以渐渐成形，困惑不解的经验能够以初始的形式被包容，并渐渐浮现出清晰的意涵。这种心智功能需要具备忍受焦虑、不确定感、不适、无助的能力，以及感受冲击的能力。这是精神分析导向心理治疗师所需具备的个人能力。

第二章

精神分析理论与婴儿发展

/ Judy Shuttleworth /

绪论

长久以来,精神分析在临床方面所累积的经验,已证实成年病人目前的功能运作方式有其复杂的历史,可溯及早期童年,甚至婴儿期。于是,许多精神分析师想进一步了解人类早年的发展。分析师们先是通过与成人及儿童的临床工作,来满足他们对早年发展的兴趣;不过,也有人想直接通过自然情境观察儿童及婴儿发展,来探究早年的心智功能如何运作,以及婴儿的经验究竟为何(Freud,1909,1920;Klein,1921,1952a;Winnicott,1941)。[1]1948 年,埃丝特·比克(Esther Bick)[2]在约翰·鲍尔比(John Bowlby)[3]的支持下,成立了婴儿观察训练课程,本课程成为 Tavistock 中心训练儿童心理治疗师的核心(Bick,1964)。

本章将概览这种特殊精神分析取向的心智与情绪发展模式,而不谈每一个精神分析取向的发展理论。本模式主要源自克莱茵,温尼科特,比克与比昂的临床工作。本章主旨不在分别说明他们的临床工作,或探讨他们彼此之间的差异,而在以统合的角度,说明他们从临床工作中形成的婴儿发展理论。大体来说,这个观点与 Tavistock 中心的精神分析取向观察训练的思路是相同的。[4]我们试着用不熟悉 Tavistock 模式的读者可以理解的方式,来说明与此模式有关的精神分析概念。在不同地方(主要是在附注中),我们将此模式和近来发展心理学[5]领域中争论的议题做联结（学生们会在其他课程中，回顾儿童发展的学术文献）。

精神分析理论随时间慢慢发展而成。它并不是一套一成不变的教义，也不是完全同质的实体（homogeneous entity）；它是由许多不同且继续演变中的、探究人格本质的想法、思路所组成的，这些理论主要是在回应临床工作上的需要时渐渐成形的。不同理论概念重要的成长或倒退，并不是通过驳倒或确认，而是持续发展的一股思路中的元素。本章所谈的模式，是过去50年来[6]发源于英国客体关系思想的一支，它最早起源于克莱茵以及一群跟随她的分析师的临床工作。[7]过去50年来的婴儿发展研究所得到的结果，大部分与这个模式是一致的。

既然本章并非以历史脉络来安排，那么，先将本书的理论基础置于历史脉络中做一简介，也许能帮助读者进入状况。弗洛伊德的理论中有两股相矛盾的思路。随着时间演进，弗洛伊德发展出来的情绪生活"机制模式（mechanistic model）"（源自19世纪盛行的思考模式），渐渐交织了许多心理的内涵（psychological formulations）（虽然并未完全被心理因素取代）。这个时期的理论有一个最主要的关切点是，本能生活、接触现实的能力与理性思考之间的关系（Freud, 1911），以及童年的性欲、与双亲的关系如何塑造成年人的情绪能力。他聚焦于儿童的心智如何表征此亲密关系，以及关系中引发的情感（Freud, 1909）。接着，亚伯拉罕（1924）、克莱茵（1928）、费尔贝恩（1952）与温尼科特（1945）跟随弗洛伊德这条思路，发展成"客体关系"理论。在发展出这个理论的过程里，他们检视早年婴儿期的关系，以及这些关系如何在婴儿持续发展的心智中渐渐成形。此心智模式不再单纯认为"过去导致现在（the past caused the present）"，而转变为"经验不断在个体内在累积并发展，以复杂而间接的方式影响着此时此刻"。此模式渐渐成为一门学问，在其中心智的现象学（the phenomenology of the mind）——即，个体的心智对自身及世界的独特经验—成了研究的主轴。这条演进路线因温尼科特（1949）、比克（1968）与比昂（1962a）而有了进一步的发展，他们试图找到方法来描述人类心智如何发展出经验身体与情绪的能力，以此为基础，再发展出思考与形成意义的心智器官。[8]

新生儿的不同状态

根据克莱茵的发展模式，新生儿复杂的天生本能促发婴儿内在原始心智世界的发展，并能与外在现实做接触（Isaacs，1952）。[9] 接下来要谈的是"内在世界"，并将首先聚焦于婴儿与外在现实的接触。克莱茵在《论婴儿行为观察》（*On Observing the Behaviour of Young Infants*）中这样写道：

> 我见过 3 周大的婴儿吸奶，吸一吸突然中断一会儿，玩起母亲的乳房，或抬眼望向她的脸。我也观察过小婴儿（小至 2 个月大）喂奶后的清醒时刻，躺在母亲大腿上仰看她，听着她的声音，并用表情回应母亲的声音。这情景就像是母亲和婴儿之间爱的沟通。（克莱茵，1952a，p96）

20 世纪 70 年代早期，发展心理学就有大量的研究展现：新生儿的天生能力、他们如何理解某个迫切的需要、他们向外探求的方式及善用身边环境的各个方面，此环境通常是新生儿一出生就已存在——即主要照顾者的各种人格特质。婴儿诞生前就已具备某些倾向，例如，在所有的视觉、听觉刺激中，他们偏好人的脸、人的声音；当母亲抱着他时，有节奏的敲击声、母亲的心跳声和母亲身上熟悉的体味能安抚他们。乳头不只满足婴儿对食物的需求，也满足他规律吸奶时对身体抚慰的需要。"婴儿向外探求"与"母亲所能提供"之间的吻合状态并非静态现象；它本质上是动态的，是母婴之间微妙双向互动的基础。以母婴互动为基础，婴儿将发展出越来越复杂的人际交流。举例来说，Brazelton 在研究母婴互动的工作中，当描述婴儿借由与人接触带来的转换（transformation）时，他提到此种动态互动的一个方面，婴儿的动作会变得柔顺、有节奏，手臂画着圈圈向外伸展；另外一种情况是，当婴儿面对的只是个物品时,婴儿的动作会显得急切、不协调,伸手朝向物品做出随意抓取的动作(Brazelton,1975)。这类研究支持克莱茵的假设,即婴儿从一出生就与客体(人)有着关联。[10]

先不管我们所描述的精神分析取向与发展心理学之间越来越一致的部分,它们两者之间还是存在差异。大体来说,这个领域有关发展的研究专注于婴儿出生后,母婴社会关系的发展。[11] 本书所描绘的精神分析取向则新增另外一个研究焦点,即:新生婴儿所经验到的这些初始历程,如何随着时间,促发婴儿发展出他对自身心智的觉察(a sense of his own mind),像是对自己及他人复杂心理/情绪状态的觉察。

克莱茵的看法是,本能需求(婴儿内在)得到外在客体(母亲的各种照顾)的满足,不只使人获得生理满足的经验、对外在世界的兴趣,以及与母亲建立基本社交关系,还能开启婴儿心智发展之门。这是因为婴儿的需求与客体的能力之间配合得刚刚好,外在世界便借此进到婴儿的心智世界,婴儿因此得以思考外在世界,同时能开始与外在世界进行感官接触。克莱茵认为"渴求知识"本身是情绪发展的驱动力量(Klein,1921)。比昂也认为"先备概念(preconception)"(婴儿天生对某类经验的预备状态)与"实现(realisation)"交会的刹那,即是心智生活开展的关键时刻(Bion,1962a)。[12]

这幅新生儿图像有许多观点,与Stern(1985)从大量研究发现里,建构出婴儿头2个月生命经验的鲜活描绘有关。根据Stern的理论,婴儿有能力以自己的身体去感受世界运作的模式与秩序。Stern的发现令人振奋,也令人注目:婴儿体验到他理解世界的天赋能力,让他认识了这个世界在他面前开展的种种方面,无比愉悦油然而生。婴儿栖息的这个世界向他迎来,接纳他的到来,他落脚于此,这大概是因为经过数百万年,他的心智已成形,能够接收到世界给他的这些印象。

克莱茵精神分析学派与最近的发展心理学有许多共同之处,他们认为,婴儿诞生之时即具备体验并感受到自身的完整的能力,能注意周遭世界,特别是周遭的人;这个理论也主张,新生儿在不同心理状态之间快速且不可预知地转换。在不同时刻，他的父母会感觉到他好像是个很不同的婴儿，居住在极不同的世界。精神分析取向的观察与实证研究极不同，前者不似实证研究，将研究局限在探索婴儿的"清醒安静的状态（alert inactivity）"，他们研究的是整体。"清醒安静的状态"指的是婴儿情绪平静、完全清醒，但非喂奶或吸奶状态。他能注意周遭的世界，因此可以"回答"研究者的"问题"。[13] 自然情境的精神分析观察，则注意各种真实的婴儿行为，以及不同状态之间的转换——清醒、焦躁、尖声大叫，和饱餐后的满足，及之后遁入睡眠。[14] 以这种方式来观察婴儿，看见他的状态随着不同时刻转换着：获得统合感、有能力注意周遭环境，失去这些能力，再重新获得，如此周而复始。借此，精神分析理论提出其婴儿经验的认知与情绪动力。本书所描述的观察法，即企图追踪婴儿这种自我统合感（a sense of integration）的获得与失去。[15]

比起"清醒安静的状态"，在此自然情境下所做的观察，不只能看见婴儿呈现较复杂的状况，父母亦然。他们在支持及诠释婴儿行为的角色上，从留意倾听接收的状态扩展成为参与婴儿的每个状态，包括难捱的不舒服的时候，并协助婴儿在经验困难的时刻后，统合自己。这挑起了我们对父母内在心智状态的好奇——这是研究发展历程的缺口，而 Richards（1979，p41）特别提醒大家注意这个议题。接下来要谈的即是父母的角色。[16]

母亲的角色[17]

温尼科特与比昂对早期母婴关系极有兴趣。他们俩都认为，母亲的心智状态与新生婴儿的状态有密切关联，且能提供婴儿所需，温尼科特（1956）称母亲此种心智状态为"原初母性贯注（primary maternal preoccupation）"。

无疑，怀孕时荷尔蒙的骚动与产后整个过程的劳心劳力，再加上（在我们这个社会）生完孩子后的照顾工作，处处都使新手母亲在情绪上变得极为脆弱。然而，从整体来评估，母亲生产后的此种心智状态，似乎是直接源自照顾新生婴儿的真实经验；在此，母亲的脆弱是一个新的维度，指的是因她对婴儿开放自己，婴儿很容易激起她的各种情绪。这种情况的个别差异极大，不同的母亲之间，及同一个母亲在不同的时间里，反应非常多样。情况顺利的时候，母亲的心智状态受婴儿所引发，会强烈认同婴儿，并对婴儿的经验感同身受。但另一方面，此种心智状态有时会让母亲觉得难以承受，而婴儿存在本身就可能变成对母亲自身心智状态及认同的威胁。这种情况下，母亲有可能寻求从如此亲密的关系里抽身。[18]

为何母亲必须维持如此脆弱的情况？其目的为何，特别是在某些观察里，这种状况似乎反而会威胁到母婴关系。有关哺乳动物产后行为的研究显示，这段时期，母亲内心对其新生儿所发动的各种本能行为，与物种的存活休戚相关（Klaus & Kennell，1982）。不谈纯粹的本能行为与"关键期"，读者可能还是会假设，为了人类心智的演化，新生儿会发展出一套需求，这套需求与发展心智能力的必要条件有关。有人主张因为母亲"心里想的全是婴儿"，婴儿的这些需要得以满足。

新生儿母亲的处境确实特别，但同时，其他照顾小婴儿的成人也同样会体验到类似的、与婴儿之间的紧密牵扯。涉入其中的，还包括个人内在婴儿般的感觉。根据比昂的看法，母亲要能够接触婴儿的心智状态，并通过注意和支持，使婴儿在心理层面得以茁壮成长，以此建构一种关系。在其中，母亲的心智如同婴儿的涵容器（container）。

他称此种关系为"涵容者—被涵容（container-contained）"，并使用这个概念来思考心智的发展，认为它和其他情绪关系是相似的概念。用比昂的话来说，此种在情绪上随时准备好被激发的能力，是我们一生中在与其他心智状态做亲密接触时，能有所回应的基础。

此种持续对另外一个人的心智状态产生影响的温和、良性历程，会带来与对方深层（通常是潜意识的）的接触，然而它并非此类情绪经验的唯一或最常见的反应。这类接触还有别的、扰人的部分。这些扰动促使我们寻找方法来避开这种情绪上的撼动，也扰乱了涵容的能力。"涵容者"可能会变得自己也需要他人的涵容。在进行婴儿观察时，观察员经常会成为母亲某些经验的"涵容者"，这部分可能会让观察员感到苦恼。此时，研讨小组若运作得当，便能成为观察员的"涵容者"，协助观察员发展并维持他在拜访家庭时，全心注意婴儿及父母的观察能力。

温尼科特强调小婴儿的特殊需要，不同于稍大婴儿所需要的关系类型，他特别强调母亲要具备一种特殊的能力，能感受到婴儿所求于她的情绪容受程度。比昂的看法是，婴儿对成人此种特殊的情绪容受力的需要，会持续相当长的时间。即使在6个月至1岁之间（稍后会讨论），婴儿完成了各种心理上重要的发展，他仍然会有极脆弱、未统合的时刻。在孩子成长的过程中，他仍需要与父母及其他成人有比较婴儿式的关系，只不过这个需求的程度会随着他的成长而变化。[19] 事实上，成年后的我们，仍持续需要生活中的其他人发挥心理涵容者的功能（虽然是暂时的），以处理那些纷乱的情感。

发挥涵容功能的母亲[20]

根据比昂的理论，母亲在照顾婴儿时，被激起的心智状态（例如支离破碎的感觉）与婴儿自身的经验有关，然而婴儿还不能体验这样的经验，因为他尚未有足以允许此种经验发生的心智结构。[21] 举个例子来说，婴儿在换衣服时，或被不熟悉的方式抱着、感到不确定或很脆弱时，可能会有立即的痛苦。然后，婴儿会引发母亲产生这种感觉。母亲这时的反应，可能是体贴关怀婴儿脆弱的状态，或是急着赶快把婴儿的衣服换好、洗好澡，让婴儿不再痛苦，以免此种太过亲密的接触，或太清晰的瞥见痛苦，会让他们俩都受不了。

在母亲"实际有的养育能力"与"她必须处理的状况"之间，是一种不平衡的状态。这样一来，母亲为了防卫自身的心智状态，无法避免地会寻求方法除去心理上的不适，而此时，婴儿被视为造成这种不适的源头，也是蕴藏这种种不适之所在。用一般的话说，母亲"把气出在婴儿身上"。[22] 最常见的例子是，母亲觉得自己怎么样也满足不了婴儿想被人抱着的需求，她觉得应付不了，无法在心里将真实的婴儿及其传递的观点（可能是他觉得支离破碎的感觉），与婴儿对她造成的影响分开来，她会怪罪婴儿想要虐待、剥削她。母亲在谈起这种经验时，会说得好像婴儿预谋已久，而她觉得自己绝对不能"让步"。当母亲有了这样一幅图像，并决定要限制婴儿的要求时，原本困难的状况会因此变得更糟。贴近现象表面可能令人恐慌（这种恐慌并未被清楚地辨识），它源自母亲相信，她若注意婴儿所有的需要，这些需要会完全充塞她。有人会说，这个时候，母亲唯有认清并自行消化其经验，她才能包容她的感觉，知道感觉就是感觉，而不会将它们转为报复的行动。

当母亲更能承受原有困局中的痛苦（在上例中，指的便是"仿佛"贪得无厌的婴儿），便有可能出现新的契机。母亲的心智历程使她能消化理解眼前所发生的事（这样的理解不一定发生在意识层），她的自我感因而得以强化，并使她能提供婴儿相等强度的安抚，这种强度从她照顾他的方式里显现出来。在婴儿觉得支离破碎的经验里，母亲的坚毅稳固，成为他初步信任自己及四周环境的源头，这让婴儿能松开非要母亲现身的要求，而且开始能在心里有了内化的母亲影像。

"涵容者—被涵容"的概念，使我们能以复杂且动态的方式来描绘母婴之间的情绪关系，并具体指明此关系中的某些因素。母亲的涵容能力至少仰赖4个条件（其排列顺序是依据婴儿由内向外的心理现象，而非暗指这4个条件有重要性的阶层区分）。

（1）婴儿有能力引发母亲的一些感觉。过去已有许多研究探讨婴儿具备将注意力定向在母亲身上的本能。有时候，因为分娩过程的医学处理，或早产，又或是婴儿出生时的状况，使母亲亲近婴儿的本能受到影响，无法立即对婴儿产生亲密感（Trowel，1982）。而婴儿也有气质上的差异，像是有些婴儿比较被动、暴躁，这使他们较难寻求乳房或安慰。这样的婴儿也能够接受帮助，渐渐参与这个世界且因此得到满足，不过他们需要较多的努力与想象力（Middleton，1941）。母亲与婴儿之间彼此"融入（fit）"的程度，似乎与母亲处理"个别婴儿所引发的特殊情感"的能力有关。

（2）母亲需要有足够坚固又不失弹性的成年认同，使她能够体验因照顾新生婴儿而引起的种种感觉，又不至于感到这些感觉危及她的存在。[23]有时在面对外在刺激时，婴儿处于极脆弱的状态。于是，一个时间里，他只能联结母亲对他的照护中的某些部分，而无法将母亲当作完整的个体；他与母亲这些部分的接触，紧张而脆弱，加上他会注意到不适感中的支离破碎感，于是，在这些不适感中，婴儿似乎深受其苦。我们在成长过程中的心智发展，及我们对外在生活的安排，可以视为企图保护自己不再经验此种婴儿状态的一连串措施。处理此类情绪生活原始样貌的艺术家们，像是 Samuel Beckett，则采取一种理解的姿态，谨慎领受。正是这类情绪经验，剧烈冲撞那些照顾新生婴儿的人，并轻易威胁他们自身的存在。做父母的经验随着婴儿与儿童的成长而转变，每一个阶段各有其要求。第一个阶段之所以令人倍感苦恼，是因它需要你具备一些想象及丰富的机智，来与婴儿建立关系，因为婴儿无法与完整的个体做联结。[24]

（3）接着，与婴儿进行敏锐的母性接触的条件之三是，配偶、家人及朋友提供足够的外在支持。通过这些关系可以滋养母亲自身的成年认同，及她对自己担任涵容者的适切感。其他超过母亲涵容能力的种种焦虑和苦恼，可以和这些外在的支持者沟通，让他们去处理。有时候，母亲需要其他成人成为她的涵容者，就像她涵容婴儿一样。

（4）其他条件较不严格（像是家务及财务），这些情况只要不过分削弱为婴儿提供服务的身体精力与心智空间，便都可以忍受。

只要母亲拥有足够的外在支持与内在丰富感，照顾婴儿其实是件令人喜悦的事，而在照顾婴儿中所遇见的扰人经验，会使她更了解婴儿和她自己，倒不会只是制造受迫害感的源头。母亲心里有了这种柔和的心情，至少会在 3 个方面影响她对待婴儿：

（1）因为母亲觉察了婴儿可能有的苦恼，她会尽量在照顾他时，将那引发他无力招架的感官知觉减至最小。

（2）当婴儿苦恼无力时，她比较能思考他的需要，并／或与他有肢体的碰触，不太会不闻不问。此种心理上的持续注意会使母亲——举例来说，在与孩子短暂分离之后——较敏感并易接纳孩子的反应。[25]

（3）她知道孩子将她当作各种恼人经验的承受者，并信赖依靠她，这使她能了解婴儿。而她的了解是他成长的必要条件，这又回过头增强母亲保护婴儿不受其焦虑、疑惑及恐慌所危害，且优先考虑婴儿的需要的意愿，至少暂时如此。

这个论点主张，婴儿的身心状态处于不断变动的状况，会持续影响他"几乎统合"或"几乎支离破碎"的存在感。此种状态又继续影响他专注、参与世界，并对周遭有兴趣的能力。[26] 婴儿内在状态变化波动，引起母亲内在认知／情绪状态的起伏。母亲包容且消化内在被激起的种种波动的能力并非稳定不变，它随着母亲当时的个人状态、不同时刻所受的搅扰，及婴儿当下引发的特定影响而不同。[27] 凡此种种，加上较早时候母亲、婴儿及环境三者的潜在因素影响，使其认知或情绪交互的流动，显现一种持续变动、微妙的模式。这个层面的互动是我们理解"早年关系影响力"的途径之一，也是"婴儿观察"试图贴近并描述的互动历程。

婴儿的涵容经验

本节要谈婴儿有了被母亲注意及敏锐照顾的经验后，会产生什么样的结果。我们假设（如同克莱茵所言），婴儿拥有与外在世界接触并将这些经验铭记心中的能力。母亲回应婴儿的经验的能力，首先让婴儿感觉到自己身体感官知觉得以汇整，并进而展开身体的统合。

温尼科特（1960a，1960b）谈及母亲早年的"抱持（holding）"对婴儿的影响；若母亲的抱持维持够久，婴儿会形成"存在的持续感（continuity of being）"。他谈到因母亲主动适应环境，满足婴儿的需求，婴儿才有可能展开内在统合的历程（用比昂的话说，就是"涵容"）。另有一种情况是，婴儿感受到"环境的侵犯（environmental impingements）"，却无人保护他，对于这些侵入，他必须主动回击。Bick（1968）写道，婴儿第一个心理需求是有人能抱住他，这让婴儿开始感受肌肤为其所有。当母亲无法提供拥抱，婴儿便被留在只能专注无人环境的处境中（例如注视着电灯或翻动的窗帘）；或者，婴儿便只能尽力绷紧肌肉来维持自己的完整感。婴儿会在不同的时候，经验到这三种"维持统合（hold together）"的方式。Bick 认为，如果婴儿太仰赖后两者来维持完整感，将影响他日后自我感的发展。

你若观看婴儿生理状态的所有变动（Dunn，1977；Schaffer & Collin，1936），以及他一开始无法调节自身状态的情况，而不只是观看婴儿已经达到的"清明状态"，那么婴儿对母亲的仰赖便能清楚突显出来。[28] 有人将母亲给婴儿的生理照顾粗分为两类：拥抱与注视。婴儿需要有人细心改换其姿势、为他穿衣蔽体，他也需要床垫或肩膀提供的确认感、说话声及移动的韵律感，凡此种种皆是照顾婴儿必有的内容。这些内容能安抚婴儿，营造 Brazelton（1975）所谓的流畅、具有节奏韵律的反应，并让婴儿有身体的统合感（Bick，1968）。然而，外在世界——特别是人类世界——所拥有的能量，不只能抚慰婴儿，也将他带进活跃专注的世界——母亲的眼睛和声音具有一股魔力，能使婴儿全神贯注成一个整体，就像婴儿在吸吮乳房或奶瓶时的精神状态。

这两类涵容通过生理的照顾，直接大量作用在婴儿身上，此类生理照顾所隐含的情绪与心智方面非常关键。母亲在抚慰不安的婴儿时，内在处于极复杂的情绪心境，此状态与婴儿的苦恼紧密相连，也对婴儿造成影响。同样地，当婴儿参与社交时，他不只是在和妈妈秀给他看的有趣事物互动，更是和母亲与他共处时，全心注意、接纳他的心智状态互动。母亲的心智内涵作用在婴儿身上有两条路径：之一，间接通过她对婴儿心身状态的生理照顾所产生的效果；之二，直接通过婴儿理解他人情绪状态的能力[29]。采用本文所谈的理论术语来说，身体上被母亲拥抱、情绪上被母亲涵容，不只让婴儿对这个世界有生理上的体验，我们称此种经验为"身体的统合感""有了身体的边界：肌肤感"，以及生理上有了"我"的感觉；这些经验也让婴儿亲密接触到母亲内在心智与情绪历程。母亲这些内在的状态及它们对婴儿产生的影响，成为婴儿强力关注并感兴趣的对象。[30]

此种与母亲的亲密关系使婴儿发展出心智及情绪经验的能力。发展的历程中，生理上被聚合在怀抱里、拥有外层肌肤之感，是最初的原型；通过此原型，婴儿能取得"心智肌肤（mental skin）"，而于内在形成"心智空间"。这又回过头来，使婴儿开始能理解他所经验到的母亲的心智，并理解他们之间的沟通。早年经验的内涵因而对心智生活的开展有关键的影响。

经验内化

经验对婴儿的影响是时时刻刻的，同时，经验的影像也贮存在婴儿的记忆里（MacFarlane，1975），这个过程使婴儿在心里渐渐有了一个内在世界。这个过程引发的问题有三：（1）婴儿对此种"吸纳（taking in）"过程的主观经验为何？（2）这些记忆的形式为何？（3）这些记忆的内涵为何？

（1）精神分析研究长期以来一直在探究内在世界的本质及其形成的方式。研究结果之一是形成以下假说：婴儿的内化历程，不同于日后以象征形式进行的内化。年纪稍长后，我们有了语言，与世界不只有身体接触所建立的关系。婴儿与外在世界建立关系的心智活动里，似乎并没有象征的概念。此假说显然极难检测，但从婴儿观察，以及诊疗室中用原始方式联结现实的病人的经验中，我们可以形成此假说，例如，婴儿贮存了母亲注视他时的脸，或贮存被拥抱的印象，这种贮存过程对三四个月内的婴儿来说，就是把其感官知觉当作一个客体来吸纳的历程（内摄）（Isaacs，1952）。果真如此，早年心智生活的重要内涵：具体（concreteness），便是区分它与日后象征性心智运作的极大不同之处。这种差异，部分是由于早期记忆的生理本质（Stern，1985）。不过此处所阐释的观点认为，除了本质之外，"吸纳进来""唤起""心智中的拥抱"等生理经验影像，同时也是一种具体感受。因此，婴儿感受到内在容纳了一个具体的世界，这个世界至少像他身边的物质世界那般真实。而对其存在状态影响甚巨的人际关系，对他来说，似乎包括了具体实际的交流。[31]

（2）这些记忆／具体客体在心智中究竟以何种形式存在？一个强烈的主张是，早年经验必受以下三者主导：①婴儿本身强烈的肢体经验；②他对外在物质世界的知觉；③他对自己与母亲关系的基本了解。对经验的记忆多少必须包含这三个因素。

（3）这些客体在心智中如何形成？有人强烈主张，它们就是外在现实的影像，不多也不少（Bowlby，1973；Stern，1985）。我们完全同意婴儿与外在世界接触，以及他与此世界真实交会的内涵极度重要。[32] 然而，当 Stern 写道，在语言发展出来之前，婴儿的经验并无心理动力的层面时，他的意思似乎是，在有语言之前，婴儿无法自行将外在事件转化成主观经验。这个看法与我们在此所强调的非常不同。稍后，我们会继续说明克莱茵学派的"幻想（phantasy）"论认为，幻想是在生命一开始就有了，与婴儿对外在世界的经验同时发生，这两者创造了与外在世界及内在客体世界的人性接触（而不只是纯粹的物质接触）。

我们希望借由仔细观察个别婴儿，使内化历程的多样性、复杂性及其内容，更清楚地呈现出来。[33] 随着时间的推展，我们可以将婴儿被母亲抱在怀中的经验，及伴随此经验的一种被母亲怀抱在其心智中的感受，视为内化历程的起点。一开始婴儿依赖母亲所提供的涵容，但渐渐转成依赖自己缓缓成形的心智所提供的涵容。然而，此种发展不必然随着生理成熟而来，也不是借由"学习自我涵容"而来（虽然我们会觉得，自我涵容的能力是学习来的），它是通过反复吸纳被他人怀抱支持的经验、并将这些存留在其心智中而渐渐发展出来。通过这个历程［就像是一种具体经验的想象，克莱茵称此为内摄（introjection）］，婴儿渐渐能在心里形成一个确切存在的"涵容他的母亲"。现在，他有时能在她不在时，唤起那些原本源自与她接触才有的支持与安慰。温尼科特（1951）的过渡客体（transitional object）概念近来十分流行，这个概念谈的是婴儿会在母亲不在时，创造一个熟悉的物质客体来陪伴，此概念呈现出"内化历程"外在可眼见的现象。温尼科特清楚说明，这种与过渡客体的外在关系，显现了儿童与其内在母亲的关系。日后，儿童认同了他那"涵容他的母亲"，这些被包容的经验变成了他的一部分，成为他人格内在结构的一部分。[34] 至此，你可以说，儿童已发展出"自我涵容""自信"。不同个体有其独特的情绪风格，此种风格的差异及其持久性（Dunn & Richards, 1977；Dunn, 1979）部分源自早年关系中不同的情绪属性，这些内涵已被内化，并成为自我的一部分。[35]

处理痛苦及具体沟通的发展

大部分母婴关系的研究，都专注于探讨母亲提供给婴儿的美好经验有何内涵，以及婴儿能以何种方式唤起并使用这些经验。婴儿时期，痛苦不安是很重要的经验，也是无法避免的，它具有极大影响，会妨害母亲与婴儿之间亲密、有创意的接触。

婴儿所形成的内在表征的情绪特性为何？当婴儿处于"清明状态"时，其情绪特色可能是温和的，或心里有一些没有明显特性的对象。然而婴儿并非只有这种状态。婴儿痛苦的时候会怎么样呢？婴儿内在"坏"经验的表征又如何？像是嘈杂的声响、奶一直没来、胃痛或是母亲脸上不悦的表情等等。诚如Hinde（1982）所言，母婴关系中本来就有某种程度的冲突。

这些"坏"经验的特色之一是，它们甚至会出现在"好的"环境中，破坏婴儿运用环境所提供的支持或喂养的能力。父母在照顾尖声哭叫的婴儿时常有的一个经验是，他们已经在一旁提供协助，婴儿却陷在一种"父母就是带给他痛苦的罪魁祸首"或"因为所处的痛苦，无法看见父母在一旁协助"的心理状态。这些坏经验的另一相关特性是，婴儿一开始无法理解它们，好像他只能处理愉悦或比较中性的事件。婴儿唯有与好的、强化的经验发展出强韧持久的联结，才能维持他对自身的完整感，并开始能包容挫折、痛苦，亦与痛苦有比较连贯的认知接触。

比昂认为，被痛苦经验袭倒的婴儿处于一种无意义的状态——说得更确切些，婴儿此刻身心状态恶化，且丧失维持自我一致感的根本能力。接着，婴儿向人格较成熟者寻求协助——一个可以包容婴儿所经验到的种种痛苦感受的成人。这样看来，安慰婴儿、试着找出并挪去使婴儿痛苦不安之起因的母亲，同时也是①允许婴儿的心智状态被她自身的心智包容，可以有感受，却不至于被袭倒；以及②通过她心智中大量的潜意识活动，婴儿的痛苦可以成其形状和意义，使婴儿比较能够忍受。此种对安慰历程的看法，有别于一般人的常识。安慰不单单是挪去让婴儿痛苦的来源，或分散婴儿的注意力。它的含义包括婴儿内在有股冲动，将他的痛苦投射给别人，而母亲有能力接收并包容其痛苦；有了这整个经验，婴儿再将它以修饰过的形式内摄进来。[36]

在婴儿的主观感受里，内化是一种具体历程（concrete process）；同样地，当婴儿痛苦不舒服时，他的尖叫和踢蹬在想象中，仿佛是分裂、去除其坏经验（投射）的具体尝试。母亲的存在，她的心智活动及反应能力，借由提供一个这些坏经验的贮存所，转化婴儿的处境，并促成此沟通原始历程的形成，此即投射—认同。通过投射—认同，婴儿感受到母亲就像是个涵容者——一个具备空间容纳婴儿无法承受的苦恼的客体，同时又提供机会让他内化具有此涵容能力的母亲。母亲的能力不仅让她能标注记忆婴儿的痛苦，并能（在意识或潜意识中）想一想它是怎么回事，然后提供深思熟虑的回应；这表示她能修饰婴儿心理状态因痛苦经验而发出的索取，同时通过思考，让婴儿首次接触到人类承担痛苦的能力。这个理论意味着，婴儿终将发展出处理其自身苦恼的内在结构，他从另一个人内在的涵容结构，获得了足够多的经验。

虽然我们专注于谈论令婴儿不适的痛苦，但核心的议题是婴儿如何将所有的经验都知觉成一种心理历程。比昂认为通过投射—认同，母亲能了解她的婴儿；因为婴儿的心身状态会对她造成影响，她会渐渐理解婴儿心身状态的本质。婴儿感受到母亲以这样的方式了解他，他渐渐也能认识自己及他人的心理内涵（psychic qualities）。比昂用 K 来代表此种思考的基本类型，这是他的心智运作论中最核心的概念（O'Shaughnessy，1981）。[37]

自我感的形成

婴儿经验到母亲对其心智状态的涵容，并将它们转化为思考，奠定了婴儿内在发展出此项能力的基础，发展时所用的工具是内化和认同。当婴儿有足够的机会通过投射—认同沟通其经验，并内化母亲包容及思考其状态的能力，新的情绪资源便得以滋长，在这样的环境里，婴儿的自我感便能发展。自我感绝大部分奠基于认同这些内化的经验（内摄性认同），它使得婴儿对内在及外在的经验有了某种程度的忍受力，并能开放自己体会这些经验。这又形成另一种能力的发展基础，一种能从生活的情绪冲击中学习的能力。比昂的心智论关注的是，"从经验中学习"（Bion，1962b）的能力有何内涵。人一辈子都需要这种能力。诚如 Harris 所言：

> 人一生所经历的创伤，不管源自何处，都在检测人格中容受新经验所带来必然的痛苦及不安的能力，以及人从其中成长的能力。这种能力必然或多或少受到早年涵容客体（containing objects）的内涵影响，特别是母亲最原始的接收并反应的本质。接收得快的父母能协助婴儿经验自我。他对父母的认同有助于他处理日后日常生活中会有的冲突情绪和冲动——如果他是其所是、感其所感的话。（Harris，1978，pp.167-8）

然而，这并不是个简单的问题，不是母亲／父母完全存在或缺席，及有无被了解的问题。这个历程总是不完全。通常"足够好的（good enough）"父母比较能注意、忍受并消化婴儿的经验。婴儿的某些经验可能被父母以上述方式接受了，因而有助于婴儿形成有利的内在情境及心智的成长。婴儿其他未被父母容受的经验，并不会消失，婴儿也无法轻易接受它们为自己的一部分，使它们对他日渐成长的思考能力有所贡献。婴儿那些未被父母接纳的经验可能会走向分裂（split off），被驱赶至心智的边缘；但不会变小或变少，有时搞不好还会增加，很可能对个体的生活造成冲击。[38]

不管是什么原因，没有足够的母性涵容，婴儿会被迫过早仰赖他自身的资源。这影响他自信及自我涵容的能力，即使此涵容能力有待界定。[39]近来，许多以儿童为对象的精神分析工作，投注精力，想了解在收容安置机构进进出出的儿童，在缺乏足够母性涵容的情况下，过早依赖自身资源的发展现象为什么出现（Henry，1974，Boston & Szur，1983）。Bick（1968）将注意力放在更早时、不当的母性涵容对人格的影响，她的论点极有助于找到方法，去理解这类孩子表达需求时多样而复杂的方式，并与他们做接触。根据研究，Bick认为，有些婴儿以积极专注且强烈附着的态度，过度依赖周遭的物理环境，将外在的物理环境当作维持自我完整感的工具，而不依赖与人的接触。[40]这意味着孩子获得认同感的方法是"粘附性认同（adhesive identification）"。Bick认为，这类小孩会发展出人格的社交外貌（social appearances），但却没有真实的内在心智空间感及内在资源。其他小孩面对相同困境，则利用肌肉紧绷，或其他动作来发展出自我完整感；这会使他们以顽固、僵化，有时候甚至被动的方式，来处理生活体验所带来的情绪冲击。Bick称此为次级肌肤防卫（second skin formation）。这层肌肤无法产生如"肌肤／涵容者"的心智经验发展，后者在维系自我认同感时，能对情绪经验保持可进可出的流通。[41]

大概所有的婴儿都会使用此种圈住自我的机制，不过程度各有不同，理由也各式各样，并不一定和外在环境的匮乏有关。不管是什么原因，当婴儿得仰赖自我聚合的机制时，他没法经验到父母容受其痛苦的能力，也就没有机会内化并认同他们的能力。⁴² 严重缺乏包容环境的孩子成人后，完全不相信痛苦是可以忍受的，或是不相信人类心智可以消化、忍受这些痛苦。这种现象似乎与所谓的"剥夺循环（cycle of deprivation）"有关。⁴³

至此，我们已说明了这个同时具备社交与心理层面的亲子关系理论。社交面指的是，这个理论认为，每件事都在父母与子女之间复杂而微妙的互动中发展。心理面则指，在这些互动中，每一个参与者的内在历程都是核心素材；它关注的不只是儿童社交经验能力的发展，还包括儿童是否有体验心智／情绪经验的能力。⁴⁴

此种用来进行心智"消化"的内在结构，是婴儿在头几个月的生命里，通过内化及认同其照顾者开始建构起来的。随着发展，内在历程慢慢展开运作，并有其自身的逻辑。婴儿渐渐感受到自己内在形成三度心智／情绪空间，反映他感受到母亲内在有一个这样的空间。当这个空间渐渐充满了各种经验，婴儿内在的世界便开始构成。

内在世界

克莱茵在治疗年幼儿童时，观察到一个心智及情绪现象。她认为，这个现象不只是儿童在发展过程中受到干扰的结果，实际上它也受到出生后就开始运作的心理机制及心理状态塑造，两者密切相关。⁴⁵ 她的儿童病人在游戏室里的活动内容，原始且具体地演出他在关系里的内在状态，他对其他人非常初始的概念，他也使用游戏和语言呈现其内在对他人的象征性表征，而游戏和语言是儿童意图与另外一个完整个体沟通的一部分。克莱茵的理论试图说明早年心智历程的运作情形，以及此运作带来的心智建构。试图详述语言成形之前（以及"前语言象征思考"之前）的语言心智活动，当然会有很多问题。⁴⁶

且不管这些困难，克莱茵对内在世界的描述与近来的实证研究发现确实有不谋而合之处。发展心理学在描述婴儿期的发展时，强调的是婴儿生物本性与外在世界环境之间外在、社交的互动。然而，值得争议的是，婴儿与外在世界的关系究竟是两者之间的直接互动，还是经过内在表征的历程；若是后者，那么是从几岁开始的[47]。克莱茵认为心智生活（mental life）始于出生，而她工作的主要焦点一直放在内化的历程，以及内化创造出来的内在心智生活的内涵上。

克莱茵使用"幻想（phantasy）"一词代指心智活动最早的形式，这些活动从生命一诞生就开始塑造并充实其内在世界。"幻想"指的是出现在婴儿心智中的原始表征，它们是①他自身的本能活动，及②他与环境接触带来的结果（Isaacs，1952）。（"幻想"的拼法不同于原来常用的 fantasy，主要是为了区分两者的不同；后者指的更多是心智活动中有意识的象征形式，像是白日梦。）

"内在客体（internal object）"一词指的是内在表征单位。当然，"客体"指的不是人对外在世界里无生物的影像——这个词指的是人，及人的某些部分，而不是平常所说的"物体"。采用"客体"一词，而不用"表征"，是为了加以区别，避免强烈暗示人心中有的与外在世界完全一致：这样的完全一致可能存在，也可能并不存在。此论点认为，这些内在客体的第二个特质是，对婴儿来说这些影像有其真实性，当它们单纯只是外在世界的心智表征时，是比较成熟的经验，两者并不相同。成年后，我们常以为外在世界多多少少就是我们心智内容映照出来的真实；然而，克莱茵认为，我们的内在世界早在婴儿期就开始发展，所造成的结果之一是，它一直有自己的"真实"，婴儿强而有力且具体地体验着这样的真实，虽然部分发生在潜意识里。克莱茵的核心概念及她对精神分析的主要贡献之一是，她认为内在世界有其自身的具体内在真实，而不只是外在真实的影像——虽然它也有这部分。因此她觉得，我们应认真看待内在世界为个体内在运作历程的所在，不能只通过观察外在世界而直接推论；内在世界的变化作用在个体身上的力道，并不输给外在环境对个体生活的影响力。[48]

这一点是这种婴儿发展模式与为人熟知的互动模式之间最重要的差异。原因是，虽然母亲和婴儿之间的外在互动一直具有绝对的重要性，但它并不是母婴关系里唯一的维度。这段关系被内化为记忆，同时也被认同成为自我的一部分（与婴儿的自我没有区别），借此，婴儿获取其内在生活。在个体内部，这段关系的影像从出生以来，便处于不断修饰、成长、停滞或恶化的状态。诚如温尼科特（1950）所言，个体有"管理处置内在世界的终生任务"。这个任务包括关注其内在客体的"活力（vitality）"（用 Stern 的话来说）。[49] 此种内在表征的论点不只主张记忆会因与外在世界的母亲互动而有的经验的持续增加而增加并更新（如 Stern 的理论所言），它同时认为这些表征也会主动从内在进行转化（Bion，1965）。[50]

克莱茵的工作焦点主要放在内在世界的历程，这些历程会导致下列结果：①发展出"整合感"（包括自己和他人）；②觉察到自己参与到人与人之间的关系之中；③象征的能力（symbol formation），存在于自我意识下的沟通渴望，此乃这类关系的核心。

克莱茵的发展历程论包含情绪经验中两种"典型"的形成（而不是现实情况的描述）。她称它们为"偏执－分裂位置（paranoid-schizoid position）"与"抑郁位置（depressive position）"[51] 前者指的是知觉和情绪上的分裂，后者指的是心智上的统合状态。它们是一种位置（position），而非阶段（stage）。因为，就某一个角度来说，她认为它们是生存的基本状态，随着个体应对加诸他身上的内在、外在压力变动着。用婴儿发展的术语来说，婴儿对生命的体验始于偏执－分裂位置（0～3 个月），再渐渐发展出从抑郁位置体验生活的能力（3～6 个月）；出生之后，婴儿总有些时刻，似乎能在他与母亲的关系中，感知到母亲作为一个完整的人所拥有的内涵（Klein，1948）。

偏执－分裂位置的特色之一是，婴儿不能知觉其母亲（或他自己）的完整；此外，在一个时间点上，他的经验似乎就局限在某一组感觉、对客体（母亲的某个部分）只持某一种观点，而不是将关系里引发的种种感觉容纳进来。克莱茵在说明婴儿头 3 个月的经验时提到，这个时期的婴儿与自己、与世界的关系常受"极端分裂的状态"主导——婴儿的知觉在某个时间点上显然完全集中于自己或其世界的某一部分，像是他的嘴和母亲的乳头；他的皮肤与母亲的手；或是，他那被母亲的目光或说话声聚拢的注意力。因此，克莱茵假设，在头几个月的生命里，婴儿所感受到的世界是充满部分客体的世界，一直要到日后，婴儿才能在他与母亲的关系里体验到母亲是一个整体人（完整客体）。过去这些年，克莱茵的部分客体论中比较解剖学的概念，已经被修饰为母亲为婴儿所提供的不同功能。[52]

根据克莱茵的理论，婴儿发展的第一步，是与母亲照顾他的各个方面建立满意的关系，包括母亲对他的哺喂、清洁、注视、怀抱、说话；没有一个这样支撑维持他的中心，他没有办法茁壮成长。伴随此基本关系的建立而来的心理发展是，婴儿内在心智形成对此段关系的心像（种种影像）；此心像本身包含生理上及情绪上的满足与持续——克莱茵称此为"好的内在（部分）客体"。她指的不是道德上的好，也不是指婴儿有能力将他的经验加以区分、建档并分门别类；她的意思是，婴儿紧紧抓住这些满足的时刻，及与这满足经验有关系的客体，是因为这个过程为他带来生理、情绪，以及（若用比昂的论点及近来发展心理学上的研究，还可以加上）认知上的愉悦、活力和统合感。[53]

如今，克莱茵对建立好客体具备何种主要内涵的论点，可以在早年母婴关系之重要性研究发现中找到共同点，然而，克莱茵的说法仍有其超越之处。她认为，当婴儿向外搜寻并紧抓住美好经验，我们不能误以为其余的经验都只是一些中立的事件，像是空白的时间、没有意义的噪音等。其余的经验中，有些是生理上的不适，甚至是疼痛，及情绪上的苦恼不安；也就是有些婴儿的经验是负面的，强烈程度不亚于正向的经验。克莱茵在描绘早期发展时，赋予正向及负向经验相等的重要性。她认为，我们必须仔细注意坏经验的内涵，不管它是外在或内在引起的，注意它们对婴儿的冲击、如何转化为内在表征，以及后续产生的不良影响，它如何影响婴儿日后面对这些（如今变成内在的）坏客体时，对自己及对世界的感知。

与成年人、儿童的精神分析工作，让克莱茵形成她个人对早年发展的看法：在早年发展中，内在客体的形成及婴儿与它们的关系，构成婴儿将驱力的焦点放在与母亲发展深层情绪的、心智的接触。然而，她认为，小婴儿只有在与美好外在经验（及其内在表征）有强烈且意义清晰的接触下，才能发展出必要的存在感；也就是他在与这些经验接触时，其心智状态要能够不受经验中其他负面印象阻碍。婴儿要能够以此种方式处理恼人或不适的状态，也就是这些恼人状态的记忆不会干扰他在其他时间保持机警、享受满足。同样地，他要有能力处理美好情境中令人不满意的部分，而不会损害他对美好经验的知觉。她认为，在婴儿的心智中，他会将坏经验分裂并隔绝，所以，他可以将这些经验摒除在他与母亲的"美好"关系之外。为了生存，婴儿需要内摄并认同理想的美好经验，以及带来这些好经验的内在客体，同时运用人类心智中分裂并投射（splitting and projection）的固有能力，来摒除坏经验及其内在的表征。[54]

这类策略并非屡试不爽——有些不适在婴儿企图摒弃它们时抵死不从；而有些不好的记忆似乎总有办法以雷霆万钧之势涌现，一刹那攫住婴儿的心。克莱茵认为发生这种情况时，婴儿会有无力招架感，而他与母亲的联结感也会被摧毁。一旦痛苦抓住了他，婴儿便没有办法感知周遭环境中有趣并令人满意之处，它们在其他时刻原是如此吸引着他。克莱茵因此认为，小婴儿没有办法在心里同时留住好与坏的经验。

这些美好的和不好的经验（不管它们源自外在世界或婴儿内在），都不是固定的实体。它们转化为好的或坏的内在客体，不单是因其客观质量的好坏。若是如此，婴儿和其他人都能成功地辨识出来。它涉及的不只是区分客观坏经验和客观好经验。即使是提供给婴儿普通的照顾，也会涉及一个问题：外在及内在状态如何结合在一起，进而影响婴儿对某个事件的知觉——其内涵因时因地有极大的变动。对母亲来说，设法要让某个急躁的婴儿含住乳房，恐怕就具有此种完全无法预期的本质。

鲍尔比与 Stern 坚持，婴儿只能内化外在现实真实发生过的事。以克莱茵的理论来看，婴儿的知觉受到内摄及投射运作的影响，知觉（或迷思知觉）的良性或恶性循环可能直接出现在行动中。将坏感觉投射到母亲内在时的气氛，可能会让婴儿在稍后无法将她视为好客体而加以内摄。一个可以说明此种现象的例子是，婴儿在等待母亲来喂奶时，哭得很伤心，让自己陷入心里极痛苦的状况，结果乳房在他心里的意象充满了痛苦的感觉。接下来，奶来了，这奶有别于其痛苦所营造出来的"坏"意象，但先前的经验使他很难接受喂奶。同样地，"好"经验的内摄也会削弱挫折或骇人事件的冲击，因而增加婴儿的容受力。这可能可以说明，为什么有些婴儿（有时候）比其他婴儿要更能处理感冒时吃奶的困难；感冒的不舒服坏了他们的胃口，使他们吃奶时混杂了不舒服的感受，没有办法得到原本在吸奶时所渴望的东西。

先不谈各种大量持续影响婴儿的刺激，母婴互动的研究显示，婴儿固有的能力使他在身体及认知上，可以找到将母亲所提供的照顾运用到极致的方法。精神分析认为，婴儿心理的首要需要是身边有个持续关爱他的好客体（理想客体），能够将他组织起来；这意味着婴儿具备类似的高层次天生驱力，会善用母亲的心理能力，及婴儿内在的能力，对其经验中的种种知觉进行复杂的筛分，为的是促进此历程的发展。换句话说，分裂与投射被视为生命必要的心理机制。[55]

这些我们称为内摄、分裂与投射的心理能力，婴儿用它们来接触周遭环境，而不同的婴儿从出生即显示出极大的差异。举例来说，有些婴儿在痛苦不适时，用哭叫、踢蹬的方式，能让他们甩掉造成苦恼的种种，让自己能够接受安慰或乳房。有些婴儿哭的方式则较受限，仿佛那些糟透了的经验锁在他们里面出不来，使他们没有办法自由接受母亲的关注。这样看来，个体独特的内在世界受到个体天生身心内涵与外在经验之间复杂互动的影响。发展心理学的研究显示，婴儿在有限的范围里，非常活跃地创造他身边的社交环境。就克莱茵的精神分析理论来看，她也认为，婴儿在有限的真实外在环境及生物状态里，精力充沛地创造他的内在世界。[56]

觉察到人的完整性及依赖感

出生后，被理想化的全好关系，是婴儿这一生第一段美好的情绪关系，这种关系有其优势和限制。然而，这样的完全美好却可能一刹那变成全然的坏。克莱茵认为，小婴儿一开始没有办法将他经验里不同的部分连起来。因此，她认为婴儿无法联结好经验和坏经验，像是他的嘴和母亲的乳房、他的脸颊和母亲的肩膀，在某个时刻有美好的经验，有的时候则会有不好的经验，像奶流得太快、肩膀碰撞到他的头等，婴儿很难联结这两类经验。她认为，这些经验多半在婴儿内心是各自存在、互不相干的。克莱茵主张，发展的下一个议题是，婴儿如何整合他对母亲的好、坏经验，并进而感知到她是一个统合而连贯的人。她认为这是复杂发展历程的一部分，使婴儿能发展出意识到自己需要母亲的觉察力，至终并能发展出在她不在时思念她的能力。[57]

虽然，描述此种变化内涵的理论很多，不过目前各种说法之间似乎有了共识：约在7个月大时，婴儿会有发展上的大跃进，他开始能够体验到自己和母亲的完整性（Stern，1985；Dunn，1977；Trevarthen，1980）。此发展包含认知与情绪两个维度，因为"整合起来"的不只是物理客体，也包含情绪客体——在婴儿与此客体的分离经验中，必有情绪需求的涉入。它指的也不只是婴儿处于"清明状态"所觉察到的，还包括一些深植的认识，能将婴儿不同的状态、经验整合在一起。克莱茵的贡献在于，她注意到发展的情绪方面，并聚焦于此种婴儿经验转化的初期形式。她的发展理论探讨的是，既然婴儿从出生就对母亲产生各种不同的感觉，那么他如何整合他和母亲互动时的不同经验。婴儿若是能够将对母亲的种种感觉存记在心，并整合这些不同观点，婴儿便仿佛有了坐标，使他能将母亲定位在以时间和空间为坐标的坐标图上。他越能掌握自己对她的各种感觉，便越能体验到这些感觉是他自身的，而不是外在世界加诸给他的。这两种发展的结果是，婴儿开始能与母亲分离，觉察到母亲能转化他的经验，及自己对母亲的依赖。克莱茵认为，婴儿出生后，会有一些刹那处于较统合的状态，能欣赏他和母亲之间的关系；然而，婴儿知觉的此种转化（她称此为"抑郁位置"），发生在出生的头3个月后，然后在6个月大时，才渐渐稳固下来。[58]

在描绘统合历程，及婴儿早期如何借由分裂、理想化客体，进而展开此统合历程时，克莱茵将焦点放在此历程的心理痛苦。她主张，从偏执—分裂位置转化到抑郁位置，婴儿得面对（1）失去理想关系的痛苦，以及（2）怎么处理这个过程产生的坏经验及负性感觉。在某些情况下，母亲是爱的源头，带来愉悦的经验，现在婴儿能认出这些因母亲而来的不好经验，像是被交给别人照顾或断奶等，使得他和母亲的关系变得比较脆弱，而母亲也成为一个意义不明的人。在不好的经验里，对母亲有愤怒的感觉是件令婴儿十分焦虑的事，他要不就把愤怒留在自己里面，要不就暂时回到偏执－分裂位置，以便把气发泄在坏客体身上，这个坏客体是痛苦的来源和接受者。虽然有人说，婴儿对母亲的知觉越接近真实，越可以让他放弃偏执－分裂位置；但是克莱茵则认为，婴儿还要有能力承受真实关系中的焦虑和失望，这使他能看见更真实的她。[59]

婴儿内在的这些历程会转化他与母亲的真实关系，然而克莱茵主张，这些历程也会转化婴儿与内化的母亲影像的关系。当婴儿开始意识到自己对母亲的依赖，并觉察到真实世界的母亲对他的协助，婴儿内在便会产生类似的历程：当他对外在世界有所需求时，他会变得比较能在心里留住好的内在客体。在痛苦不安时，他开始能维持自己的统合感，不再受它们的影响而瓦解，开始能体会这些复杂的感觉。一旦婴儿的内在世界统合起来，就能发展出内在的连续感。大约在6个月，婴儿的心智状态就会发展并强化到当母亲不在时，他能在心里留住他和母亲的关系。当婴儿能够形成这样的内在关系时，他便能思念母亲。Dunn（1977）写道："当婴儿开始觉察到母亲不在眼前，并以新的方式来思念她存在时的种种时，深远的转变便已产生。这是发展上的里程碑。"

这种与内化的母亲建立关系的能力，和在认知发展上与外在世界建立关系的能力并不相同，后者一旦达成便不易丧失。精神分析的临床经验让我们相信，情绪学习的发展和认知发展是非常不同的。客体不在身边，婴儿或许会强烈感受到自己的需求得不到满足，然而他却有能力与内在爱的客体联结，这可是非常了不起的情绪发展成就。婴儿有了这美好的内在关系后，在面对母亲无法立刻安抚他时的愤怒、绝望（这些感觉可能摧毁婴儿内在的好客体），能持续怀抱希望和信任，或耐心等候。因为分离的感觉太痛苦，婴儿的心情很可能从"想念一个不在的好客体"，转换成为"被一个可恶的坏客体抛弃"。婴儿维持与母亲的联系是件大工程，他不见得每次都办得到。此种能力只有随着时间，因情绪发展成熟而渐渐成形。这种面对外在失落及失望所引起的种种感受，而心中得维持生生不息的希望、爱与创造，是到成年后仍持续存在的问题。

象征思考的发展

克莱茵认为，抑郁位置形成后，与外在现实的新关系也随之而来，而此新关系是建立在象征能力（symbol formation）上。克莱茵辞世后，探索其理论中孩子与外在现实之间的互动如何发展，及其象征思考和游戏的能力，便成为发展的重点（Segal，1957；Bion，1962b；Winnicott，1971）。

截至目前，婴儿发展理论一直专注于婴儿如何与真实的母亲建立心理的依赖关系，这指的是外在的关系经内化后成为人格的一部分。在出生后第一年的发展里，还有另外一个主要的威胁，它关系到婴儿的分离经验和分离本身，亦即广义的断奶经验。本章主述的理论认为，发展历程中，这两条发展路线交互影响，促成心智中象征能力的成长。接下来，便是基础结构的发展，我们将经验的不同方面做了人为的区分，为的是说明这个描述象征能力早期阶段的理论。

1. 母亲与婴儿面对面

精神分析与发展心理学从不同的角度，描述新生儿与其主要照顾者之间微妙而复杂的互动情形，以及婴儿的需要如何得到理解、理解到什么程度，才能使婴儿成长茁壮。婴儿需要一个能满足其需求的环境，这环境还要能滋养他与环境接触的能力。若是环境能提供这些①婴儿与外在世界接触的能力将得到情绪上的支持；而且②他那尚未成熟的心智组织将因此得到丰富的经验，而渐渐精致复杂起来。比昂与温尼科特认为，当外在客体满足了婴儿内在的需要，他才能赋予这些互动重大的意义，并将此种经验和婴儿知觉到却无法赋予意义的外在干扰（external impingements）区分开来。

弗洛伊德（1911）在说明心智发展时写到，不切实际的心智活动（幻想和幻觉）渐渐发展成能知觉到真实，并有能力进行有意识的思考。根据克莱茵的新定义，"幻想能力"不再是（使婴儿）与现实接触的阻碍，而是婴儿用来建立人际关系的工具；婴儿借由幻想，具体内摄及投射自己的情绪状况，并与客体建立关系。幻想渐渐也被视为心智生活的延续，自有其真实。心智需要维持与它的接触，"与外在真实接触的能力"并不会抵制它，更不会完全取代它。对于那些继续发展克莱茵理念的后继者而言，"幻想"是以原始方式理解意义的心智生活的一部分，也是使外在世界充满意义的管道。

2. 母亲存在时的分离经验

从一出生，婴儿便将被母亲抱在怀里、喂奶、照顾和说话的经验——内化，使他能保有统合感，并开始能注意周遭环境，且持续此种注意力的时间渐增。内化也让婴儿感觉到他已将母婴关系里的生命力和亲密涵容在自己里面。他把他和母亲在一起时两人之间的空间，当作重新营造这份关系的种种内涵的地方。于是，当他在吸妈妈的乳房时，他会利用吸吮的空档，抬眼看看妈妈，或是抚摸她的衣襟、她的手，向着她发出声音。我们称此为"重造过程（re-creation）"，为的是强调此"第二种关系"并非只是以现在式来延续他和母亲当前的关系。通过内化历程，婴儿的心里似乎开始有了一些与母亲亲密接触有关的概念；而且，他还能主动唤起这些概念，并把它们外显出来。同时，我们还希望区分"重造过程"与"象征式表征（symbolic representation）"之间的不同。有人认为，婴儿会觉得自己抚弄的动作和发出声响，是具体"重造"他和母亲的首次经验，而不是象征式的表征。Segal（1957）在区分"象征能力"与"象征等同真实"时，要大家特别注意"象征能力"的发展。她说，"象征等同真实"指的是在幻想中，其意义被具体等同于外在客体，而"象征"指的是外在客体被赋予意义，然而客体仍保有其外在特质，主体能感受到它的重要性是其"心智关系（mental relationship）"的一部分。

按照上面的描述，当婴儿在真实世界里，被母亲抱在怀里，享受与母亲的亲密时，他似乎有种将其内在心理状况外显出来的创造力。温尼科特（1971）认为，婴儿所做的这个活动就是游戏的开始。3到6个月大之间，婴儿开始和外在客体玩游戏，这无疑是受到"知觉–动作冲动"的驱使，这也是他部分内在生活的外显，婴儿借由游戏企图重造并探索他与母亲的关系。所以他一有机会吸吮、轻拍乳房或奶瓶时，便使用嘴和拍打来探索客体。这样看来，婴儿不只从外在事件中学习、从环境文化习得意义，他也给外在世界填上各种内涵，于是外在世界有了意义，他也才能进一步去探索。

3. 在实际的分离中，婴儿经验到什么[60]

生命的头几个月，"分离"在婴儿的经验中，并不像是分离。这不表示生命早期的分离对婴儿并不会造成冲击。出生6个月内，婴儿的发展重心在于发展出能知觉到母亲为完整个体的能力，这个阶段的婴儿对母亲的照顾最为敏感，这是婴儿天天接触到的部分客体的特质。婴儿体验到此部分客体的可预期与持续稳定，这一经验促使婴儿发展出辨识并预期某些状况的能力，并开始能统合对自我及母亲的经验。变动不停的情况会打乱婴儿发展上述能力的历程。倘若不满6个月大的婴儿在与母亲分离期间，无法在心里保留她或部分的她足够久，他就不会想念她，但是会以另一种方式承受母亲不在的痛苦。[61]

然而，婴儿免不了要面对外在世界某种程度的分离与"无法满足"，这些外在世界的刹那经验，使婴儿退缩至自身的幻想与肉身的享乐中，借此营造一个并不存在的经验。最明显的例子就是吸拇指，有些婴儿则用更精致而特殊的方式来营造所渴望的经验，例如哼唱或某种特殊的握手方式；有些婴儿则用睡觉或忽略未得满足的需要，来驱走等待的苦恼。那些被父母认为是"需求无度"的婴儿，则无法在母亲不在时，找到让她存在于心中的方式，也无法"关掉"不适。这种种处理分离的方式显示，婴儿在6个月大之前，不能在心中保有"不在的好客体（absent good object）"——这个能力指的是，婴儿知道客体不在，然而它的好持续存在于婴儿心中，并等待此客体再回来。这个时候的婴儿在面对分离时，可能"幻想（hallucinate）"客体还在，而他对客体失去了兴趣；另一种情况是坏客体出现，取代离去的客体。[62] 在这样的情况下，婴儿无法真的经验分离。

在此，为了讨论之便，我们需要刻意区别下面两种情况：其一是发展过程中，环境中无法避免的、易处理的分离与无法满足二者所蕴含的意义；其二是严重且令人无法招架的分离所蕴含的意义。[63] 对婴儿来说，日常生活中易处理的分离是生活中次要的部分，这些环境"无法满足"其需要的经验，让他有机会试着自己找方法度过。婴儿有避开分离带来的冲击的方法，他们也会越来越有能力从中得到益处。

比昂认为，外在客体的缺席（一开始是乳房，之后是母亲整个人）促使婴儿建立心理意象（mental images），以稳住母亲不在时的冲击，而不会满脑子只想着客体应该给予立即的、感官上的满足（却不可得）。用温尼科特的话来说即是，当母亲"足够好"时，环境可容许的不满足会刺激婴儿利用想象来补足缺憾。这个论点主张，婴儿的发展同时需要具涵容能力的母亲的存在，及可忍受的分离（manageable absences）。些许的缺席有益于婴儿渐渐意识到分离这件事。当婴儿有能力处理分离引发的种种感觉，他便有了依靠自身内在资源的能力，并能利用它帮助思考。他开始意识到自己的想法和感觉与外在世界是分开的，并能与它形成一种象征关系，同时感受到自己的沟通能力是一种象征活动。

此时，面对分离，他们需要依靠由此发展出来的能力消化分离的经验，而不再被支离破碎的感觉搅扰。就实际的经验而言，这是一个试误的过程。断奶经验和分离经验很类似，只有在母亲和婴儿都没有太多外来压力的情况下，才能成功地断奶。配合婴儿的时间和步调来断奶，婴儿便能将好经验留在脑海中；失落的经验则不同，不管是什么原因造成的，失落往往发生得太快而让婴儿不可能留住好经验。婴儿在断奶时，能够在记忆及想象中营造某些东西帮助自己；而失落时，婴儿可能要面对一些无法消化、未知的东西，那是超过他心智世界所能理解的。

4. 游戏即内在客体关系的呈现

断奶意味着在身体和心理上与母亲的分离，婴儿 6 个月大时，断奶是其生命中很重要的部分。这样的分离是一段很长的历程，需要花上童年大部分的时间来完成。本文说明婴儿发展外在独立的历程，是以内在世界的发展为基础，对外在照顾者的依赖会渐渐转变成为依赖内在客体。

婴儿在 6 个月大后，渐渐能将母亲视为完整个体，且能意识到自己和母亲是不同的个体（分离感），这使得婴儿感受到自己的心智有别于外在世界。这个时候，婴儿才能以象征的形式重造盘踞其内的内涵，并将之外化，然后与外在世界形成新的关系。它成为一个填写意义的地方，再将意义带回其内。

外在世界可以被用来重造母亲存在的愉悦感（例如玩毛毯），而且在头一年的后半段，婴儿比较能消化母亲不在的冲击后，它也能成为探索母亲不在的场所。这个时候，孩子的脆弱程度较先前（第二阶段）游戏所呈现出来的明显。婴儿可能被自己的游戏内容吓到，或因为玩具坏掉而苦恼。婴儿无法长久维持与母亲的外在关系，或无法在心智中留住这种关系，会促发此类象征性游戏——例如，以分离和依赖为基调的关系——孩子无法在这样的游戏中享受外在世界原有的愉悦。与实际客体的接触带给婴儿许多感官和心智上的快乐。此外，游戏本身也使婴儿能为自己的感觉创造新的包容所，并开展他的关系。这个过程会减轻婴儿出生后，以母亲为唯一涵容者以及与外在世界联系的中介者，所带来的紧张和压力。不过，这种横向扩展唯有婴儿内在与母亲的关系有足够的爱及丰富（并渐渐视父母亲为配偶）才有可能，婴儿与外在世界接触时，才有力量承受重造其内在意义的历程。

结论

对新生婴儿来说，唯有母亲真实的存在能提供婴儿发展基本统合能力所需的连续感、注意力及感官知觉的愉悦，以统合其知觉并展开心智发展的历程。当这些需要被满足了，且婴儿能够应用母亲所提供的这些经验，在这第一年里对外在客体的依赖会渐渐减少。婴儿原本借由所仰赖的少数几个照顾者而形成的熟悉感和模式，会渐渐发展成婴儿内在自己的模式和连续感——他开始有了"我是我"的感觉。母亲对他的注意力，促使他发展出觉察发生何事的能力，并对所发生之事有渐增的好奇。借由经验到母亲将他放在脑中前思后想，他也开始能反省自己的经验。婴儿赋予新扩展的关系和活动意义，并渐渐期待自己可以在这些关系和活动中，发现原本被照顾时的愉悦。

注释

1. 本书所描述的观察情境不是温尼科特所谓的"设定好的情境（set situation）"，虽然后者也让观察者有机会看见婴儿如何从婴儿期的一般经验——喂奶、洗澡、独处、断奶等等中，创造自身的主观世界。

2. 在"精神分析导向婴儿观察法"的发展中，Esther Bick 的重要贡献除了教学及督导外，还有她发表的几篇简短的文章。Magagna（1987）描述过一个经她督导的婴儿观察。

3. 这个时期，约翰·鲍尔比是 Tavistock 中心儿童与父母部门的负责人。虽然后来他的观点渐渐与这里所阐述的有了巨大的分歧，但他对早期儿童心理治疗的支持，及（通过他个人的工作）营造从专业角度关注母婴关系的氛围，有着不可抹灭的重要性。

4. 虽然教授本课程的老师皆认同精神分析导向的观点，但我们并无意在此影射所有参与者皆同意本书中的所有看法。（克莱茵，温尼科特，比克与比昂的立场有着重要的差异，各有相当不同的态度。）

5. 精神分析导向的想法特别着重于思考发展底层的"历程（process）"。Schaffer（1986）认为这是发展心理学极缺乏的一部分。我们希望对此底层历程的探究可以提供丰富的观点，使这两股极不同的传统学科可以有交会之处。

6. 我们特别着重于 Stern（1985）所提出的理论，他比较各研究发现的精神分析对婴儿期发展的看法，发展出他的论点。然而，本书所持的精神分析导向观点，与在美国发展并提供 Stern 理论背景的弗洛伊德学派（Freudian tradition）有很重要的差异。

7. 如同克莱茵借鉴了弗洛伊德理论及实务工作的某些部分加以发展，克莱茵之后的分析师（如温尼科特，比克，比昂，罗森菲尔德，梅尔策）也分别借鉴了克莱茵不同的部分加以发展。Spillius（1988）将与此发展有关的重要文献集结成册。Meltzer（1978）则对此理论的变化做了比较个人化的论述。

8. 这些发展是从弗洛伊德在《心智功能的两个原则》（*Two Principles of*

Mental Functioning）中所提出的议题中引发出来的。

9. 这点很容易被忽略，因为克莱茵的理论及实务工作有大部分皆在探究内在世界。Isaacs（1952）谈到婴儿内在及外在现实的心智历程，她写道："外在世界在很早的时候，就以各种方式持续吸引着婴儿的注意力。第一个生理上的体验来自生产时各种强烈的刺激，以及开始呼吸，还有随之而来的第一次喂奶。这出生第一天的体验恐怕已唤起首次的心智活动，并提供了幻想及记忆的素材。幻想及现实检测从出生后的那几天就已展开。"温尼科特（1945，1951）及比昂（1962）在其实务工作中，进一步发展这个论点。

10. 从这些研究发现中所形成的理论各不相同。有些理论认为，母亲会适应婴儿生理的节奏及冲动，以便形成"对话（dialogue）"（Kaye，1977）；有些则认为，婴儿的行为会渐渐符合母亲建构的意义结构。Stern（1985）的理论强调，婴儿的知觉能力是发展"自我感（sense of self）"的原始基础。Trevarthen（1979）发展出"原初的互为主体性（primary intersubjectivity）"概念，并主张"人类的人格机制是与生俱来的，他天生就对人敏感，且一开始就用人类的独特样式在表达"。在此所陈列的理论与这些论点皆有关。

最近几年，吸引众人兴趣的假设是，婴儿天生就准备好要接收各种经验，婴儿出生前，某些基本的能力必然已经开始运作（Liley，1972；Bower，1977）。Piontelli（1987）使用超音波扫描来进行精神分析导向的胎儿观察，并说明其发现。

11. 虽然这类研究兴趣渐渐采用沟通发展的语汇，而非行为互动的语汇，此模式仍有渐渐聚焦于内在的倾向（Hopkins，1983）。

12. 比昂的"先备概念（preconception）"与Trevarthen的"天生动机（innate motives）"（神经心理结构）似乎有相同之处。后者认为，"天生动机"是认识外在世界（主体）及与人沟通（原初的互为主体性）的能力的基础（Trevarthen，1980）。

13. Mills（1981）提到，婴儿有处在"清醒安静状态（alert inactivity）"的短暂时期。倘若在观察期间，此状态改变了，而观察者却没注意、或没有提出来，将会引起问题。虽然Stern（1985）承认，实验研究还无法探讨婴儿不在

"清醒安静状态"时的其他状态,但他这个论点(在其整个婴儿经验理论中)所隐含的意义并不清楚。它是否表示,无论是在清醒、压力或睡眠状态,婴儿的能力都不会改变?我们是否能通过"清醒安静状态"的这扇窗,就看见婴儿的"整体"?抑或是不同的状态会带给婴儿非常不同的经验,体验到不同的自己及世界,而在稍后这些经验慢慢整合,或找到相应的方式?

14. Stern 认为,婴儿不能体验"未整合(non-organization)"状态,只能体验"许多独立存在的经验,这些经验对婴儿而言,可能非常清晰而鲜活"。婴儿不能知道"未整合",或他们不知道那是什么。这个概念与另一个想法相冲突:人有认知能力,能在面对一个经验时,多多少少感受到它的影响。当处在清醒安静状态的婴儿因为疲倦或刺激太多,而渐渐进入烦躁不安的状态,他多少会感受到统合感的丧失,或知觉不再那么清晰。要知道某些情况是否对婴儿造成压力,可以从父母那儿得知,因为在这些情况下,父母亲会感觉到很难安抚婴儿。

15. 温尼科特(1945)假设有一个原始未统合的状态,但前提是统合的历程从出生即展开。

16. 在 Stern 的理论模式里,婴儿头几个月的发展,主要是靠他天生且在成熟中的知觉能力。我们认为这个观点忽略了婴儿主观经验的重要方面,并低估了父母的角色。

17. 行文中,为了方便,我们会一般性地指母亲和婴儿(男性)。然而母亲所发挥的功能也可能由父亲担任,或其他与婴儿有亲密关系的照顾者。

18. 这个时期,母亲的认同感会很脆弱,因为整个情绪上、社会层面上,及经济上都必须因婴儿的出生做调整。

19. "……在儿童发展的每一个阶段,环境的冲击都很重要。晚期的伤害可能毁掉早期教养带来的良好影响,就像生命早期引起的困难,可能经由后来有助益的影响而减轻。"(Klein,1952b)这一看法与婴儿及儿童具有"复原能力(resilience)"的概念一致,后者是 Rutter(1981)及其他学者要大家注意的现象,想尝试了解早年经验的影响,就一定得考虑这个核心因素。

20. 我们认为，这个母婴关系理论能够回应下述挑战："将父母及孩子之间发生的事，确切地描绘出来，并说明何以这些经验会对儿童的发展造成如此大的影响"（Schaffer，1986）。

21. Stern（1985）已说明婴儿处理某类经验的心智结构。我们关切的是所有的状态，以及它们要求婴儿的心智如何回应。

22. 母亲加诸婴儿的痛苦通常是情绪上的，不过在某些情况，也可能是肉体的。

23. 母亲若要与婴儿建立"涵容（containing）"的关系（至少足够久），她要先能够与自身心智状态建立接收及容受的关系（至少足够久）。用比昂的话来说，成年人在面对日常生活，及与婴儿、儿童接触时，早期婴儿期及童年的某些经验会持续被翻搅起来，要完成"成人认同（adult identity）"，个人需要重组一个"涵容器（container）"来包容这些经验。

24. Hopkins（1983）强调母亲作为婴儿行为诠释者的角色。此种直觉能力"部分仰赖母亲童年及日后一般的、文化的及个人的经验"。

25. 这与 Rutter 所提出，有助儿童分离的因素有关——"长期以来的观察发现，住院一段时间后回到家的孩子，可能充满敌意、变得难搞，或是太黏人，无论是什么情况，父母对这些行为的反应或许才是最关键的。"（Rutter，1981，p134）

26. 认识这个世界所带来的乐趣是婴儿经验中最根本的部分。因为临床上的需要，精神分析长期关注的是人与现实的关系中所出现的困扰。与现实的关系，及思考、游戏的能力，一直是比昂及温尼科特工作的核心。Alvarez（1988）曾提及儿童需要与现实有愉悦的接触，及此需求的临床意涵。

27. 此功能是非常重要的心智／情绪能力，它不同于 Stern 在其理论中所提出的，父母乃具"调节"功能的他者（a state of regulating other）。在此，父母调节婴儿生理状态的功能，似乎局限于外在的行为角色；他认为这是婴儿头几个月的发展中比较次要的。相同地，这里所提出的模式是"互动的"，这个互动指的更多是心智／情绪的，而不是以行为为主。此类复杂的交流，似乎就是 Stratton 所指的"婴儿所处的整体环境系统"（Stratton，1982，p11）。

28. Stern 描述道婴儿有能力使用其"知觉器官（perceptual apparatus）"来统合自己，他处在充满情绪意义的环境中。婴儿能感受到母亲身体及情绪的存在，不过他消化4周所发生事物的能力，并不依赖母亲与他做情绪接触的能力。母亲的影响只在婴儿7个月大后（他所发展的关系比较有自我意识之后），才渐渐成为重要的因素。Stern 的观点指出，为何有些婴儿虽然经历了艰难的早年经验，却仍能取得足够的资源存活下来。

29. Stern 认为，"活力情感（vitality affects）"——指的是情绪生活的动力变化，而非不同的"类别情感（categorical affects）"——会渗透到婴儿对这个世界的经验中。通过身边人的专心注意、他们的外在形状，及他们说话、移动时营造的氛围，婴儿可以体验到"活力情感"。在说明"形式（form）"（在其中，可能真有为婴儿而存在的情绪环境）时，这似乎是非常重要的部分。Stern 认为婴儿出生后，其"自我感"及"对他人的知觉"持续发展，不过他的理论似乎没有对婴儿内在如何发展出"整合感"，及"自我意识"如何觉察到沟通的可能，给出令人满意的说明。他称此发展（约莫于7个月大）为"关键性的改变（quantum leap）"。我们希望本书所描绘的模式，可以提供基石来思考此发展的更早阶段——婴儿"已经以这样的方式在反应"，而非"如此反应以便……"（Mackay，1972；Hopkins，1983）。

30. Osofsky 与 Danzger（1974）说明母亲与婴儿的心智状态之间的关系。Murray（1988）与 Pound（1982）皆主张婴儿及幼儿对母亲的情感状态非常有反应性。抑郁、焦虑及敌意会削弱母亲回应婴儿需求的能力；而这些心智状态也会直接传递给孩子，孩子则被迫独自面对并应对这些。

31. Stern 主张婴儿经验到父母介入调节他的状态，并感受到他们对他的影响，自然会影响婴儿的整体感，及对"自我"和"他人"分开的体验，这些是婴儿在"清明状态"时能很清楚地意识到的。为了理论上的理由，这个观点偏离了 Stern 原想以"贴近婴儿经验"来描述婴儿的企图。从婴儿的角度来看，情况更像是母亲"移走"了他的苦恼、她的笑容带来喜悦，或她心事重重的样子惊醒了他，凡此种种在婴儿的感受中，都是强烈而具体的交流。

32. 我们不可能在本章中完整说明鲍尔比的理论和临床工作与克莱茵、温尼科特、比克及比昂之间的关系。

鲍尔比（1969，1973）强调婴儿渴望母亲存在的强烈本能需求，以及此本能如何维持物种的存活。他不只强调长期分离的危险，也强调婴儿受到照顾的质量。他唤起大家对幼儿需求的注意，一般人对儿童照护的看法，因他所建立的理论而改变，在这个领域，他有不可抹灭的重要性。他不只对依恋行为有兴趣，还强调儿童在与母亲的关系中内在所形成的"工作模式"，此工作模式攸关内在依恋感及信任感的发展。然而，他的模式强调两股力量的交互作用，一是生物需求，二是外在情境的压力。他认为情绪是在这一脉络下发展的。因此，鲍尔比认为，儿童内在的焦虑起因于外在环境威胁到他们的安全（例如与母亲的分离），这是非常基本的生物性机制，在物种演化的历史中，它与生命的延续有关。

克莱茵及其后继者所关注的焦点则在于情绪的内在经验，及遗传下来的心智内涵。我们认为，鲍尔比不同意克莱茵的是，分离经验在焦虑形成过程中的角色。会有这样的分歧，部分原因是错以为焦虑的形成非黑即白，结果造成两种极端的看法：其一，外在情境很重要，儿童焦虑全源自于此；其二，儿童的内在情境是最重要的，其焦虑完全从内在形成。对我们来说，孩子的外在经验很重要，克莱茵（1952b）与Bick（1968）皆如此认为；同时，了解孩子如何在内在转化这些外在经验也很重要。我们会在稍后说明"内在世界"的概念，这个概念帮助我们思考，为何有些小孩能从困难的早期经验中找到活路，而某些拥有良好早年成长经验的孩子，却在其童年或成年阶段发展出恼人的困扰。

鲍尔比反对克莱茵的另一点是，克莱茵将婴儿早年经验局限于吸吮乳房，忽略了婴儿与母亲关系中的其他方面，也轻忽了第2年、第3年经验的重要性。克莱茵专注于婴儿与乳房的关系，将乳房视为婴儿第一个客体，是获取各种经验的方式之一，然后形成整体的图像［从这个观点来看，乳房代表着"理想类型（ideal type）"］，以便专注于某些特定的婴儿期经验。克莱茵感兴趣的是生命早期的这类经验，及这些经验如何在日后发展中持续显现其影响力。鲍尔比很少谈到生命头几个月的经验，例如，7个月大前婴儿的分离经验（鲍尔比，

1973），他特别关注的是婴儿晚期及童年早期的某些方面。

动物学理论翔实的自然观察非常关键。此法的应用使大家注意到一些现象，例如，幼儿与依恋对象重聚时的拒绝行为，这些现象挑战了既存的理论架构，也促使它有新的发展。

33. Schaffer（1986）强调这类经验在理解儿童发展上的重要性："因此，需要把整个焦点从过分关注外在行动转向同时思考内在表征。""内在客体"与"自我及他人之工作模式"两个概念在互相交流时，有些依恋理论学者发展出一些有趣的观点。内在客体的概念比较不那么认知，它所关注的主要是心智如何在与"特殊内在客体"（而非外在行为）的关系中渐渐形成。

34. 这个概念是，婴儿处在持续与不同内在客体认同的状态，而非外在线索引发他想起某些具体的回忆。Stern 的理论主张，记忆为外在经验增加另一个维度；在此理论中，内在客体是心智中想象生活的一部分，具影响力的外在事件亦是。

35. 它同时也假设，早年经验的内化随时间发展。随后的外在关系便在这些已经内化的情绪资源基础下渐渐展开。此模式强调经验的累积，而不只是一味强调它会造成的结果（Schaffer，1977）。

36. 整体的质量通过感官知觉（像是形状和强度）来理解，Stern 的"活力情感（vitality affects）"概念提供一个外在工具，而情绪的沟通可以借用此工具展开。Meltzer（1983）提到心智状态的沟通（借由投射－认同）如同"沟通的唱与舞"。通过移情／反移情及它在梦中的表征。此种沟通形式在临床上已有许多探讨。

37. 投射－认同——情绪状态具体交流的幻想——在母婴之间运作起来，有可能两人同时都在投射，并接收对方的投射。它提供早年沟通一个有别于语言模式的选择。Bullowa（1979）谈到过分依赖语言模式来理解早期互动的限制。婴儿依赖母亲作为其具体沟通的老练接收者，使我们想到，对以此种方式进行沟通的婴儿而言，分离像是一种暂时的失落（Bower，1977）。

早已有人指出（Schaffer，1986）实验情境中，母亲总能对婴儿投以高度专注，但是这样的对话在日常母婴关系中出现的程度如何，或这情境是否适合用来解释婴儿如何"学习"。投射－认同的运作可在各类外在活动中发生。母亲可能接收或未接收婴儿的投射，不过这个过程全是潜意识的活动，并未包含具体的"付诸行动的行为"。情况比较是，如 Stern 在说明"活力情感"时所言，她的反应显示出她在日常生活中照顾孩子的样子。这不是一种"假对话（pseudo-dialogue）"而是真实的互动，它提供基础，让孩子在第1年的后半段能有更具自我觉察地沟通。

Stern 在谈及婴儿于第1年后半段发展沟通时，提到其沟通形式基于母婴之间共享着不同模式的"活力情感"（和鸣，attunement）。然而，他明确将此种沟通限制在母婴共享愉悦或没有威胁的情感状态中。我们也强调婴儿理解愉悦经验的能力，特别是他母亲因他而产生的愉悦（Likiennan，1988），以及母亲接收婴儿表达喜悦的能力，这对孩子发展出被爱、被理解的感受很重要。然而，任何沟通发展模式都必须同时强调，对婴儿来说，其中也有着令人苦恼或难以掌握的部分。

38. 在比昂提出"涵容者"及使用投射－认同作为沟通方式之前，Klien 对投射－认同的解释是，在这个过程中，婴儿投射他想要排除掉的经验。目前，我们仍使用克莱茵的这个解释。克莱茵认为，此种将部分自我分裂掉的机制是普遍的，并可说明我们与他人的关系总是多多少少受到自身情绪投射的"干扰"。她主张，当过分使用时，它就成了许多心理疾病的基本机制（Klein，1946）。Spillius（1988）发展一系列文章论述这些概念的发展。

39. Rutter（1981）论到此类困扰，有些开始于孩子早年缺乏机会建立关系，他同时也区分此类现象与分离造成的发展困扰不同。这类小孩无法压抑冲动，不能区分社交关系，还伴随着情绪缺乏深度的现象。Rutter 指出，形成此种联结的关键期从出生第六个月后开始。我们不同意这点，本章稍后会再加说明。

40. Bick 的想法与 Main 及 Weston（1982）的论点有些有趣的对应关系。他们观察到幼儿在面临分离或重聚时，会使用无生命的客体作为维持统合感的工具。

41. Bick 认为，发展上的问题起因于对环境采取某类适应，这个看法与

Stratton 所提出的母性剥夺有关："……任何创伤造成的结果可能很难看见它直接的损害，它更多的是有机体为适应此环境的要求所做的尝试……短期来看，个体所采取的适应之道是保存其完整性的最佳反应。唯有以长期的观点来看，且注意其隐蔽微小之处，才能看出某些适应方法其实是不良的。"（Stratton，1982）

42. 在剥夺及困乏的情况下，这些机制可以是存活的方法，因为心智在"完全没有被涵容的经验"下是无法发展的；或者我们可以说，生命在此种情境下是不可能存在的。

43. 我们并不想争论这是唯一的机制。你必须考虑社会及经济因素，在此脉络下思考它。虽然本书所描绘的婴儿及其家庭的社会经济背景变异很大，但他们愿意且能够维持住观察，就代表着这些家庭具有相当程度的稳定性。我们需要不同于此种训练学生的观察研究，以检视在极端的社会经济困境中，与婴儿及家庭有关的这些想法。至于观察方法，本书所介绍的观察法似乎仍能满足这个研究目的。

44. 这指的是个体有无能力将"原始资料"放在心里足够长的时间，慢慢加以消化，使其成为可以加以思考的情绪经验。此转化大部分发生在潜意识中，通过与睡眠中的梦及清醒时的幻想历程来完成。它不同于只存在于此时此刻、想要立刻除去此历程的冲动，例如，太早做反应除去经验带来的冲击，或把不想要的感觉全丢给他人。比昂所发展出来的这个观看心智生活的角度，将梦及身心现象所呈现出来的种种转化成理性抽象思考的能力（1962a，1962b，1963，1965，1970）。

45. 长久以来的反对声音是，因为她的理论源自临床工作，所以不能用来理解正常的发展过程（Bentovim，1979）。我们不同意如此狭隘的观点，而克莱茵确实有意将她的理论发展成适用于一般心智运作（Klein，1959）。

46. 对于克莱茵理论中有关原始心智机制运作，以及个体从出生后内在世界如何成形的说明，最主要的反对意见是，她使用了肯定及准确的语言在描述这些完全无法眼见的历程。比昂（1962b）则强调，我们需要比克莱茵的概念更一般性的概念，以便当我们进一步理解后，这些空缺得以填补而使整个画面更完整。他特别注意到，因为精神分析使用日常语言，使得其概念过早充斥着各种意义、先备概念及联想，这个现象会引发一些问题。

47. Bower（1977）、Meltzoff（1981）、Mounoud 及 Vinter（1981），与 Stern（1985）假设，内在经验表征从生命一开始就存在了。他们关切的主要是认知及动作发展，和社交互动能力的发展的内在表征。

48. 内在世界的历程无法单独从外在情境推论，但这并不表示我们没有工具可以探知它。在日常生活中，我们会受到他人情绪起起落落的影响，即使我们无法在意识中知道这类"沟通"的来源及造成的结果。精神分析已找到方法，能够有计划、有条理地使用人类心智中形成及接受此类情绪沟通的能力。

49. "内在世界"这个概念提供了一个方法，让我们可以思考发展中"影响"与"结果"之间调节的历程，在这个领域这部分是很复杂的研究，同时也可用来理解人格底层的根本内涵。同时它也是目前治疗性介入的基础，因为目前的状态、内在世界的起伏消长、永远处于发展中的心智结构，都可以被观察到（见注释48）。

50. 这个历程相似于形成心理意象／内在客体，使其运作如经验的心智涵容器、如同梦境中发生的事。Meltzer（1988）认为，此历程是心智"形成隐喻（metaphor-generating）"的功能，它与根植于外在经验加以统合及类化的能力不同，Stern 似乎认为后者与 RIGs（类化后的互动表征，representations of interactions which have been generalised）是一样的概念，都是记忆的基础。

51. 克莱茵根据其不同的焦虑内涵而选用这些名称，她认为焦虑是这两个不同状态最主要的经验。至目前为止，因为这几个专有名词显然带有病态的意涵，所以它们无法清楚地传递她想要表达的意义。

52. Stern 早年婴儿期经验理论的核心概念源自近期的研究，这项研究指出婴儿具有"跨形式的知觉"能力——像是能够整合源自不同感官的不同类讯息。然而形状、强度及暂时的模式，更像是克莱茵"部分客体（part-object）"的概念，而非"完整客体（whole object）"。Stern 理论中的婴儿，似乎活在一个我们熟悉的成人知觉世界里,他们所见与我们所见很相似,这就像当代摄影之于传统摄影。它是比较统合的,也不像我们所知道的完整物理客体。因此,我们可以对部分客体有不同的描述与说明;但是这些在克莱茵所用的词汇里,仍然是部分客体,而非完整客体。我们仍然需要发展出感知完整客体的能力。对克莱茵而言,最主要的是情绪的发展,情绪的发展会推动认知的发展。这部分与Stern的理论有关,因为形状、强度及时间模式等模式组型(modal landscape)——也就是"活力情感"的情绪组型——早在语言发展之前,就提供婴儿沟通其情绪状态的工具,并能抓取别人内在的情绪状态。

53. 只有克莱茵用隐蔽微小、抽象的字眼来表达这些经验的内涵,Stern用来描绘此类婴儿期经验的字眼要鲜活许多。在婴儿观察中,观察者企图尽可能地描述婴儿的经验,而避免将它剪裁成理论的形式。

54. 这些好与坏客体很难用生理的、情绪的及认知上的字眼来想象。Stern反对克莱茵的分裂(splitting)概念,因为外在经验不可能刚刚好分成这两类。光是喂奶,婴儿就可能有各种各样的经验——就婴儿单方面来讲,这所有的经验就有不同程度的愉悦或不愉快。克莱茵认为,婴儿在某个阶段(3个月大之前)没有能力处理这各式各样复杂的经验,这刚好是Stern的"自我成形(emergent self)"阶段。在这个阶段,Stern的婴儿开始组织其自我感,他所仰赖的基础是通过知觉而有的澄清与鲜活感受,在"清明状态"中渐渐形成。这个观点与克莱茵的想法有某种程度的相似,即只有在极端的身体状态下,婴儿才能开始组织他的经验。然而,Stern并未提及其他状态的问题。克莱茵认为,为了维持自我感,婴儿会驱动自己排除痛苦的经验,在此历程中,这些不好的经验开始有了统合的特性。已有研究证实(Carpenter, 1975),婴儿确实会借由移开眼神,来避开他们不想遇见的经验,这些研究探讨的议题包括搅扰不安的经验。Trevarthen(1977)主张,那些5个月大、会转离母亲的婴儿,及能够容忍这种行为的母亲,和12个月大时所发展出来的合作关系之间是有关联的。

55. 这样的历程已成为动物学家研究的焦点。Main & Weston(1982)探讨面无表情及视线移开与较大婴儿(1—2岁)的关系。他们也描述与母亲分离的小孩对新环境的适应，其基本行为是于内在将注意力从母亲身上移开。

56. 克莱茵对经验及婴儿内在原始焦虑的看法，是其理论中最受争议的部分。她主张，焦虑源自外在与内在经验，通常是两股来源混合在一起而引发的（Klein，1948）。

在此，我们聚焦于源自真实外在情境的焦虑经验，及因内摄、投射那些经验而引起的焦虑。这些历程必然影响婴儿对外在真实世界的知觉，他可能在看起来友善的情境中营造压力，并夸大实际的困难，使经验恶化。然而，遵循弗洛伊德对"生""死"本能的假设，克莱茵也主张，婴儿天生有能力寻求、并善用他的经验；这能力促进自我的统合，及与他人的接触，但心智（psyche）中同时也有与生俱来的攻击及浑沌的部分。心智中此方面的存在及运作本身就是焦虑的来源；就如同未统合的客体联结（object-relating）的存在与运作源自焦虑的解除，并可引导个体走向完整及生命力。她觉得，不好的外在经验有很大的力量可以造成焦虑，因为它结合了这股天生特质。在克莱茵的想法尚未被应用于婴儿观察前，它是治疗精神疾患、边缘人格，及自恋病患非常重要的理论（Rosenfeld，1987）。

57. 在 Stern 的理论中，意识他人存在（a sense of other）的发展次于自我感的发展。婴儿渐渐觉察自己的主观经验，也意识到可以与其他有同样经验的人分享。这样的发展大部分由婴儿内在的认知历程驱动。而克莱茵则认为，这个发展主要是由情绪驱动的，且发生在婴儿与母亲互动得到的经验里，虽然同时也伴随着他统合对自己的经验。

58. Trevarthen（1980）描述婴儿在 9 个月左右，对母亲的知觉有了变化，他这么说："主导动机的大脑结构里，完成了某些内在统合适应，婴儿渐渐能以新的方式感受母亲。她不再只是快乐的来源或游戏的伴侣，这两种关系里，婴儿自身的动作还是核心。她变成有趣的主体，有她自己的动机，是一个有别于婴儿的对象或主题。"他称此新的母婴关系为"次级互为主体性"。

59. 克莱茵的理论说明在婴儿心智中，第一类（理想）好客体如何渐渐让位给第二类比较实际、完整且具弹性的好客体。她强调婴儿对此发展的贡献。克莱茵认为，虽然外在环境决定了婴儿要面对什么，但婴儿天生有承受不确定性及焦虑的能力。用比昂的话来说，使婴儿能够包容某些痛苦的是，他感受到内在有个能涵容他的客体，且此涵容关系在他伸手可及之处。

60. 在此所谓的分离不只是生理的分离，也包括环境无法满足婴儿需求的时刻，婴儿感受到母亲不在身边，而他得独自面对痛苦。

61. 这与 Rutter 的看法相反（Rutter，1989）。

62. 因此，几周大、哭喊着要奶吃的婴儿，其主观经验更多的是此时此刻有个不好的经验（饥饿）袭住他，而不是好经验（进食）被剥夺（O'Shaughnessy，1964）。

63. 作为训练课程的婴儿观察，并不适合拿来研究严重或令人崩溃的分离经验。此方法的目的在于研究常态的发展。不过，这个方法已应用在研究各种住院机构里的婴儿及机构提供的照顾（Szur et al.，1981）。

第三章

婴儿观察法的反思

本章将概览精神分析导向婴儿观察法，目的在于说明此种方法与行为取向、"科学的"婴儿研究法的关系，以及它与精神分析临床实务之间的关联。我们希望揭示此种研究法的好处，并以它为基础，对研究儿童发展的各种不同方法有统合性的理解。

第一章已说明了观察情境如何设定。这个方法鼓励观察者以据实描述发生情境的方式来报告其观察。婴儿观察的目的在于，观察者从个人的经验里提供素材，再从中探讨所蕴含的重要情绪。因此，很重要的是，观察者要将经验和证据直接提供给督导小组的成员，在充分讨论之前，不过早将原始资料"编码"做理论的诠释及分类。详细记录婴儿活动、家人对话及互动，以及对观察时间内每一个参与者的情感（包括观察者）加以翔实描述的记录，是对小组讨论最有帮助的观察。整个学习历程强调于日常生活中进行观察，并以生活语言加以记录，以贴近真实情境。进行观察及撰写记录，要尽量与稍后使用抽象语言加以诠释的历程分开。此种研究法认为，证据的搜集与理论性的推测是不同的部分，要清楚地加以区分。我们发现，鼓励受训练者记录观察而不做诠释，会帮助观察者开放其知觉；后来的讨论中，他们会发现自己看见的比原先以为的还多，或是他们会发现情况和原先不确定的时候大不相同。观察者或研讨小组过早将原始资料理论化可能是一种防卫，以逃避面对情绪经验或未知的痛苦，而不是真正的了解。每个学生在2年的观察课程结束时，都需要针对观察写一篇报告。这份报告通常会呈现对此观察者而言最重要的部分，并回顾整个发展的顺序、萃取观察资料的精华。借此鼓励观察者在心里统合他所参与的历程，包括观察的过程、自身的经验，以及督导的意见和小组的反省。

每周观察、撰写记录、固定报告并讨论的程序，使每一个观察者思考婴儿的发展，以及母亲在 2 年内的变化。这个过程使观察员能对特定的一对母子形成深度的理解。每周固定地点、时间的观察形成一种稳定的情境，有助于检测观察者的理解是否正确，随时加以修正。维持观察结构的一致，是因为精神分析取向临床工作偏好中立与稳定的情境设定；不过，固定观察时间也是一种取样，因为相同的活动，例如洗澡或喂奶会经常看到。观察对象的选取不是一种设计好的随机取样。观察者通常通过网络找到被观察家庭 [例如，通过家访护士、家庭医师、认识的邻居，或"全国助产协会"（National Childbirth Trust）（译注：非官方机构，主要协助怀孕妇女面对怀孕过程及生产，提供情绪支持及实际技巧）]，因此，这些愿意接受观察的家庭确实能代表各个阶层。然而这种没有计划的程序，及其"自我选取"的特性——即筛选出愿意被初见面陌生人观察的母亲，可以说明，这些家庭并不具有统计上的代表性，不能代表更大的总体。

接下来几章的观察记录以描述的方式呈现，所选取的是 2 年观察期中第 1 年所观察到的母婴关系，其报告内容极详细。每一个观察报告叙说观察者到访的这 1 小时发生的事，每一章所选取的观察记录是按照发生的顺序加以陈述。有时候，报告的焦点放在这个小时里发生的特殊事件（例如，描述婴儿接受喂奶）。采用叙说结构来报告观察过程，是为了探索婴儿在第 1 年内，发展的持续性与各部分的关联。

观察的自然情境（在家里）已进行说明。我们鼓励母亲尽量不要为了观察改变其正常作息，这当然不表示观察者的存在对受访家庭不会有重要的影响。受访家庭因为观察者存在而激起的感觉很重要，有几章会列出例子并加以讨论。本书介绍的观察法希望贴近一般家庭环境里婴儿的自然发展，它不像许多儿童研究实验室，使用某些器材，如录像、单面镜、精微时间测量器等，选取某些特殊的行为（例如知觉或认知技能、辨识或记忆）作为研究的对象。

第三章
婴儿观察法的反思

这些观察以遵循自然为原则，其记录及呈现的方式皆用日常陈述的语言。这么做是为了以第一手资料来探究母婴之间的互动，研究的是发生在日常生活里的事件，而不是将完整的关系浓缩萃取，以一种有预设的科学观点加以分析。一旦我们选择研究自然情况下的家庭，便自然决定了研究的焦点将放在整个家庭，而报告其互动的方式也将视家庭为整体。就如同研究的焦点若集中在某个特定的行为，整个观察或实验情境的设定便会朝向那个方向，而与日常生活区分开来。

本观察课程所运用的个案研究法，非常不同于近来日渐发展的儿童发展研究使用的方法学。[1] 精神分析取向的观察法与精神分析临床上使用的方法非常接近，前者其实是从后者发展出来的。因此，它所使用的主要方法是一种亲密的、一对一的个人接触，彼此的交流是自我反省思考的主要内容，这些思考要尽可能精细贴近自然的状况。发展心理方法学受到实证科学的启发，他们找出行为的特定属性加以研究，设定一些可以被公式化的程序，减少主观诠释；他们采用实证设计，为了能够检测因果关系的假设。他们采用较多人使用的观察法，而不是源自精神分析、比较私密、较依赖观察者的观察设计。

诚如我们在其他章节所述，近年来，这两股思路所得结论有不谋而合的趋势，这两股思路和第三股重要研究取向——即约翰·鲍尔比及其同僚发展出来的依恋理论[2]——也有相同的发现。不谋而合中最重要的部分是，三个研究取向有了共识，都同意母亲和婴儿之间的辨认、情感和依恋（这三个名词大概是三个领域都感兴趣的主要主题）联结，在一出生时就已建立，甚至有某种观点认为出生之前就有了。[3] 至于婴儿在什么年纪发展出什么能力和倾向，则仍有争议。目前看来，母亲对婴儿的特殊重要性始于婴儿出生时这是肯定的；此外，婴儿确实有能力分辨母亲与他人，且偏好母亲的存在，而且他很快就开始发展与母亲的"多维度"关系。因为鲍尔比和许多实证心理学家之间一直以来的争论主题：母亲或主要照顾者对大至一、两岁的幼儿的独特重要性；及长期以来精神分析师（如克莱茵）对婴儿的情绪经验所持假设被视为无稽之谈，是没有根据的推论，因此前述对母婴关系的早年根本内涵所达成的共识便很难得。能够更准确地了解婴儿的需求,及他们向母亲或照顾者发出的要求,对儿童照护政策及实务也会有所贡献。[4]

实证法及其他行为取向的观察研究,能够从发生在某段时间内的现象中,找出稳固的证据。例如,知道婴儿在几天大、几周大、几个月大时有哪些能力,以及婴儿在一小段的互动和分离时间内,对母亲发出的知觉、情绪反应。这些实证研究建立起一套理论,说明在婴儿发展各种能力的早期(包括说话能力及婴儿理解母亲是完整个体,并如此回应她的能力),他与母亲(或照顾者)之间紧密、频繁互动的重要性。(有人认为,心理学的这个发现早就是一般人的常识,但是,这个理论的发展还是非常重要,例如在照顾新生儿时,很清楚婴儿因为疾病或其他原因而与母亲分离,会阻碍母婴之间的情绪联结,或影响住院婴儿的照护。)这些研究帮助我们根据婴儿早年生命缺乏亲密关系,推测婴儿的发展在哪里出了问题,虽然实际运作的机制还不清楚。精神分析理论在探究心理状态,及婴儿头2年的情感生活方面,则有比较复杂的说法——我们在别处已做了说明。然而,各种儿童发展研究皆同意:"婴儿头几个月能得到高密度的照顾是非常重要的",这个共识至少提供了进一步理解的基础,它使得这三个不同取向的研究有了对话的可能。

儿童发展心理学所使用的实证研究法很有"分析"的意味,虽然这个词并不意味着精神分析取向。"分析"指的是,他们想办法借由辨认、区分行为及互动的不同成分及元素,来分析其组成的形式。[5]本书所介绍的观察法则正好相反,它的目的在于将各个不同的部分统合起来;这意味着,他们想要找出母婴关系演变的完整面貌及重复出现的模式,并从中发现婴儿的个人性格。此种个人性格与关系的连贯一致是极重要的主题,同时,它们隐含的冲突与紧张也是重要的研究对象。然而,在发展心理学家有兴趣研究的众多主题中,个体认同与性格差异是比较次要的,因为其所采用的方法强调探究最小的元素再加以聚合,他们试图定义所找到的具体方面或行为单位,而不再统合较松散的个案描述。

类似的状况也发生在社会科学领域中所使用的不同研究法之间,特别是社会学与人类学。一方面,单一观察者使用民族志学、生命史、个案研究法,来研究特定的社群、个人或团体的日常现象。[6] 另一方面，社会科学家则使用量化的方式来搜集资料，例如社会调查法或实验设计法，研究行为及其因果关系的具体属性或变量。前者所用的方法是为了贴近研究对象的主观经验（建构社会关系的"主观意义"）[7]，呈现行为的完整社会脉络，并对团体或情境的特殊性保持敏锐觉察。后者所用的方法则希望借由将相关的各个属性或因素独立出来，以建立有效的类推或因果法则。民族志或个案研究法所搜集的原始材料，是研究者产生洞察的来源，而这种洞察后来可能进一步形成概念及假设，再用较严谨的实证法加以检测。另一方面，大规模的统计研究可以推论某些社会历程和机制的存在，它可以显示因果联结，但无法提供较详细的解释[8]，而个案研究法正好可以用来进一步探究这些历程和机制。例如，为探究婴儿与主要照顾者关系持续或中断所造成的影响，而进行的大规模纵向研究中所搜集的大量证据，可以成为进一步使用精细方法来探究的数据库，像是个案研究法或其他描述性观察法。[9] 我们的主张是这些不同的方法学是可以紧密结合的。

本书所介绍的观察研究，在上述的方法中属于"自然主义取向"，观察者在进行观察研究时，心中并非没有理论或先入为主的观点，不管做什么调查研究，要不带有理论和先入为主的观点似乎并不可能。观察者将聚焦特定方面的关注角度，以及潜在隐蔽的理论假设（假设哪些比较重要）带进被观察家庭里。人类学家进到"田野"时，也会带着一大堆想法，期待可能发现的意义、实际状况和价值观，这些皆源自先阅读了有关此村庄或部落社群的田野报告；同样的，接受精神分析取向训练的观察者心里也会有某些先备概念或倾向。

精神分析观察法就像从事田野研究的人类学家和民族志社会学家，观察者需要有一套概念和潜在期待，以串联、整理他们的经验；同时，又要保持开放的态度面对身处的特殊情境和事件。他们无法事先知道哪些已经明白的概念最后会发挥用处，也无法确定哪些先备概念会最适合。他们会遇见（至少一开始的时候）所有的经验皆超出他们能理解的范围。这个方法要求使用者能够在心中存有初步的期待及概念，同时对发展中的观察经验持开放态度。他们也必须准备好回应并思考新经验，包括所观察的家庭及其本身，这些新经验或许不易、或无法立即与其先备概念有所联结。这些情况与人类学或社会学所使用的田野观察有其相同之处。[10]

要求观察者使用日常、非学术语言的主要原因之一是，要避免观察者将先备概念强加于所观察的情境。在尝试使用理论术语将观察到的现象编码之前，观察者需要预留空间让现象本身在其心中标注记忆复杂的细节。将观察内容与精神分析抽象概念、理论术语做联结的工作，就留给小组讨论及经验丰富的小组督导，以便充分探讨及消化观察到的素材。即使在最后有了结论，个人的观察得到充分的讨论，或 2 年的观察课程总结成最后的报告，非常抽象的理论还是不太需要。此观察法发展至今，其主要的目的已聚焦于探讨"源自精神分析的某些概念直接用来理解婴儿发展之应用"，而非用来使理论更精致或修饰它。近来许多精神分析思路受到婴儿观察的影响。[11] 不同于克莱茵学派临床实务，尽量不使用理论术语是此训练课程的特色。部分原因是，选择观察课程的学生从事以儿童为对象的各种专业工作，而许多学生在完成了婴儿观察后还继续其原来的工作。学生们将婴儿观察经验应用在各个领域，大概只有一半的人会继续接受临床训练成为儿童心理治疗师。

观察的焦点

观察者在进入观察现场前，要记住以下所描述的观察重点，这些重点并不是结构严谨的指示，其内容包括：

注意婴儿身体感官知觉及经验，它们是随之出现的情绪、心智状态的基础。

婴儿在头几个月里与母亲的关系，特别是婴儿对喂奶的反应；不过，也要注意对婴儿整体的照顾和抚慰。

断奶的过程，以及它对母亲和婴儿的意义。

婴儿通过游戏，以象征形式表达及探索心智状态的能力的发展，特别是他对断奶的反应，及忍受母亲不在的能力，以及渐渐意识到更复杂的家庭脉络

（例如，手足竞争，对父亲的感觉）。

母亲（及其他成人）如何回应新生儿造成的冲击，及婴儿的索取。包括当她感觉婴儿不满足、痛苦、令人生气，或拒绝她时，她怎么反应。

手足的心理状态和感觉，特别是年幼的手足，他们如何影响母婴经验。

母亲与身边重要成人的关系，特别是婴儿的父亲。有时则是她自己的父母。以及这些人在头几个月里，对婴儿照顾所提供的支持脉络如何。

观察报告的撰写即围绕这几个相关的重点，这些重点是此专业训练课程的参与者对于婴儿及照顾者的需求渐渐所形成的共识。不过，不同的观察会强调不同的部分，端看每个家庭突显出哪个部分，或观察者想象的广度。有时候，观察员的到访对母婴关系有隐蔽、微小、难见的影响，我们也对此进行了说明。有些时候，观察者只有在结束观察后许久，才注意到自己对母亲的重要性。有些观察显示，婴儿尚年幼的兄姐对母亲和婴儿的经验有重要的影响。书中有段孪生子的记录最能说明此种情况，记录里最重要的主题即是这对孪生子很快就显出不同的性格，及父母对此的反应。另外一篇观察记录则显示，父母对新生男婴和其仍年幼的姐姐有很不同的情感，这不同的态度是影响家庭动力的重要因素，同时反映了父母清楚的性别认同。只有一篇观察记录的对象是头胎婴儿，在这篇记录里，可以看见婴儿出生对这个家造成的冲击。其他的父母亲即使先前养孩子的经验并不顺利，他们还是可以仰赖先前的经验来处理第二个孩子。

观察者必须能自由记录所经验到的、受访家庭最重要的部分，还有家庭里讨论、关切的各种议题。我们也可以做更细微的"配置"与比较。例如，我们可以选择头胎婴儿、孪生子、单亲家庭的婴儿作为样本，聚焦于特定的发展议题。也可以发展一套观察的架构或规则，事先界定婴儿发展的某些方面，观察时便聚焦于此。然而，即使是细微配置过的样本，自然观察法仍强调专注并回应每个家庭的特殊经验，着重于点出观察经验中的各种变异，及观察者观察到的重要议题。欲将此观察法"标准化"仍不太可能，因为其核心精神在于观察者编记及思考自然情境中发生之事的能力。

上述摘要的观察焦点或主题大部分是从精神分析取向的婴儿理论发展出来

的，其理论脉络已于第二章讨论过，不过再将其蕴含的假设简要说明一次，应该会有助于读者理解，这些假设包括：

> 婴儿会对其父母及周遭环境造成巨大的情绪冲击，引起的强烈情感，此经验将引发焦虑。
>
> 母婴关系不只有正向的情感，也有负向的，以及涵容负向情绪在维持亲密关系上的重要性。
>
> 母亲（或其他主要照顾者）是否能够在生理及情绪上回应婴儿的需要，并能与婴儿维持长时间的亲密关系，对婴儿的发展很重要。
>
> 面对母亲无法随时在侧，或无法控制母亲时的失落感，婴儿会体验到痛苦和沮丧，特别是断奶的时候（母乳或奶瓶皆然）。
>
> 母亲能得到身边亲人（通常是她的配偶，有时是母亲、姐妹等）的支持，协助她满足婴儿头2年生理及情绪的需要，这是很重要的；若缺乏此种支持，母亲和婴儿可能因此受苦。[12]
>
> 婴儿的诞生很容易引发家庭成员的妒忌和痛苦（例如在手足之间，有时也可能是父亲或其他人）；本来必须满足其他手足需求的，现在变成要满足婴儿或幼儿的需求；这会加重照顾者的负担，因为同时得多注意一个人的需要。
>
> 生理、情绪及心智经验在人格统合历程中彼此相连；通过照顾者提供其生理、情绪及心智状态，婴儿如何统合这些经验，而形成对"完整的自我"及"完整的他人"的体验；母亲角色的重要性，包括提供婴儿身体的拥抱、回应婴儿情绪状态，并成为婴儿发展思考及开始使用语言不可或缺的伙伴。
>
> 通过游戏及稍后发展出来的语言，婴儿的"象征能力"与"感受乳房及母亲不在身边的经验"之间形成联结；过渡或象征客体（拇指、毛毯、奶嘴、特定玩具）与"对缺席母亲的想象"之间的关联。
>
> 通过与母亲互动的历程，渐渐发展出婴儿最早的认同；婴儿的认

同、内在世界，及他在父母心中的位置，是研究的主要课题；研究正常婴儿人格发展的个别差异，与早期客体关系之间的关联。

上述关于母亲和婴儿正常发展的假设提供了解释，说明此种观察法主要聚焦的领域。观察者与研讨小组成员都明白早期关系的严重缺失，可能会对婴儿的发展造成毁灭性的影响；不过在观察正常家庭时，这些通常不是主要关注的事项，更多是从事医疗或心理卫生工作人员严重关切的主题。[13]

观察与理解

"婴儿观察"感兴趣的主题与其隐含的理论假设已于上一节说明，那么，观察到的现象如何与我们心中的理论联结呢？这个历程不在观察者掌控中。在其中，注意及思考的主要对象在某一个时间点上经常模糊不明，要如何使用这个历程来描述（对观察员及其同事而言真确并值得信赖的）母婴关系呢？

如何理解非结构的观察、以叙说方式记录的事件及对话，并非是精神分析观察才有的难题，社会学及人类学的田野研究法也有类似的议题。[14] 选择在自然情境进行观察，情境主要由研究对象来决定，而非研究者或学生来设定，这意味着研究素材未经事先编码或分类。在此种情境下，研究者修饰、澄清方法学的做法是，尽可能明确觉察观察者的观点，以及他用来理解素材的想法。文字观察报告及从中形成的诠释描述和评论，若皆能提供仔细检视的可能，便有助于尽可能开放诠释的程序以供查验。每周一次的观察持续2年，加上稳当的技巧，目的在于营造最大的一致性，将"强加于人"的可能减少至最低，希望为培养严谨的思考提供最佳的训练条件。安排有利于密集重复观察及对所发现之现象进行团体反省思考的条件，在社会学的科学田野研究并不容易做到，田野情境可能变动得太快，不易恢复原来的情况。

另外一个精神分析婴儿观察法与其他社会学民族志研究法共通的特性是，无论观察者在其中采取多么被动、多么不介入的姿态，他在某个程度上一定是参与观察者。[15] 观察者必然会在所拜访家庭的生活中有一些重要的分量，接下来摘录的观察可以佐证这一点。通常观察者会成为一个静静的协助者，观察者每周稳定出现，只为看婴儿与母亲，这让母亲可以停下来想一想婴儿的事，而不只是一直处在应付婴儿生理与情绪索取的状态。有时候，母亲会认同观察员理解、支持、感兴趣的态度，因而得到帮助，能够在"无力回应婴儿所有需求"与"为逃避这些而保持距离"之间找到情绪平衡点。有个了解并支持母亲的成年人在身边（而且这个人较不受各种冲击影响，能支持母亲对婴儿的付出），对婴儿的照顾是极其重要的事。对某些母亲而言，观察者的同在提供了情绪的支持，说明这个需要对母亲很重要，同时也说明营造这样的氛围并不困难。当然也有一些情况是，观察者是母亲次要关注的人，因为她的生活已与家人、朋友交织稠密，并从中得到极大的满足。还有一些情况是，观察者很难与母亲建立和谐融洽的关系，这可能是母亲极难处理她自身孤独的处境（当然，观察者的人际困难也可能在持续稳定观察的脉络中出现）。

接下来的个案观察内容皆有其关注的主题或呈现的角度。例如，婴儿的生理感官与经验是其生理及心智状态统合体的一部分。对观察者而言，婴儿身体的整体感、或痛苦、或（通过吸吮或咬母亲而有的）依恋的重要性在于，它表现了婴儿心智和身体的完整性，而不单是生理动作而已。这些观察显示出其假设：婴儿不仅发展出相当复杂的肢体能力和动作技巧，同时也包括运用这些能力来锁定注意的焦点（通过眼神一瞥或动作）、持续其意志，并表达心智状态。观察者对细微的身体动作很有兴趣，并不是想要以非系统的方式模仿实验室里对身体发展的研究，而是以较整体的观点思考生命早期心智与身体发展之间不可分割的关联。婴儿在吃奶时对母亲的温柔和攻击、身体的强健有力、生病时的反应，都是婴儿认同发展的核心议题，也包括父母如何具体回应。其回应或许有益于婴儿发展，或许有害。本书并未摘录极困难的例子，像是生理发展受阻、或发展出类似自闭症病患的仪式行为、自我折磨的行径，这些现象恐怕皆在表达其受损的认同，这些人的发展受到阻碍，心智与身体无法有较清楚的分化。

这些观察案例传递的第二个假设是，母亲和婴儿的互动即呈现关系的发展。这便是观察的主要研究对象，特别是关系的早期阶段。观察者接近婴儿的第一个渠道通常是通过母亲的谈话。观察者一开始最常知道的是母亲对婴儿的感受和经验，以及直接通过观察婴儿本身所得的。我们会看见母亲如何满足婴儿的需要和渴望、婴儿如何唤来母亲的关照和投注，以及他们的关系中令人愉悦或失望之处。我们发现婴儿在回应母亲的关注时，表现出来的注意力、生命力，或失神、呆滞。这些研究描绘母亲和婴儿享受彼此，然而有时也报告他们之间严重的意志之争。有个观察者这样描述他观察的婴儿（5个月大）："婴儿和妈妈在生活中的小事上有不同意见，他和妈妈协商，彼此各退一步。"每一篇观察中皆可见这种彼此调适的过程。

此观察法的主题是关系而非独立的个体[16]，它要求观察者进行特别细微、复杂的描述。观察者要描述的不只是婴儿可以做什么，或婴儿在每个时间点上怎么样，而是母亲和婴儿如何发展彼此的关系。发展心理学近来的研究重点，也摆在母亲和婴儿之间的互动。即使在人为控制的实验室情境中，也有关于这方面丰富且复杂的描述。[17] 不过，在特定阶段设定情境来观察，并描述互动的模式，与企图在两年内循着母婴关系的发展找到其模式是不同的。一旦我们于家庭情境中进行这类个案研究，必然在描述特定互动模式时较不精准；不过这个方法的优点是它能呈现母婴关系联结的发展历程。

此种叙说的、整体的观察方式，与"发展是连续的历程"的观点有关。弗洛伊德以来的精神分析传统所持的观点是，认同根源于早期经验，而（儿童分析则强调更早期的发展）婴儿观察则提供机会探索这样的联结（甚至早至出生）。精神分析的临床及研究兴趣皆摆在灾难般的发展挫败及其可能的成因上。此处样本中的婴儿在第1年都发展正常，所以发展挫败不是主要议题。重点是，观察过程探索更精致且细微的问题：正常发展范围内的1岁幼儿如何发展出不同的性格。观察报告通过婴儿与母亲的关系探索这些课题，并探讨婴儿的天生倾向有哪些部分在何种方式下得到鼓励而发展，而哪些则被拒绝或被置于一旁。有个家庭（史蒂文）对肢体形式表达的偏好（可能部分源自文化）似乎导致对某种性格的强调；另一个家庭里（哈利），母亲难以面对婴儿的攻击感，则为未来严重冲突埋下种子。孪生子家庭则明显可见父母对两个孩子不同的感觉对其人格发展的影响。每一案例皆可见母亲和婴儿内、外在经验之间稠密、精微的互动（同时也包括家中其他成员），我们可从中看见婴儿天生气质是如何显露出来的。通常这类观察结束在婴儿2周岁，而追踪这些婴儿的发展至其生命第2年，往往会是件极吸引人的事。幼儿语言及独立性的发展将提供更精确直接的、与性格有关的证据，将（此处所主张的）"性格与早年经验有关"说明得更清楚。

虽然本书呈现的婴儿观察描述是从精神分析思路来理解，然而其主要部分并非从理论角度呈现。原因如下：首先，这种观察是在训练的脉络下进行的，而非研究计划。经验告诉我们，在这种学习历程里，鼓励受训者尽可能使用自然语言而非理论术语，并鼓励直接观察，从经验本身的复杂与冲击中进行思考是最好的。在学习中，过早使用理论术语，并欲在互相竞争比较的理论解释之间找一个来用，将会阻碍学习者专注于情境本身。学生要先拥有一些与精神分析想法相关的、心智及情绪现象的强烈经验。接着，精神分析概念——如，潜意识意义、移情、反移情、分裂及投射—认同等概念——才有办法具体明确地与实际的现象描述做联结。婴儿观察作为教育法的主要目的之一是，让学生明白精神分析概念所涉及的情绪经验为何。倘若不去思考这些术语与其情绪经验的关联，那么，以纯粹抽象术语来学习精神分析的用处不大。这个看法与比昂大力区分"体会（knowing）"与"知道（knowing-about）"的不同是一致的。[18]

不采用理论观点来撰写报告的另一个理由，与观察研究所搜集并形成的证据的本质有关。精神分析理论主要源自临床分析实务，通过分析病人的梦、联想、口语内容及其他素材。虽然通过克莱茵分析小孩的先驱工作，精神分析的技巧已拓展至运用儿童的游戏和图画，但游戏和图画通常也是克莱茵与小病人分析性谈话的主题，她能通过这些谈话，推断出相当复杂的心智结构及其动力。于是，大部分精神分析的婴儿期理论便以回溯的方式发展，即从儿童期及成年期一直存在或重复出现的婴儿式心智状态进行推论。他们预设复杂心理结构的存在，并认为理解这些结构有助于修通分析过程中病人多层次的象征沟通（例如古典梦的诠释）。分析工作通过一来一往的对话进行，借由诠释持续检视对病人的理解，它对病人的意义及影响是检测它是否真实确切的重要标准。以古典分析法来看，1岁或1岁以下婴儿的象征能力并无法提供可供诠释的素材，婴儿观察的被动取向也和临床分析完全不同。

后来的分析工作，如第二章所述，渐渐关注如何理解儿童及成人在分析中，以非语言及肢体表达所呈现的心智状态；此时出现的许多重要概念，与婴儿期心智状态及早期母婴关系对心智生活造成的结果有关。这些想法丰富了婴儿观察的发展，婴儿观察研究主要考虑的即是心智与身体经验的联结；若无此身心经验的联结，母亲和婴儿便几乎无法建立亲密的思想、情感交流。即使如此，这些关注的焦点也让研究者开始注意母亲和婴儿的关系，而不太将婴儿单独的心智状态当作研究的核心主题。在独立的心智功能能够运作前，心智结构得先在与母亲的亲密关系中渐渐成形。

因此，婴儿观察所营造的学习脉络、观察历程的本质，以及所观察的婴儿早期发展阶段，皆以一种特殊的方式呈现，即尽量克制使用精致的理论来陈述。以精神分析理论作为观察的参考依据，虽然是很基础的目的，但也非常间接且隐约。熟悉儿童分析的人会发现其中有许多应用主要分析理论及概念的例子。例如，在记录描述中，安德鲁有时是可人温柔的小可爱，有时又变成"无情的掠夺者"，有时候则让母亲很困惑。他心智状态中这些不同的部分——爱与恨，好与坏客体——正是克莱茵学派发展理论中最核心的部分。在同一个婴儿身上，我们也看见内在世界如何渐渐成形，通过婴儿所吸纳及他在头几个月里制造的，然后他必须以此来检验外在现实，例如母亲不在、手足竞争，以及陌生的门外世界。他渐渐明白母亲无法随时在旁，而部分的他第一次体验到无法被安慰的挫败，特别是在夜里。然而从观察记录可见，他母亲能与他的感觉同在，并通过他的心智及生理能力渐渐发展带来的愉悦，协助他克服挫折。

使用此法进行观察的人需具备的特殊能力是，对感觉很敏锐且有能力想一想这些感觉的意义。他们唯有能够体会婴儿对母亲造成的冲击，才能理解母婴关系的核心。其中包含了各种认同的历程，从回应婴儿时的焦虑感及压力，到认同母亲对婴儿需求的不同反应。最关键的是，在与婴儿和母亲同在时，能够保有开放及冷静的态度，并能收纳他们不同的心智状态。观察者唯有能够体会感觉并随后记住，然后加以反省，才能描绘出母亲和婴儿之间彼此喜悦对方的时刻、婴儿苦恼不安的时刻，或母亲情绪退缩的时刻（虽然这些现象看似一目了然）。观察者必须是他人及自身情绪的收藏记录者。

观察者的这些能力是从事精神分析临床工作的基本能力。诚如我们已经提过的，这些观察是心理治疗训练的一部分，其中约有一半成员是在为之后的临床训练做准备。不过，因为这些观察报告应用的是与技巧有关的精神分析概念，所以在进行观察期间，我们鼓励观察者在使用精神分析取向的理解方式时持谨慎保留的态度。在此研究过程中，还要注意觉察母亲无心的、潜意识的沟通。观察者除了要倾听明白说出的部分，也要倾听未明确言说的部分，并思考此种沉默的意义。例如，哈利的母亲一直给人很有能力的印象，有一回她提到之前的生产经验非常恼人，以及她在照顾新生儿时很缺乏支持。此外，观察者也会注意到，母亲们怎么描述她们的婴儿和实际上他们看到的情况可能会有很大的差异。举例来说，当安德鲁的母亲描述她的婴儿"觉得生命很无聊"时，观察者若考虑这句话可能的意义，将很有理由判断这句话反映的是母亲自身的心智状态，而不是婴儿当时真实的知觉。倘若观察者敏感于母亲对他们所做的沟通中非意识层面的部分，便能觉察此情境中未显明的意义及其隐喻。

观察者要能敏感于母亲对他们的感受，因为照顾新生婴儿是很令人紧张的，她自己也需要他人的同情，在此情境下，她可能对观察者有强烈但未被辨识出来的依恋情感。再以安德鲁为例，观察者发现她的到访及离开（改变了母亲作息的节奏），与母亲谈及婴儿被逼着要更独立有关联。这样的依恋情感相当于分析关系中激起的移情[19]，然而在此情境里，当然不做诠释或任何治疗性的介入。观察者被动、感同身受的同在，与治疗性角色有不一样的目的；不过，观察者已可开始学习在此种情境中，如何很快感受到其心智状态、情感，并加以思考的习惯，这种能力将有助于日后的发展。

观察者需要大量的自我检视，以澄清哪个心智状态是由母亲和婴儿引发的。

婴儿观察经验往往会激起被某些感觉淹没的情况，身在其中有时候很难思考发生了什么事，也无法将感觉转化成有利于理解他人心智状态的指标。因着观察者的需要和脆弱，他可能将强烈的感觉投射到观察中（而不是从中接纳进来），结果造成误解，而非增进理解。虽然感觉是理解母婴沟通的核心，但要学会如何回应它并不是件简单的事。

观察者可从小组督导及同事那儿得到协助，帮助他们思考这些情绪沟通，以及自己对了解这种沟通的贡献与阻碍。在观察关系里，将主观的心智状态当作情绪状态的可能标注记忆加以思考，小组讨论应该被视为观察历程的延伸，而不只是教学方法。这些讨论常会使观察者想起或理解一些未注意到的方面，观察者可能忽略其重要性，或完全从意识层面排除它。

正如我们可以将移情与婴儿观察的某些经验作类比，精神分析的反移情概念也有与此情境相似的部分。精神分析理论中，在技巧上用来理解病人潜意识沟通的，是"反移情"。[20] 反移情一开始被视为阻挠分析工作的障碍，后来渐渐被视为理解早期及基本心智状态（例如第二章提到的投射—认同）的有利资源。分析中的原始潜意识沟通若与观察情境作类比，指的是在生命之初，婴儿和母亲之间情感的流动。此时，母亲的心智功能是全神贯注于并加以调节这些情感强烈的状态。在分析治疗中，对早期心智功能的看法及理解它的方式，对婴儿观察有特别的影响。

然而，如同移情概念，反移情在这些观察研究中并未明确涉及。这些专门术语在临床精神分析中有其原意，并与分析技巧的核心有关。但将这些概念应用于观察情境，其定义并没有那么精确。在此脉络中使用这些术语，要区别这种不同。有许多指标表明，观察者对自身感觉的觉察是观察情境中需要反省的部分，借此更了解观察者自身及观察对象。观察者非常被动的姿态，有时甚至会引发一些即使讨论后也无法释怀的不舒服感，这些都需要观察者花心力好好消化与思考。诚如第一章所言，因为婴儿观察提供丰富的反省素材，才成为临床训练前很好的预备课程。

人类学及社会学研究已注意并深入讨论了观察者在不知不觉影响被观察情

境，而他们所持的观点对该情境也造成影响。此处采用的方法也尽量将扭曲的情况减少到最小（将活动减少至最小、克制自己不要介入、采取中立及接收信息的姿态、细微记录所观察到的现象），这个立场和其他领域使用此种观察法时的态度是一样的。只不过，将焦点放在情绪经验是精神分析取向独特之处。观察者需要经过特别的训练，提升其自我觉察及对隐蔽微小的潜意识沟通的敏感度，观察所得素材才能成为理解现象的丰富来源。观察者常会发觉接受分析的经验，会帮助他们清楚思考并反省观察的经验。

观察历程的记忆与记录

　　随着机械器材的普遍可得，其他形式的婴儿研究使用各种机械器材来做记录，包括录像机、单面镜。若是没有这些实验设备以供研究者进行精确而结构化的观察，婴儿行为研究也无法有今天的成就。整体而言，虽然有一些精神分析取向的观察者也使用这些仪器，但大部分这个领域的人比较不愿意使用这些技术。

　　却步的原因是，这个观察法聚焦于研究情绪与情感的互动。不介入情感、保持距离的研究法很适合行为取向的研究，但精神分析取向则认为，这对于敏锐观察力的培养是一种阻力而非助力。因为婴儿所引发的强烈情感反映了他们接受照顾的情况（即使有时候这些情感表面上被否认了），将情绪维度减至最小或隔离在外的研究法将会造成严重的不利。与研究对象保持距离自有其好处，因为完全仰赖一个观察者对情境先后顺序的回忆及准确撰写报告的能力，一定会造成另外一种程度的扭曲与信息的遗漏，这已是公认的事实。然而，此种研究所专注的情感涉入是如此微妙与短暂，以至于只能用主观的方法进行理解。另外一个仰赖个人回忆与撰写观察历程、而不采用机械记录的重要因素是这样带来的训练功能，此功能塑造了今日的婴儿观察实务。学习记住所看见、听见及感受到的，并转化为准确的文字或语言，是学习如何观察的重要部分，也是观察者发展敏感记录能力必要的练习。

研究的主要主题——婴儿及母亲的情感与心智状态——若要获得质、量上皆令人满意的结果，便需要选择特殊的方法。研究的历程必然要经过选择，为某种目的而设计的观察方法不一定适合另一种。就如同研究细微或远距的对象，你需要适当的工具，像是显微镜或望远镜；因此，在探讨人际之间的情绪交流时，你必须找到有人性的接收器具，能够收藏并记录主要的现象。即使暂且不谈所研究的是情感交流这样特殊的问题，当研究者在自然环境里研究母婴关系，观察其一般家居生活，本身就很容易有缺乏人情味或过分涉入的问题，以及怎么使用观察记录的困难。

接受精神分析训练的研究者有时候可能会过度反对使用机械方式来收集资料或做记录。精神分析界认为，临床个案研究是最可信的方法，而大部分学术界心理学家则相信，行为取向研究法才是正途，这样的态度有时导致双方对研究方法学的封闭心态。观察时间里录像、录音可能很有帮助，诚如已有许多在医院及日间照顾机构所做的很有价值（且具影响力）的摄影研究。[21] 倘若研究目的（如我们以下所要讨论的）是要单独评量观察者所撰写的记录的精确度，以及为了能有机会重复检验互动的前后顺序，那么使用这种观察法会很有帮助。

作为研究法使用的婴儿观察

本书中的观察研究报告不只是一种研究设计，而是"与儿童工作者"训练课程的一环。自从 40 年前 Tavistock 中心开始尝试婴儿观察课程，目前所有的婴儿观察都在婴儿观察课程中进行。为了专业教育目的而设计的学习研究（无论如何需要谨慎地实施并督导），与事先界定科学性目标的研究设计有极大的差异。在如此密集且完整督导训练设计下产生的个案研究，有丰富且具启发性的内容；然而，它不是为了比较性研究的目的而设计，也不同于事前精确决定研究主题并使用标准化工具的研究。因此，不可能根据这一研究成果做出科学性推论。

未来应更加善用此种观察法的特殊优点。此种观察技巧本身就包括了研究与现象揭露的功能。这是一种耗时耗力的方法，要投注许多时间才能收集到几个案例：持续2年的时间，每周观察同一个家庭。此观察法要求观察者使用高层次的技巧（观察者即使已有与儿童工作的经验，仍需要长时间特别的训练与督导，才能成为精准的记录者与情绪互动的诠释者）。此种在自然情境中做的研究很难事先结构化——在观察时间里，无法完全控制所有的状况，而观察者感兴趣的现象也会随着母婴关系的流动而改变。另一方面，此种观察法使观察者非常贴近母亲与婴儿的生活情境，其亲密程度远超过实验室里的研究。

个案研究法的优点是，它较能产生对新现象的描述、发现其不同方面之间尚未被指认出来的关联，以及形成新的假设。另一方面，此研究法并不适合用来检验因果假设，也不适用于粗略描述性的研究，或精准重复某研究的研究。它的优点是密度高，而非广度大；是其深度，而非数量。如同精神分析临床研究，应用此观察法以发现为主，而非效度。[22] 部分因为方法学的缘故，部分则因为精神分析理论越来越偏好以主观意义、连贯性为主要概念，而非因果关系的论述，精神分析理论近来渐渐向现象学及唯心论取向靠近，远离了弗洛伊德强烈强调科学方法的态度。

因此，此观察法可用于聚焦于特定方面的婴儿研究。例如，它可以用来选择观察研究的婴儿或家庭样本，找出相同特质的样本，使研究能从科学或健康预防的观点发展。例如，都有早年分离经验的母亲与婴儿、寄养或收养的婴儿、双胞胎、单亲母亲的婴儿，或肢体障碍的婴儿。倘若观察同时与其他有共同兴趣的研究结合、同时进行，并选择符合这些目标的样本，那么可预期的是，此种研究将比未做事前筛选（以训练为目的）的研究更能产生可比较的发现及丰富的概念。督导研讨便可以转型成为工作坊或研究进度讨论。此类观察若由非常有经验的观察者来做，成效将极丰富。

此外，若观察是为了研究目的而进行的，还需要使用标准化的报告格式。例行的关键发展阶段记录、社交环境的标准化资料、针对特定重要议题所做的记录，即使是阶段性较正式的测验，都可能整合入既存的观察模式中，而不会造成太大的损失或失漏。婴儿观察课程不希望阻碍观察者对被观察家庭情绪冲击的感受力，他们担心任何抽取重点或事先决定编码方式的做法，都可能抑制观察者的感受力。然而在研究设计的脉络下，比较合适的做法是考虑不同的优先级。如此，或许能取得更多行为取向研究设计作为交互参照。已发表的行为取向研究，如预期地开始采用更多纵向研究设计、更多类似的观察法来进行研究，此种考虑交互参照的方式便特别有用。[23] 最急迫的需要是，在这些对1岁以下婴儿生活的研究之外，应有更多追踪后续发展的研究——研究婴儿第2年的生活。针对1—2岁婴儿所做的个案研究，似乎更能解释"性格发展"与"母婴（或与其他照顾者）关系"之间的关联。1—2岁幼儿有比较大的独立性，开始使用语言、游戏与建立多种关系的能力，处处扩展了研究的领域，而且可能更能吻合临床分析与儿童测量的发现及结论。最好是能够同时使用已发展完备的观察法（作为本观察法的进阶追踪），以及明确具体的研究设计，专注于如性格差异的起源与发展之类的主题。从此观点来看，日后针对这些婴儿的童年所进行的追踪研究，若能设计较简洁的学校或家庭观察，也能使现象更加清楚。

在 Tavistock 中心及他处的精神分析取向临床研究一直以此种模式进行，且有丰富的成果，选取接受儿童心理治疗的相同性质个案（例如，自闭症或精神病儿童病患、机构收容的儿童，或寄养或领养的儿童），以团队研究的方式一起探索他们的发现。[24] 这种小研究团队之间彼此合作的方式，使得临床研究上采取密集方式获得的经验能够与其他领域分享，也得以探索新概念应用于解释个案资料的可能。将督导团体当作研究场所，也让学有专长的少数临床工作者能在同一领域中，指导并协助经验不足的心理治疗师统合自己。个案研究所获得的结果与量化行为研究有不同的价值，因此，它们可以互补不足，相辅相成。例如，针对住院儿童做的个案研究所形成的假设：住院经验使儿童受苦并损害其发展，已得到根据大量随机抽样的纵向研究的支持，即分离对儿童的发展有不良的影响。这类个案研究经常成为促进临床及诊断技巧的工具，或因而改善机构照护质量。[25] 此种以密集方式探索母婴经验的研究，也能辅助实证或调查技巧进行的研究。

比起遵循传统的大规模调查分析治疗结果，小规模的合作研究对于检测并扩展精神分析理论的解释范围，是比较可行的方法。当使用密集强烈的精神分析临床观察法时，要符合样本、研究法、结果呈现的标准化要求是很困难的。我们必须接受精神分析研究位于社会科学研究法中"质化／量化""诠释／类推""密度高／广度大"二分法的一端。因为这种种理由，也由于精神分析取向研究法采取非标准化、开放结果的方式研究特殊案例，使它常能发现"理想典型模式（ideal-typical models）"。临床与观察研究皆提供可能的理论及情绪、心智发展的例子，然后当新的现象及经验发生时，这些理论及例子就可用来辨识或说明。从这些方面来看，精神分析取向研究的结果，和历史研究（同样也是花很大的精力针对发展的持续性进行叙说的研究）、人类学及人种志等社会科学，确实有相同之处。这些学科也着重于理论模式、理想典型，案例事件的呈现，以及针对独特案例进行描述性说明，而非普遍性的推论，也无法建立可被精准检测的因果理论。[26]

我们已将婴儿观察法联结至范围更大的人类科学，其方法学比起精神分析经常使用的观察者评论法要更加多元。然而，观察研究法另有其他贡献是与文学相似的。观察者在研究过程中，花2年的时间沉浸于一份关系中，对这种关系进行叙说描述，并通过观察者的感知进行体验的冥思，与小说家或传记作家呈现其家庭经验的方式有雷同之处，摘述及客观的科学分析也如是。观察者与读者要有区分各种微妙表达方式，及回应并理解情感的能力，才能理解母婴关系。阅读婴儿观察就如同阅读小说，读者受邀根据其自身经验，而非已出版的心理学发现，判断内容的真伪。然而，当这些个案研究采用想象写作必备的技巧时，它并不是小说。认同此课程的人便愿意花心力尽量使文字准确描述所观察的事实，即使他们从精神分析观点对经验的某些方面有其特定的兴趣。所有的人类科学皆各有其观点，选择关注世界某些方面，并界定其架构，以对他们所感兴趣的方面进行系统性研究。[27]此种对兴趣的选择，完全符合将理论及概念应用至经验时的逻辑一致性和实证精确性。我们可以在优秀的想象写作中，发现此种呈现情绪及心智状态的微妙、细致技巧，它们是人类科学领域某些特定研究所必备，而非与之相违背。如弗洛伊德所呈现，采用个案研究法的研究者必须具备理解及描述复杂心智状态的能力，此要求相较于作家应具备的能力有过之而无不及。

我们也希望展示婴儿观察法如何与临床精神分析实务相辅相成。分析师及心理治疗师在诊疗室里进行的临床研究，所得到的现象描绘及理论，比婴儿观察更复杂多样。诊疗室里的梦、自由联想及与儿童工作时的治疗性游戏，比其他方法更能提供通往潜意识历程的丰富线索；而比起被动的观察描述，与此历程进行治疗性对话的诠释及反应，是更好的研究法。然而，精神分析研究法有其不利之处，即外人很难理解其中所使用的精神分析概念。进行中的分析会持续修饰被试（病人），它对于被试心智结构及历程所形成的理论，源自探究病人与分析师持续改变的移情关系。分析对话中沟通的质地与细致是很难呈现的。有时候，对分析技术尚未有个人体验的读者，很难从精神分析报告中发现太多意义。

婴儿观察法可能永远无法如临床研究一样，在理论方面产生丰富的成果[28]，它们各有不同的优点。因为婴儿观察要求观察者采取被动、不介入的角色，他的情况与善于观察的家庭访客并无太大不同。进行婴儿观察时，观察者的存在仅会对被试产生很小的影响。以日常、非理论的语言来撰写文字报告，比较容易和一般敏感的人（而非特别精通精神分析思路的人）一起沟通其中的发现。从观察记录中得到的发现及推论，虽然不具理论上的精致，却比临床研究报告复杂的结构要容易使用及复制。有时候，甚至可以观察到母亲对观察者的移情，以及观察者对母亲和婴儿的反移情关系，这些都是日常生活中可以辨识的实例。因此，精神分析取向观察法或许能针对（精神分析所假设的）情绪历程提供新的、无偏见的证据。此外，我们鼓励婴儿观察者描绘出观察对象真实多样的风貌，以及他们如何回应人生重要事件中的经验。呈现出人完整的真实风貌，应是人类科学领域里很重要的贡献。

在与婴儿的关系中发展出来的观察法，也适用于针对幼童的研究，例如在日间托儿所、医院及游戏场观察幼童。本书第一章已讨论过本课程的教育价值。此种不介入、静静接收的观察态度及报告方式，已经证实具有丰硕的成果，学习此种方法不像学习临床治疗技巧，需要密集紧凑的训练。此法也可应用于机构及养护安置的研究，专注于儿童的情绪需求及经验。[29] 此研究法的核心是，观察者唯有接触幼童的情绪及内在心智状态，才能适当评估幼童所处周遭环境的质量（近来好几篇研究严重受虐儿童的报告皆显示，每周一次或未接受督导的社工人员，很难持续给予高压力及高危险家庭必要的关注。）精神分析取向观察法对理解儿童最主要的贡献在于，它对情绪及内在心智状态非常敏感，而要理解儿童一定要先了解这个部分。精神分析取向观察法已实际应用于关注成人及不同年龄儿童心理健康的卫生机构、教育及社会照护机构，且具有其他应用方式的潜力。作为学习的经验，婴儿观察法的核心及最有价值的部分，将于接下来几章的观察记录中呈现。

注解

1. 儿童发展相关文献回顾请参见 Boston（1975）、Bower（1977）、Murray（1988）、Schaffer（1977）、Schaffer & Dunn（1979）、Stern（1985）。

2. 参见 Bowlby（1969，1973，1980）、Bretherton & Waters（1985）、Cranach（1979）、Murray Parkes & Stevenson-Hinde（1982）、Hinde & Stevenson-Hinde（1988）。

3. 出生前，胎儿与母亲的依恋关系可参见 Piontelli（1987）。

4. 参见 Menzies Lyth（1988）、Bain & Barnett（1980）所提出的例子。

5. 参见"注释1"，实证取向对儿童发展的看法。对情绪发展有兴趣，且立场与本书所介绍的理论很接近的工作者，可以参考 Dunn（1977）的研究。

6. 人类学所采用的人种志研究法可参见 Geertz（1973，1983），以及社会学领域可参见 Brugess（1982，1984）、Denzin（1970，1978）、Schwarz & Jacobs（1979）。

7. 有好几个社会心理学、现象学相关传统——发源于 Max Weber（美国象征互动主义（American symbolic interactionism）提供理解"主观意义"的重要思路。想对此有一概览，可参见 Dandeker，Johnson & Ashworth（1984，ch. 3）；Schwarz & Jacobs（1979，part 1）。社会心理学领域中相关学派，参见 Harre & Secord（1972）。

8. 教育的社会学是个例子。在这个领域里，个案研究及人种志研究法被用来探究学校教育结果中社会差异的意义，这个主题的量化意义早已建立。这个领域的回顾请参见 Bernstein（1977）；若想参阅量化研究中有影响力的例子，可参见 Hargreaves（1967）及 Willis（1977）。

9. Rutter（1981）使用纵向研究及其他量化研究法来测试依恋理论的发展假设，以及精神分析的概念。他的这篇研究在这个领域很有名。

10. 想知道人类学田野工作所谓开放及不预期的态度为何，可参见 Geertz（1983）。

11. Donald Meltzer 近期对妄想分裂位置及抑郁位置发生于何时的想法受到婴儿观察的影响。参见 Meltzer & Harris Williams（1988）。

12. George Brown 及 Tirril Harris（1978）提出许多证据证明，独自照顾婴儿且无适当情绪支持的母亲非常脆弱。

13. 参见注释 2 所列之参考文献，及 Tustin（1972，1981，1986）。

14. 有关参与观察的问题可参见 Burgess（1984，ch.4），其中也有针对此议题所开列出来的进一步阅读书单。

15. 婴儿期的这个阶段，尚未能独立生活之前（生理上或心智上），最好不要将此功能实体（functional entity）视为婴儿，而要视之为"婴儿—母亲"。此概念可参见 Winnicott（1965，part 1）。

16. 见注释 1 参考文献。

17. 知识与情绪经验的关系的探讨可参见 Bion（1962）。

18. 关于移情，可参见 Freud（1912a，1915）及 Hinshelwood（1989），以及 Laplanche & Pontalis（1973），有进一步文献。

19. 有关反移情，可参见 Freud（1912b）、Heimann（1950），以及 Hinshelwood（1989）与 Laplanche & Pontalis（1973），以获取更多参考文献。

20. 参见 Barnett（1985），及 Robertson & Robertson（1953，1976）。

21. 区别"仰赖直觉及想象的发现历程"与"理性、有效度的公式程序的发现历程（像是利用实证研究法检验假设）"，源自现代科学哲学，其中最主要的代表人物是 K. R. Popper。可参见 Popper（1972）。有些人，如 Poianyi（1958）则认为，科学方法亦充斥着直觉与主观判断。

22. Murray（1988）强调这个发展的重要性。

23. 关于此类研究的方法，参见 M.E，Rustin（1989）。

24. 参见 Boston & Szur（1983）、Meltzer et al.（1975）、Boston（1989）。

25. 想进一步了解科学议题与精神分析的关系，参见 M.J.Rustin（1987）。

26. 想进一步了解价值取向观点（value-laden point of view）的概念，参见 Taylor（1985）。

27. Bick（1987）发表了一篇极具影响力的译文。

28. 参见 Menzies Lyth（1988）的选集。

29. 与训练受虐儿辅导者有关的婴儿观察，可参见 Trowell（1989）。

第二部分

观察

第四章

埃里克*

头胎婴儿对其父母造成的影响甚巨。本章将说明第一个婴儿的诞生如何影响一对年轻夫妻，以及父母的关系如何影响母亲协助新生儿接受离开母腹的经验。通过对婴儿出生后前 3 个月的翔实观察记录，读者可以看见这个家庭里不同关系的各种变化。

通过家访护士的介绍，我与这位母亲碰面，并邀请她与先生商量是否同意我拜访他们。接着，在婴儿出生几天后，我再次与母亲碰面。她表示，他们同意我每周一次到他们家中观察婴儿的发展。

父母亲来自爱尔兰，年纪皆在 25~30 岁，观念传统，结了婚就打算要有小孩。他们住在伦敦 2 年，这期间先生完成一些医学研究。他的妻子在当地的图书馆上班，很满意她的工作。他们俩外貌迷人，聪明且具个人魅力。以下是我第一次的观察。

***

12 天大的观察

父亲在门口欢迎我，带我进到客厅。打过招呼后，母亲（是个口

---

* 本观察由 Esther Bick 督导，她对发展婴儿观察法的贡献已在他处提及。

婴儿观察 Closely Observed Infants

齿清晰、话不多的人）解释说，回家来的头2天简直太恐怖，今天就好多了，宝宝相比而言稳定下来。她说他们像一对自傲的父母，推着崭新的婴儿车和新生儿穿过公园。她补充说："我们觉得自己太惹人注意又有点可笑，因为每样东西都太新了。"父亲很和善地问我为什么来，然后很详细告诉我婴儿出生前和出生后的情况。他描述婴儿出生前4周，一切都还好，但后来婴儿的胎位变成臀部朝下。他补充说，他告诉医生他想看剖宫产的过程，但医生不准。

等他看见婴儿时，他的脸全挤成一团，还有黄疸。"简直是一团糟。"父亲说，他非常担心小孩会有问题。他担心婴儿会有吸奶或说话的困难，因为他的上颚太高。他说因为剖腹及麻醉的关系，妈妈没有办法看见婴儿。最后，他太太觉得自己好像是因为车祸住院，而不是来生小孩的。因为婴儿出生后头2天接受密集观察，所以妈妈看不到他。

这个时候妈妈在喂婴儿。当她让婴儿坐直，帮他打嗝时，他慢慢抬起手臂，注视着窗外，再轻轻抬起他的腿。再次吸奶时，婴儿的手臂放松地摆在身侧，手掌紧握。他的膝盖弯曲，脚指头微微蜷缩。妈妈的手覆盖在他腿上，不过婴儿并没有紧贴着她。妈妈说，护士告诉她，喂奶的时候要用毯子把婴儿包紧一点，但是她没有照做，因为她觉得有些婴儿可能喜欢动来动去，不喜欢被绑得紧紧的。

妈妈说她贫血，奶不多，她很担心婴儿会长不大。她用磅秤在婴儿喂奶前后称称他的重量，看看他吃了多少奶。这时候，妈妈要用奶瓶给婴儿补充奶。在等爸爸去拿奶瓶时，她帮婴儿打嗝。然后，她让婴儿坐在她膝盖上面对我。他头向后仰，目光向上，望向母亲的脸。她上下抚摩他的背，轻轻拍，说婴儿肚子有气的时候会这样拱着脖子。

父亲带着奶瓶回到客厅，他说，他现在已经是"个中老手"。他很担心婴儿吸奶瓶时吞咽太快。婴儿把奶嘴吸成扁平的，妈妈要他换一个新的。当婴儿在等奶瓶时，他的脖子又向后拱，目光朝向母亲的脸，开始喷喷吸着他紧握的拳头。

妈妈轻轻移动他,他的手落下,动作被打断。他的身体显得很紧。他的嘴动了动之后,身子似乎比较放松了。他转动眼睛向后,拱起他的脖子,皱起脸来开始闷闷地哭。接着他身体没动,拱起脖子好几次。当婴儿再次轻轻哭起来,妈妈用手轻轻抚摩着他的肚子。哭声未减,妈妈便把乳头放进婴儿嘴里并说:"恐怕没有了。"在等待父亲把干净的奶嘴拿来之前,婴儿吸吮着乳房。妈妈松了口气说,如果婴儿吸奶瓶,她就可以知道他吸了多少。爸爸和妈妈谈起他们给孩子起名字时的犹豫不决,他们开玩笑说,有6个星期的时间给他起名字。父亲给孩子取了"阿尔吉(Algie)",引自一首诗,一首关于给准妈妈的大肚子命名的诗。妈妈说,他是这个家的第三口(他们花了2星期的时间给孩子起名字。他有张挤扁的脸,不像父母五官那么漂亮,这可能让他们有点失望)。

妈妈给婴儿换衣服,准备让他睡觉。她和父亲小小争执起是谁要婴儿穿不一样的衣服。在给婴儿换衣服的时候,妈妈说:"你在看这个新客人,对不对?你的眼睛一直盯着她看哦。"

我准备离开时,妈妈告诉我,她不太希望我再去。她很忧虑我的来访。她不知道为什么。我说,我知道新的婴儿及我的到访对她而言都是新的体验,而要面对这些很不容易。妈妈说,她需要多一点时间来适应婴儿。她觉得我在场让她很紧张。爸爸摸摸她的手臂说:"下个星期就会好多了,会渐渐安定下来的。"他要我打电话给他们,下周再来。妈妈似乎接受了爸爸的安慰。我表示我下个礼拜会先打个电话,看看她对我继续再来的感觉怎么样。谢过他们后,我便离开了。

***

听到妈妈不愿意我再去观察,我很震惊,父亲安抚了妈妈后,我才松了口气。不知道该怎么安抚婴儿的不安感似乎令她无法忍受。她忧虑自己没有足够的奶水喂婴儿，在婴儿吃奶前后称他的重量。忧虑奶水不够，是否隐含着她对婴儿能否存活的担心，以及她是否有足够的常识帮助婴儿活下来并持续发展？

妈妈似乎很焦虑，不过她还有力气反对父亲和护士的意见。也许她觉得，他们的建议是在批评她不知道怎么照顾婴儿。妈妈似乎也认为，这些建议是在妨碍她找到自己照顾婴儿的方式。她借着反对护士的建议来保护自己。护士要她把婴儿包紧一点，她则把婴儿包得松松的。在给婴儿换衣服准备睡觉时，对于婴儿该穿什么睡觉，她和爸爸稍微争执了一下。在爸爸碰到奶嘴时，妈妈要爸爸拿去洗一洗，好像她觉得爸爸让奶嘴沾染了细菌。担心自己不是个"足够好的妈妈"的想法似乎搅扰着她。我的在场让她很忧虑被人看见她的不胜任，于是在这一次观察结束时，她要我不必再来。

父亲借由肢体的碰触安抚母亲，安慰她情况会慢慢改善，照顾婴儿的新任务不会一直令她无法招架。父亲的信心使得他在这些时候成为母亲的支持力量。有时候，父亲很有能力的样子，似乎是因为他认同了有经验的"超级父母"。这个心理历程也包括将他的焦虑投射给母亲及婴儿，然后觉得自己是个专家，照顾婴儿的老手。在这些时刻，父亲成了与母亲竞争"谁是好父母"的对手。这样的竞争似乎是一种避免被排除在母婴配对之外的防卫方式。

父亲的焦虑似乎与他还不确定如何在经济、身体及情绪上成为母亲的支柱有关。他似乎意识到，要增进母亲照顾婴儿的自信，他必须支持母亲成为婴儿的主要照顾者，这意味着他得放弃成为婴儿主要照顾者的乐趣，并放下独享母亲注意力的愉悦。

这个家似乎正面临母亲、父亲及婴儿如何一起应对新经验的危机。接下来的 2 周，母亲觉得婴儿"老是"在哭。后来她告诉我，第 1 个星期，她被婴儿弄得完全不知道该怎么办。她要我离远一点，不要再来观察这个"人仰马翻"的场面。她说，回到家的头 2 天，她一个人面对哭泣的婴儿，束手无策。吃奶前后，他老是哭。喂奶一直很困难，因为她一开始就很确定她没有足够的奶水喂他。

父亲请了 1 个星期的假。妈妈后来提到，倘若父亲没有一直支持她喂母乳，她一定很快就放弃了。她一直觉得喂母乳，再补充牛奶的做法让她很混淆。一个在"全国助产协会"工作的女士给了她许多支持，她鼓励妈妈继续尝试喂母奶，有需要的时候就补充牛奶。

妈妈说，她以前有过帮忙照顾2个妹妹的经验，所以她实在不明白，为什么她第一次照顾自己的婴儿会这么困难。在束手无策的情况下，妈妈请来一个有好几个小孩的邻居朋友帮忙。这位女士的协助有效缓和了母亲的焦虑。当妈妈喂奶时，她的朋友就坐在一旁，耳朵贴近乳房，试着确定婴儿是否在吸奶。这个朋友也协助妈妈安排生活里的日常事务。妈妈说，待在家里面对哭个不停的婴儿，和待在办公室里工作，实在是天壤之别。

婴儿的诞生使母亲突然失去自身的认同。她不再是孩子出生前那个有能力的成人、身材苗条的女人，及能干的图书馆馆员。她不知道自己是谁，对"母亲"这个新身份感到毫无自信。她需要找到自己的方式，这也促使她忽略丈夫及护士的建议。也许她对失去旧有认同的困惑及痛苦，还夹杂着意识到婴儿如此依赖她、她担负极重的责任。她感到自己无法完成这个任务，她显然未觉察到她需要时间适应婴儿所带来的新经验。就像她的婴儿一样，妈妈似乎一下子变得脆弱、毫无保护自己的能力。

抚平痛苦

婴儿回到家后的第2周，父亲留在家里协助母亲适应她的新生活。当我打电话给母亲，问她是否能继续我的观察时，她似乎很乐意让我继续。第2次观察时，母亲很高兴地告诉我，她现在不必再给婴儿补充牛奶了。她提到她去看了医生，医生说，她的婴儿出生到现在已经重了1斤多一点，情况很好。妈妈补充说："原来我有足够的奶水！"

这次观察，妈妈和爸爸花很多时间告诉我，他们过去这一周照顾婴儿的经验，以及他们对婴儿吸奶的印象。妈妈和婴儿似乎已建立令人满意的喂奶规律，每3个小时喂一次，中间若婴儿哭了，就让婴儿含一含乳头。小儿科医生建议，既然婴儿这么常哭，就应他的要求喂奶。

***

18 天大的观察

父亲为我开了门，妈妈则在喂奶。妈妈跟我打了招呼，婴儿猛吸着妈妈的乳房。婴儿的脚指头紧紧蜷缩着，他的腿微微向上弯曲至胸前，他的手放在腰际，成杯状。他的眼睛闭着，我感觉到婴儿和母亲很专注投入在喂奶和吸奶的过程。妈妈用手捧着乳房就着婴儿的口。她解释说，他就快要好了。

没一会儿，妈妈把婴儿抱离乳房，让他侧坐在她大腿上。她轻拍他的背，他则仰头向后，举起手来靠近他的脸。他摇晃着身子向侧后方时，可以暂时看见妈妈的脸，不过每次他这么做，妈妈便温柔扶正他的头。他们这样来回5、6次，好像慢动作的摇摆。妈妈说他总是把头向后仰。正当她抚摩他的背时，婴儿渐渐静下来。他的眼睛一直向四周观看。

妈妈把婴儿抱在右乳前。她紧抱着他，右手环抱着婴儿，手掌心垫在婴儿的屁股下。有2次，婴儿抬起手臂，同时腿轻轻动着。其他时候，婴儿则安静地躺着，很用力地吸吮。

当妈妈和我讲话时，她开始上下抚摩婴儿的背。他紧握拳头，手臂与身侧垂直。他的脚指头用力伸展开，而他的脸微微涨红。他看起来好像在大便。他继续向四周观看，不过他的头只轻微转动。在他打了嗝之后，妈妈决定给他换尿布。

妈妈把婴儿放在垫子上，然后离开去拿裤子。婴儿一直看着我。他张开手臂，在脸前轻动，踢着脚，腿缓缓画着圈。当妈妈回来开始给他换尿布时，他的眼光一直停留在妈妈身上，不过他的目光会向四周扫描。他的手指张成扇形,上下动着。在妈妈解开他的尿布时,婴儿的腿的律动停了下来。他的手指蜷缩起来。他的腿立刻缩至肚腹。

妈妈拉直他的腿时,他的腿反射地动了一下。接着,妈妈轻擦婴儿的屁股和生殖器。他的反应是把手移动到脸旁,脚踢了好几下。他暂停动作,浅浅笑了一下。然后他的身体开始动了一下,他的手和脚伸向空中,妈妈擦拭他的阴囊时,他打了个喷嚏。

包好尿布,妈妈把婴儿放到他的婴儿床。用毛毯要把他包紧时,他动着手和脚。妈妈说,婴儿睡醒时会动来动去,把毛毯给解开了。婴儿发出闷闷的哭声,好像他要准备开始哭了。妈妈说她最近不再摇他,就让他一个人睡。妈妈离开后,婴儿原先轻声的哭泣变成刺耳的号哭。我站在婴儿视线之外。现在他四肢持续激烈地动着。他的头一直向后仰。当他哭叫的声音越来越强烈,妈妈回头来把婴儿床推到客厅去。

妈妈开始摇婴儿床,爸爸弯身看婴儿,说他有时候是自己愈演愈烈。他认为,妈妈比婴儿还受不了这哭声。他们两人讨论起婴儿一定很无聊。他们不明白为什么他不醒久一点,而要睡觉。他们列了一张清单,上头列了一些他们试过,但婴儿不感兴趣的东西:给婴儿玩的弹球、一些鲜艳的玩具、一部手机。他们不知道是不是该花很多时间和婴儿玩。

当婴儿开始踢脚,胡乱浑着手臂,爸爸问妈妈要不要他把婴儿抱起来。妈妈说若他想抱的话就抱。爸爸温柔地把婴儿抱在胸前。爸爸半躺在椅子上,让婴儿的头倚在他的脖子边,身体躺在他胸前。当爸爸说"好了,好了",婴儿立刻渐渐安静下来。他的膝盖收拢在肚子下,身体平静不动。他的手放在头旁边,拇指包在其他手指里面。

爸爸解释说,因为婴儿在他身上闻不到奶香,所以爸爸抱比较不会引诱他。他说有时候婴儿会拉扯他的衬衫,好像那里有奶似的。爸爸说话的当下,婴儿把头抬起来,他的脸轻轻碰触父亲的脖子好几下。

爸爸给予回应，说："好了好了，小男孩，我们两个男人一起对抗女人的暴政。"然后爸爸对我说："哦，对了，我们忘了告诉你……我们给他起名叫埃里克。"

爸爸开始抚摩婴儿的背、手臂还有腿，过了一会儿，婴儿开始打起嗝来。他整个身体因为连续打嗝越来越颤动。这当中，他开始简短地呜咽。爸爸认为，他这样打嗝和婴儿绞痛有关。几分钟后，妈妈把埃里克抱过去，然后放进婴儿床里。

妈妈摇着婴儿床时，埃里克开始吸吮他的手指。爸爸建议让他趴着睡，不过爸妈两人同时说，婴儿不喜欢趴着睡。妈妈说，如果他趴着睡，她推他经过公园时，他就不能看风景。父母都很担心他把手指放在嘴巴里。爸爸把他的手移开，并说他应该不饿才对。婴儿睡着了，身旁放着一只小泰迪熊。

***

在本次观察中，父母两人一起安抚他们的婴儿，一起了解他的需要。婴儿被抱着或尽情吸着乳房时，很容易被安抚。除了获得所需之营养，婴儿主要的需求似乎皆得到确切且扎实的包容。当母亲抱着他，而他离母亲有点距离时，他需要看见她，将目光放在她脸上或与她有眼神的凝视，借以维持与母亲的联系。当他在父亲怀里，他会与父亲做肌肤的碰触。父亲说，当婴儿饿了的时候，会在他身上找乳房。

体验到母亲存在的确定感，婴儿笑了，向四周观看，身体放松。婴儿在很清楚地表达，对他来说，父母人在心在比任何其他的玩具都重要。当母亲离开，他被留在垫子上，他便将目光固定在观察者身上，以维持自己的"完整（held together）"感。当他被单独留下，便立刻尖声哭叫，胡乱舞动手脚，好像被"单独留下"的感觉吓坏了。

妈妈要他培养独处及等待的能力。她可能很担心婴儿会要求得太多。因此，她延迟抱他，直到他的痛苦令她无法忍受为止。埃里克对母亲的靠近很有反应，他立刻停止哭泣,让妈妈知道他想要跟她在一起。他能借由把手指放在嘴巴里来帮助自己入睡。此刻,他所求于他们的并非食物,而是在入睡时可以有所倚靠。

埃里克 21 天大时,父亲恢复工作。几天后,妈妈说,她很不习惯自己一个人在家。她这时才发觉有了这个孩子之前,自己一直都有工作。她说,她不知道该怎么打发白天的时间。有朋友请她喝茶,她不知道自己敢不敢答应。她担心在外面喂奶会打乱他的习惯。几经考虑,她决定邀请朋友来家里坐。她说她还不敢邀请她妈妈来,她得等自己更稳定之后。

后来外婆真的来了。妈妈说,虽然平时早上他都会哭,但是当外婆来的那几天,他都很乖。妈妈似乎发现,有人在一旁支持他们,让她和埃里克都安稳多了。接下来那次观察,妈妈告诉我外婆走了之后,婴儿又回到原先不安定的状态。

***

24 天大的观察

妈妈为我泡了咖啡,说了一些家里的状况。这时听得到埃里克的呜咽声。我们安静听着。妈妈连说好几次,她要等到他真的大哭。她解释说,昨天晚上 11 点,是爸爸给婴儿喂的奶,因为她实在太累了。她说婴儿偶尔也要用奶瓶吃奶,好让他习惯奶瓶,因为有时候他们出门在外不方便喂母乳。妈妈再次强调,她现在有足够的奶水。

埃里克的哭声变大。妈妈把咖啡杯收走,然后到房间去。埃里克躺在婴儿床上,头用力伸向床的一角。他的右手紧握成拳头,拇指在其他手指中间。他的右手挥动着,手指张开。他的腿在被子下踢着。

妈妈开始谈起墙上挂着的那件鲜艳五彩的连身衣。她说,埃里克很喜欢看着那件衣服。在她说话的同时,埃里克发出一些微弱的声音,张开嘴巴，在空中挥动着他的手臂。他的舌头在两唇之间，然后他的舌头在嘴里动着。有一会儿，他把左手握得紧紧的。当妈妈近身望着他时，他发出更大的声音。他把嘴张得更大，眼睛挤出皱纹来，两腿快动着。妈妈离开去拿尿片，他开始"哇哇"大哭起来，哭声渐渐增强。

妈妈回来一抱起他，让他倚在她肩头，他的哭声就减小了。妈妈稳稳抱着他在她肩上，温柔地抚摩他的背。她重复说着："好了，好了。"埃里克大声打嗝。

妈妈开始给他换尿片。埃里克皱起脸来，开始用力踢着双脚。他的头一直转向垫子的右上角。他的额头顶在塑胶垫边缘突起的地方，当他越来越激动时，他的头开始摩擦着垫子的边缘。他盯着我这边看。

妈妈拿开湿了的尿片。当她抬起他的腿时，他大声哭着，很快地踢着他的腿，挥动他张开的手臂。他放了屁，然后解了一些大便。妈妈用棉花球擦拭着他的阴囊，他渐渐不再动。他停下哭声几秒钟，脸部表情渐渐平静下来。他的手轻松放在身侧。当妈妈抬起他的脚，把干净的尿片放上时，埃里克放声大哭。妈妈说，他恨死包尿片了。她不知道为什么。埃里克一直哭到妈妈把他抱起来为止。妈妈让他倚在她肩头，他找到自己的两只手，握起来，然后把手的某一部分放进自己嘴里。他张大眼睛，盯着前方看。妈妈坐下来，开始用左乳喂埃里克。埃里克斜倚在妈妈的左手弯里。她用右手扶着乳房，有几次把手放在婴儿身上。妈妈描述着埃里克现在躺着的姿势，他的腿蜷缩起来靠近身体，他的手握拳，四指包住拇指。她说他会慢慢放松下来。

埃里克一开始吸得很激动，然后渐渐慢下来。妈妈把奶头移开，抱起埃里克开始抚摩他的背，这时她谈起他下垂的眼和一副要睡着的样子。她继续让他吸另外一只奶，这时她把他抱得更靠近她，他的身子朝向她蜷缩。现在，埃里克显得很放松。他的手指微微张开，用他的食指（偶尔也用其他的手指）顺着母亲的乳房上下移动。他的腿微

第四章
埃里克

微动着，脚的大拇指也上下动着。

接着，妈妈让埃里克坐在她腿上，拍他打嗝。他像个软布娃娃似的，头垂落在胸前，他的手垂在身侧。他好像睡着了。然后他张开眼睛，皱起脸来，好像要哭了，同时发出一些微弱的声音。很快地，他把手臂移到脸。

埃里克打了嗝，妈妈把他放到右胸前，他很安静，身体很放松，眼睛闭着，一只手握住另一手臂。妈妈把乳头放进他嘴里，他的一只手放在另一手上，置于乳房旁，成杯状。喂奶的过程，妈妈没说话。气氛非常放松。

***

这段埃里克 24 天大的观察显示，他如何应对压力情境，像是被独自留在房间、饥饿、妈妈离开，以及改换姿势或位置。刚开始，埃里克醒来时显得轻微的不舒服。妈妈好像担心他的需求会使她枯竭，所以，她决定等到他真的很不舒服、大声哭的时候再做反应。

婴儿独自在房间里，他的反应仿佛他觉得这极痛苦的状况会持续到永远。他尚未发展出母亲就在那儿、会过来安慰他的确认感。妈妈抱埃里克之前，她要他"真的大哭"。

独自一人面对恐惧，他只能靠自己的求生方法。当妈妈发现他尖声大哭时，埃里克正紧握拳头，拇指包在其他四指之间。他的头向后仰顶住床的角落，摩擦着。紧包住拇指并靠在婴儿床一角来回摩擦着他的头，似乎是他用来维持情绪及肢体完整感的方法。他的腿在被子下踢着，仿佛这持续的动作可以减缓将要支离破碎的骇人经验。这为了减缓虚无焦虑感的强烈动作似乎起不了作用。

埃里克的恐慌一直持续到妈妈进到房间。当她靠近，他便用目光找到她。接着他仿佛发现自己的舌头，将它置于两唇之间，然后开始在嘴里动起来。他的左手紧握。看见妈妈之后，似乎帮助他发现了用嘴及手来稳住自己的方法。他的舌头在他嘴里像奶头一样，他用两唇含住，然后借由舌头的动作来安慰自己。他的左手也暂时紧握着。

妈妈出现后，埃里克能够立即与她联结。她再次离开去拿尿片时，他大哭起来。她在身边使他能稳住自己，靠着这联结，他才感到安全；当她离开，他不只失望而已，更是陷入极度的慌乱。妈妈需要抱起他、并将他紧紧抱在怀里，接收他的痛苦，才让他慢慢平静下来。

接着，妈妈把埃里克放在换尿片的垫子上，解开他的衣服，把他的脚分开。他大哭，快速踢着他的双腿，挥动他的手臂，放了屁又解了一些大便。在这么早期的婴儿阶段，即使妈妈就在身边，当埃里克失去妈妈双手的怀抱，以及尿片的包裹，他似乎陷入完全无法忍受的"流失状态"。妈妈肢体的拥抱使他维持完整感。对埃里克来说，任何改变似乎都意味着不再安全。

特别的是，在妈妈擦拭埃里克的阴囊时，他立刻安静下来不再哭泣，数秒之内即重获放松的表情，两手臂轻松放在身侧。当妈妈碰触埃里克时，他显得很愉悦。他被涵容，免于"支离破碎"。这持续的平静不只是反映出他喜欢被妈妈碰触。她的碰触之所以如此强而有力，源自于对埃里克来说，他感受到具体的身体上的依附。

当妈妈移开她的手，抬起他的腿，埃里克发出凄惨的哭声。这时与妈妈的联结断掉了。当妈妈抱起他，他立刻有回应，马上使用妈妈提供的安慰来安抚自己。后来，他便恢复了自己稳住自己的能力：他两手互握，再把手的某部分放进嘴里。好像他需要感受到妈妈包容着他，他才能重获维持完整感的方法。

在喂母乳时，埃里克放松依靠着妈妈；同时，他也显露想要碰触她的渴望。当妈妈抱着他喂奶时，他的双手成杯状置于妈妈的乳房边。他放松交握双手的样子很像妈妈抱住他的姿势。妈妈借着身体的拥抱、愉悦的滋养，以及对他的痛苦充满情感的回应，促使埃里克内化了对抗其焦虑的能力。

令人满足的乳房经验不只影响婴儿，也影响母亲。埃里克接纳乳房、满足地吸奶，并回应妈妈的安慰，使妈妈体验到婴儿爱她、认为她是好的。因为这是她第一个小孩，她对母亲这个角色充满不确定感，她需要埃里克一再肯定她是个好母亲。

没有喂奶的时候，妈妈通常留埃里克一人在卧房。当埃里克要求吃奶时，她犹豫着，她害怕若埃里克一要求就给他喂奶，恐怕会形成每 2.5 个小时就得喂奶的局面。她也担心，倘若他一哭她就回应，那么他就无法养成习惯。妈妈渐渐发现埃里克每天早上都很哀怨，因为他不肯在吃完奶后回卧房睡觉。她说，他更喜欢待在起居室看着她做事。妈妈说他会四处张望，常常盯着他房间里那件鲜艳的条纹连身衣看。她也注意到，埃里克会在我到时注视我。埃里克似乎有着强烈的好奇心，探索着他的新世界和新的面孔。除了用眼睛探索外，他也需要用眼睛"攀住母亲"，因为他的"内在母亲"尚未成形，也就无法于"外在母亲"不在身边时安抚自己。同样地，妈妈不在时，他注视着床边熟悉的连身衣来安定自己。身边熟悉的东西帮助他不被周遭骇人的陌生所袭。

埃里克与其外在世界的关系已形成几个模式。当他极度恐惧时，他似乎会排除他的慌乱。排除的方法包括以下几种，像是飞快挥动他的手臂、猛烈踢脚好像要踢走什么不愉快的感觉、尖叫或哭喊、大便和放屁。当妈妈协助他容受这些痛苦时，埃里克便能够维持自己的完整，并使用自我保护的策略来"维持完整感（hold himself together）"。例如，埃里克盯着那件鲜艳的连身衣、把手指放进嘴里、把大拇指握进其他手指中，以及把腿缩往身体。这些是埃里克防止自己崩解的方式。此种"维持完整"的方式仍很脆弱，所以当母亲有变动时，埃里克便大哭起来。

其他时刻，当母亲抱着埃里克，用乳房安抚并喂他时，他似乎内摄了能包容他的"内在母亲"。这使他放松整个身体的防卫——紧张的手、脚和颈部肌肉。放松身体防卫后，他开始能吸纳母亲并探索、认识他的世界。被母亲稳稳抱着并吸奶一段时间后，埃里克开始上下动着他的手指，去感受喂养他的乳房。同样地，他用脚指头摩擦自己的脚，感受他的皮肤，仿佛那是乳房。他从挣扎求生的状态进到与母亲的关系，这种关系能帮助他更了解她的状态。

发展对话

　　这对父母在某个周末抛开家中日常琐事，和朋友一起过。他们发现这样的安排，即使有婴儿在身边，也能得到真正的休息。他们注意到，埃里克发现了他可以玩自己的手，也开始常笑。妈妈向我详细陈述婴儿一周来的活动，并告诉我，她丈夫每天回家后，她会告诉他埃里克一天里做了哪些事。这些观察呈现出埃里克已经发展出各种表达感觉的方式，而父母通过触摸、说话、抱及喂奶，试着理解他的要求与回应。

***

6周大的观察

　　我准时到时，妈妈很高兴见到我。父亲为我泡了茶。他们谈到周末度假后回来，感觉非常轻松愉快。这个时候，婴儿躺在地上的塑胶垫上。他轻声哭着，哭声微弱并不扰人。他把拇指和食指伸进嘴里，开始吸吮。妈妈说，他现在会吸拇指了。

　　埃里克开始哭起来，头左右转动，脚开始踢。爸爸问妈妈可不可以把他抱起来。妈妈说好。爸爸把埃里克抱起来放在胸前，紧紧抱着他。埃里克的头倚在他颈间。他用头轻轻摩擦着爸爸的颈部。他渐渐不再动，好像完全放松了，连吮吸拇指的动作也渐渐停止。妈妈说："瞧，他看起来好舒服。"又说："不过他真的是饿了，他要吃奶了。"

　　过了一会儿，妈妈带婴儿到浴室洗澡。当她把埃里克放在腿上时，他开始大哭。哭声渐强，哭得整个脸都涨红了。他激烈挥动双手两腿向外蹬。他的哭声听起来很悲惨。当妈妈脱去他的衣服时，埃里克痛苦的动作越来越激烈。他的脸和身体越来越红。妈妈试过水温后，开始把埃里克放进小澡盆里清洗。他开始尖叫，双手双脚猛烈挥动。妈

第四章
埃里克

妈抚摩他的头，安抚他，口里说着："好了，好了，好了。"他渐渐平静下来。当她将他的头放进水里，他大声哭叫，满脸通红。她在他头上抹了肥皂，再用清水冲洗。他整个身体紧紧裹在大毛巾里。后来有一条手臂松了出来，他把手放进嘴里，立刻就不哭了。

接着，妈妈用湿棉球擦他的耳朵，并用歌唱的声调说："好了，好了。"埃里克的哭声渐渐和缓下来。妈妈清洗另外一只耳朵时，他渐渐放松四肢。当妈妈移开浴巾时，他狂踢他的脚，并快速挥动他的手，头几次向后摆，下唇开始颤动。当妈妈把他整个身体浸到婴儿澡盆里，他好像受到惊吓似的大哭。她开始往他胸口浇水，口里哼唱着："哗啦啦啦……"接着她摩挲着他的胸口、两腿和屁股，并对他描述她做的每一个动作。当水没过他的胸口，埃里克安静下来。他渐渐越来越安静，并开始发出高声调的"啊……啊……啊"，自己玩起来。他好像很自得其乐。他开始在水中轻缓地踢着脚。妈妈问他是不是要对她笑了。

这个时候，爸爸进来对埃里克说他真的很自得其乐。爸爸带了一张自己婴儿时期的照片给妈妈看。他问妈妈，这个婴儿是不是像他小时候。爸爸说，照片里的他只有6周大，正是埃里克现在的年纪。照片里，爸爸的妈妈倾身微笑看着他。妈妈认为埃里克确实很像爸爸。然后爸爸把照片给我看。我也觉得他们两个人有相像的地方。爸爸说："对啊，嗯，也许婴儿看起来都很像。"妈妈把婴儿从澡盆里抱起来，他又开始大哭。他涨红了脸，快速踢着脚，下唇颤动着。他的头反复猛然向后仰。妈妈帮他穿衬衫时，他一直做着这个动作。只有在她抚摩他的后脑勺，把他抱得比较靠近她时，他的哭声才稍微减弱。她给他穿上睡衣，抱他到客厅给他喂奶，他一直哭得很用力。

然后埃里克找到自己的手，开始吸吮起来。当妈妈把他放在地上，替他把内裤穿紧时，他很安静地躺着。妈妈一抱起他来，他又立刻开始哭起来，在空中挥舞着他的手臂，把头向后仰同时踢着脚。他继续哭着、动着，直到妈妈把他紧抱在她左乳前。妈妈移开埃里克放在嘴里吸着的手。然后把乳头放在埃里克嘴里，他大口吞进母乳，吸吮的动作很激烈，吞咽声很大。妈妈惊讶地说他真的很饿。她说她不知道为什么："可能带他出去呼吸新鲜空气的关系。"此时，爸爸进来，弯身观察喂奶的情况。他把头靠在妈妈头上，谈着埃里克多么享受吸奶。他又说埃里克的小手好漂亮。这个时刻，整个气氛很亲密、愉悦而平静，似乎他们很享受彼此在一起。

***

在这次观察中，父母及婴儿有许多层次的沟通。妈妈提供埃里克身体上的拥抱支持、乳房的喂养，让埃里克感受到她一直都在，借着身体上的碰触减缓他的痛苦并安抚他。爸爸和妈妈在婴儿洗澡时，也谈到关于婴儿舒服、不舒服的情绪经验。爸爸在碰触妈妈的头，表示他对婴儿的欣赏时，同时也呈现他以温柔、不过分介入的方式，支持妈妈与婴儿沟通。

整个过程中，埃里克持续让妈妈知道他的体验带给他的感觉。当开始洗澡时，他觉得糟透了，恐惧地哭着。不过，他很快就接受妈妈的安抚。妈妈哄着他说："好了，好了。"他便渐渐平静下来。当坐进澡盆后，借着发出高声调的声音"啊……啊……啊"，他让妈妈知道他的愉悦。尽管他在洗澡及穿衣过程中，感受到强烈的挫折，埃里克还是能在妈妈移开他的手之后，立刻强烈回应妈妈的乳房。

在一些对话中，母亲和婴儿找到了交会点。埃里克得到所需的安慰，而妈妈因着婴儿对她的接纳，实现了自己是好母亲的愿望。这些对话中，母亲回应并满足婴儿的需要，这使婴儿能内摄一个好的、可信赖的母亲。这个母亲知道他的需要，而且是可信赖的供应者。

有趣的是父亲所提供的支持。他对婴儿的认同（拿照片到浴室）缓和了他争夺注意力的竞争角色，也注明了他享受母婴亲密关系的能力。

发现新的认同

对母亲而言，认识她的婴儿似乎与她感受到"被视为好母亲"有关联。当妈妈被婴儿的哭声侵扰时，她很难思考婴儿怎么了。她无法思考，只是把婴儿的哭泣简化为他累了、饿了或痛了。有时候，这确实是埃里克的感觉，不过他也有潜力表达更复杂的情感。当母亲比较有自信时，她便有能力理解这些较复杂的感受。

熟悉她的婴儿，感受到自己能够理解他的需要，让母亲对自己的角色较有信心，建立起她对母亲角色的认同。这样的进展也让她松了一口气，不再像婴儿刚出生时感到那么棘手。她开始探问我有关我与儿童工作的情况，像是我的介入如何影响孩子的发展，我是不是从帮助儿童当中得到快乐。这些有关我如何帮助儿童的角色问题和妈妈自己的经验有关，她在帮助自己的孩子且从成功扮演母亲（新角色）中得到许多乐趣。

妈妈开始苦苦思索埃里克寓意不明的肢体动作是什么意思。她开始更频繁地对他说话，理解他要什么、不要什么。以下是这个时期的摘录。

***

9周大的观察

妈妈神情愉快地欢迎我。从埃里克的房间传来他短暂的哭声及他发出的其他声响。妈妈说他整夜好眠，今早8点醒来，没哭，只躺在婴儿床里跟自己说话。

她描述自从埃里克出生之后，事情变化真大。她说，他刚出生时只是"一个东西"，现在他已经有了个性，是一个真的婴儿。他会做好多事情，有各式各样的哭声。她现在可以分辨不同哭声的意义，有一种哭声表示他饿了，另一种意味着他想要人抱。他开始常常笑。她记得有一天，他刚吸完一边乳房，开始换吸另一边时，突然停下来，松开奶头，抬眼看着她笑。

妈妈回想着婴儿刚出生的那几天，她说，如果不是父亲持续支持她喂母乳，她大概就放弃了。今天，她打电话到全国助产协会谢谢那个来帮忙的女士。

埃里克躺在他房间里的婴儿床上睡着了。他的手指微微缩进手心，左手放在胸前。过了一会儿，他的嘴唇开始动，好像在吸吮什么。他把左手移近脸旁。然后他的身子从侧躺转成正躺。他把两只手移到嘴边，用手抚摩着自己的脸。他的眼睛斜看着，脚轻微踢着。

过了一会儿，埃里克把左手拇指放进嘴里，开始吸吮。接着他转成侧躺，用力吸着拇指。同时，他另外3根手指成扇状微曲轻倚在脸庞。埃里克用左手轻轻做着抓取和碰触胸前连身衣的动作。很快地，除了吸吮外，其他的动作都停下来。然后吸吮也因拇指落出嘴外而停止，他陷入深睡，一动不动地躺了5分钟之久。接着埃里克的眼睛微微张开。他的嘴微微动着，而我在他的视线之外。他的拇指伸进嘴里，然后他又开始吸吮起来。这回他的手指紧握，他的食指则在鼻子下方摩擦着。吸吮的动作持续了几分钟。他中止吸吮动作，就在他嘴巴松开拇指时，他睡着了。没一会儿，他的左手又开始抓取的动作。他的手臂胡乱挥动一下，手指碰到床罩。他再次浅浅一笑。

妈妈第一次进埃里克房间，放下一些尿布后又离开。埃里克又开始动起来。他转身正躺，抬起手来靠近脸庞，偶尔用手抚摩脸颊，又暂时握住衣袖，然后再次转身侧躺。

***

在这次观察中，妈妈觉察到埃里克带给她的愉悦。她知道，埃里克在吸母乳的中途停下来，抬眼望她，用充满爱的微笑表达他对她的感激。他能够接收母亲的安抚，松弛了她紧张的情绪，也让她有空间思考他哭声的各种意义。妈妈感受到婴儿从"一块东西"转换成有真实生命的人。她也渐渐感受到拥有一个深爱她的婴儿，是多么喜悦。

埃里克即使在睡眠中，也呈现出他已从一个极易被小变动惊吓的婴儿发展成另一种样子。他渐渐比较统合，每当有搅扰时，他所有的动作都朝向他的嘴。他不再用嘴含住手指，借此紧紧"稳住"自己，不再"努力撑在那里"。他的动作渐渐轻缓，他吸吮及抓取的动作轻柔许多，还有一些轻轻碰触的动作，例如上述所记喂奶时观察到的，他仿佛朝着乳房微笑。

当妈妈进到房间，没有抱他又离开，他睡眠中的动作有些改变，变得比较快。很短暂的一刹那，他紧紧抓住连身衣的袖子。他并没醒来。

埃里克在睡与醒之间来回吸吮着他的拇指，把手指放在脸颊，然后松开嘴，拇指掉出口外，微笑，接着又入睡。这个样子很像妈妈描述他吸奶时的模样，吸着吸着，停下来望着母亲微笑。也许在睡梦中，他再次体验到乳房的安抚，在他望向她或轻触她时，他深爱的母亲带给他喜悦的微笑。看来，埃里克似乎已有能力在轻微的干扰中睡得安稳，因为他找到方法联结对母亲的美好记忆，来安抚自己。

对母亲的矛盾情感

母婴之间心满意足一段时间后，埃里克的脸渐渐出现一些疹子。身体不适的同时，他开始出现将脸转离母亲乳房的行为。一开始，妈妈有点难以了解埃里克在吸奶时呈现的、与她的复杂关系。

***

13 周大的观察

埃里克正在吸吮妈妈左边的乳房。约 2 分钟后，他把脸转离乳房，抚摸他眼睛附近，然后把他的左手指关节放进嘴里。他很用力地吸，直到妈妈把他的手移开。她很快把乳头放进他嘴里。埃里克又一次转开脸，吸起自己的指关节。妈妈说他最近开始会这样。她不知道为什么。她让他吸一会儿，再把乳头放进他嘴里。埃里克微微呜咽一下，很快开始吸妈妈的奶。他的眼睛微微张开。他在妈妈肩上好像睡着了。然后他打了嗝，呜咽起来。

***

1周后，疹子消失了。

***

14周大的观察

洗澡水备好了，埃里克没穿衣服，包在一条浴巾里。他躺在妈妈大腿上，脸转向妈妈背后的那面镜子。他笑着，看着自己，他蹬脚让自己的头向后更靠近镜子，整个背弓起来。埃里克一直笑着，有几次是安静的笑。他伸展手臂向后越过头。妈妈说，他如果不小心的话会掉下去。她把他放回比较安全的位置，将他的头放在她大腿上。埃里克挥动他的手臂，发出声音抗议。

妈妈抱住埃里克的身体，开始在他身上抹香皂。他的身子暂停向后扭动，静静注视着母亲的脸一段时间。接着，妈妈把他放进澡盆里。他的身体渐渐放松下来，向后仰的动作也随之停下来。他看起来很高兴。他用右脚摩擦左脚脚踝，然后两脚顶住澡盆边缘。埃里克接着将头转离镜子，看向站在另一边的我。

当妈妈开始跟我讲话时，埃里克看着妈妈的脸。他身子缩向右边，贴近妈妈。他的手碰触妈妈卷起来的袖子。短暂地抓住袖子后，他垂下手臂。好几次，他用手重复这个动作，先碰触妈妈，再抓住一会儿，然后轻缓滑过妈妈的手臂。妈妈说，埃里克喜欢感觉婴儿床材质和他的衣服之间不同的质感。她不觉得他喜欢她身边的玩具，不过，他真的喜欢一再伸手碰触它们。他这个星期刚刚发现了他的手臂。埃里克现在正轻轻拍打着水面。接着，他用掌心抚过妈妈的袖子。

当妈妈把他抱出澡盆，埃里克"啊啊"呻吟着。他快速挥动他的手臂越过他的头。他在抗议。妈妈把他横放在大腿上，他的头悬着。埃里克重复向后推移自己的头和躯干。当他可以从镜子里看见自己的脸时，他笑了。偶尔他会抬眼看一下镜里我的脸。

妈妈把埃里克转过身来面朝下，他倾身向前吸自己的指关节，吸了一会儿，把头抬起来，突然把头转回去，不再吸，开始注视着镜子。他的笑容渐渐淡去。当妈妈给他套上上衣，埃里克开始呜咽起来，踢着脚，挥动着手，扭着头想把上衣弄掉。最后他的手碰到他的嘴，再次吸起他的指关节。

妈妈抱埃里克到卧房，把他放在垫子上，他哭了。她立刻用很温柔的声音对他说话，并拉了他的八音盒；当八音盒唱起摇篮曲，妈妈要他注意听。埃里克安静下来，不再动。他慢慢把中间两根手指放进嘴里，开始轻轻吸起来。很快地，音乐停了。他停止吸吮，手指仍放在嘴里，维持不动，然后转头看着我的脸。妈妈说他开始认得我了。

妈妈开始喂奶时，埃里克哭了。然后他把右手2根手指放进嘴里。他用力吸着。妈妈把他2根手指拿开时，他又哭了。妈妈把右乳头放进他嘴里。他开始吸起来，边吸边抬眼看着妈妈的脸。约莫过了5分钟，埃里克把头转开，开始哭起来。妈妈说，最近埃里克常常转开头，不吸她的右乳，然后哭。她不知道为什么。他把手指放进自己嘴里，吸得啧啧响。妈妈温柔地问埃里克："怎么啦？"她把他的脸转向乳房，移开他的手，再把乳头放进他嘴里。埃里克吸了1分钟，又把头转开吸他自己的手指。他的左手碰头，脚微微踢着。

妈妈把埃里克移到她的肩膀，让他趴在她肩上。她轻轻上下抚摩他的背。他打了个大嗝。接着他再次把手指放进嘴里。他把头再次向后仰，看着我。然后妈妈抱他躺在怀里，让他吸左边的乳房。她将他搂得比以前更紧，埃里克开始吸奶，不过，妈妈很担心他只是动嘴巴，并没有真的在吸奶。埃里克的眼睛渐渐闭上，妈妈抚触着他的脸颊让他别睡着。他开始哭起来。打了嗝之后，妈妈让他吸右边乳房，他吸了几分钟后就睡着了。

妈妈把他抱到卧房去，小心地将他放进婴儿床。埃里克转身向右侧卧。他把右手的2根手指放进嘴里，左手则成杯状圈住右手。他轻吸手指，并很快闭上眼睛。

***

13周大的观察中发现，埃里克已开始体验到，母亲对他的回应是值得信赖且可以预期的。不管在喂奶之前，他体验到什么样的挫折，他似乎处在一种转离乳房的状态。现在，他好像能够表达对乳房的不悦。妈妈感受到他的抗议。她包容且试着帮他再次接受乳房。有趣的是，1周后他脸上的疹子消失了，可能是妈妈理解了他借由身心症状想表达的不安情绪。

接下来的观察中，可以看见埃里克拥有的力量及愉悦。从镜中发现、失去、再次发现自己的过程，似乎让他很享受。他不喜欢妈妈限制他的自由，当她为了安全，调整他在她腿上的位置时，他抗议。妈妈在他全身抹肥皂的动作缓和了他的抗议，他能够停止抗议并注视着妈妈的脸。

体验到母亲的抚慰，埃里克愉快地放松自己，并在澡盆里自由活动着。他四处观看，看镜子、看妈妈、看我。他不需要看着同一张脸来安定自己。当妈妈和我说话时，他转眼看着妈妈的脸，用目光拥抱她，同时他的手则直接碰触她的衣袖。他的手滑过妈妈的手臂数次。他能停止，然后一再反复这个动作，是一种对亲密关系的反复宣告。他找到了他与妈妈亲近的温柔方式，通过这个方式，他流露出对母亲的深情。他有探索的能力，玩澡盆里的水，然后再回头去轻触妈妈的手臂。这些动作都在表达他的情感。"我很放心——我可以玩水——我可以四处看看，妈妈会一直在那里。我很安全。"因为妈妈一直在那里，所以他不需要一直"抓住"什么，于是便能持续探索周遭环境。妈妈一再满足了他的需要，使他的安全感得以持续更新。

以前，当妈妈抱着他在腿上，埃里克就能接受安抚。现在，当她没有准确满足他的需要时，他能向妈妈表达他的不高兴。当他觉得不对劲，他就抗议。例如，当妈妈限制他的动作、把他抱出澡盆擦干他的身体时，他表达他的埋怨并收起笑容。当他的头被罩住，不能看见妈妈时，他就呜咽起来，踢脚并挥动双手。同时，他抗议的声音也渐渐升高，是在表达他的头被上衣罩住时的苦恼。当他看不见妈妈时，他也许认为她不见了。头被盖住让他有不好的体验，在这个不好的经验里，有一个不会满足他所需的母亲。他的哭声听起来是较为强烈的抗议，显然这个时候他感受到的不只是恐惧。当埃里克找到手指关节可以吸吮时，他渐渐恢复平静。

在妈妈将他抱回卧房时，打扰了他的吸吮，他就哭起来。然而，妈妈抚慰的声音及音乐很快就能安抚他。

稍后，一开始喂母乳，埃里克在手指被移开时哭了。他将脸转离乳房，并重新吸起他的手指。越来越明显的是，现在埃里克对母亲有更多的爱。而与她分离时的痛苦也更加剧烈，不只是害怕"支离破碎"（这是他正在经验的），同时，也包括不能随时拥有了解他且他深爱的母亲的痛苦。

就心理发展来看，他脸上及屁股的疹子消失了，显示此时他的苦恼似乎得到某些解决，于是身体上的不适便得以消失。当妈妈的行为举止不再是他熟悉并喜欢的那个样子，妈妈变成坏妈妈，而他的抗议及怒气也显而易见。妈妈观察到埃里克的抗议有个模式，似乎直接联结到他与右乳房不愉快的吸奶经验。对于婴儿的改变，妈妈有些困惑。过去，在等待及妈妈没将他抱得够紧而产生的挫折之后，他通常很能原谅，随时准备好接纳妈妈。现在埃里克有足够的心理强度，能自由表达他的抗议，而不再只是用肢体方式来"维持自己的完整"，以对抗他感受到的压力。

忍受挫折

埃里克似乎发展出新能力,在妈妈形容他说"这么棒"时,能感到满足;当这对夫妻在外度周末时,埃里克表现得"零缺点"。这次,妈妈说埃里克开始"不再低声呜咽",而且有 2 个小时之久,他就坐在婴儿车里看着每个人,神情愉悦。以下的观察描述了一些埃里克的改变。

***

15 周大的观察

埃里克非常满足地躺在卧房里的婴儿床上,吸着他中间 2 根手指头。当我走近他时,他看着我,继续吸吮。然后他把手拿出嘴外,对我微笑并发出"啊啊"的声音。他把手臂举过头,有点兴奋的样子。他用 2 只手抓取柔暖的毛毯,将毛毯拉近他的头。接着他挥动双手,他的左手再次抓住毛毯,他的右指放进嘴里。毛毯便盖住了他放在嘴里的手指。他一直看着我直到妈妈进来。

当妈妈告诉我这个周末埃里克非常棒时,他踢了踢脚,并将手拿出嘴外。他再次用双手抓取毛毯,将它向上拉至脸。他放开毛毯,然后又抓住它。她弯身抱他起来时,他一直看着她。

当妈妈将埃里克放在换尿布的垫子上,他吸吮着自己的手指,吸了几分钟。接着他一动不动地注视着我。当妈妈取走他的尿布时,他的腿缓慢动着,感觉起来好像慢动作的骑脚踏车动作,其中一脚轻抚过另一只。然后,另一只脚和腿也出现此种骑脚踏车的动作。在这个动作中,轻抚的部分似乎是整个骑脚踏车动作的重点。埃里克偶尔会抓抓穿在身上的连身衣,并碰触妈妈的手。接着他松开嘴中的手指,露出笑容后,发出"咕—哈—嘻"的一连串笑声。就在他的手于肩膀附近上下拍动时，他的声音渐渐变得兴奋。

他发出更多的声音，显然是在回应跟他说话的妈妈。他看起来很高兴，吃吃手指再松开。在他将手指放进放出的同时，他也轻轻舔舔他的腿。

当妈妈把尿布放好，开始包裹时，埃里克紧紧抓住妈妈的右手食指。妈妈说他应该放开，不过他没放。她解开他的手，不过他又抓住了。当妈妈用手拿起埃里克的手，以便让他松开她的手指，埃里克笑起来。妈妈告诉他不要再抓住她的手指，埃里克用手抚摩她的衬衫袖子和她的手。他看着她的脸，另一只手放在他嘴里。他把另一手伸向她。他改变动作对着妈妈，眼睛则看向我。他渐渐兴奋起来，开始笑。他又紧紧握住妈妈的食指。然后慢慢抚摩妈妈的衬衫衣袖、靠近手的地方。他看着她的脸。在他看着她时，埃里克向她伸出手，然后他的目光望向我，右手手指则放在嘴里。

妈妈将他的连身衣套进他的头，埃里克突然笑出声来。妈妈对他说："这好像躲猫猫。现在你藏起来了，哦，又出现了。"埃里克快乐挥动着左手。他发出"啊啊""耶耶"的声音。这些声音有不同的音高、张力和形式。妈妈见了也很高兴，她说埃里克很享受她对他说话。

妈妈抱他到客厅后，开始喂他左边的乳房。在他吸奶的时候，他继续碰触妈妈的手臂，并把右拇指放进嘴里。埃里克抓住她的衬衫。他吸吮的动作并不急，显示他并不太饿。他继续吸奶，同时望着妈妈的脸，然后望向妈妈身后一片绿色大叶子。

就在妈妈开口跟我谈话时，埃里克松开乳头转开脸望着她的脸，她低头看他，他发出"啊——"的声音，并露出微笑。妈妈将他的头转向乳房，将乳头放进他嘴里，他开始吸吮，同时看着她。他身体其他部分静止不动，手臂则静放在腰际。他的手在妈妈的衣袖上滑动，偶尔抓住它。他的手指继续在乳房上滑动。他再次抬起手并重复此轻柔的滑动，从妈妈的衬衫到她的乳房。而他身体其他部分则安静不动。

过了一会儿,他不再吸了。他抬眼望着妈妈的眼睛,神情比以前专注。然后他把2根手指放进嘴里。埃里克在妈妈腿上,她跟他玩了几分钟。他看看她,再看看我。他笑了,发出"哦——啊"的声音。然后,他的目光在房间里四处观看,包括妈妈的左右两边,最后他的目光停在妈妈脸上,并露出笑容。妈妈说,他现在醒着的时间长多了,而且他很享受这些时刻。

稍后,她决定把埃里克放回婴儿床,她告诉他别太失望,因为她要让他待在客厅里。妈妈用毛毯将他包紧,他开始用右手拉毯子。然后用两手将毯子拉到脸前。妈妈问他在干什么。埃里克把右手中指放进嘴里,再用左手遮住,然后遮住他的鼻子。他很放松地张开手指。埃里克缓慢将手滑过他的脸,然后放在另外一只手上。他松开嘴里的两只手。埃里克缓慢重复这个动作,手滑过脸然后两手交叠。

***

埃里克的脸被套在衣衫下所引起的慌张,已转变为和妈妈玩躲猫猫。他似乎开始发展出"母亲喂养他"的内在影像,她的乳房碰触他的脸,她的怀抱及她的声音全都驻存在他心中。当母亲在身边时,埃里克深情碰触她的每一个部分。用各式各样的方式亲近她,这对他来说很重要。

面对妈妈离开,埃里克最新的反应是搜寻与母亲情绪及肢体亲密的记忆。他现在能够忍受妈妈离开他的视线,是通过"重建(recreating)"被妈妈抱在怀里及喂奶的经验,包括吸自己的手指,把手放在脸上,以及用手成杯状圈住放在嘴里的手指。埃里克新的内在力量似乎源自他与内在好母亲的对话。

结论

本章聚焦于婴儿早年经验里,一些盘踞心中的重要内容,特别是他未统合的状态,及他对此状态的恐惧。缺乏照顾新生儿的能力所带来的压力,造成新手母亲失去认同感。这些观察显示，婴儿非常原始的恐惧如何摇撼母亲，使她无法理解他的需要，也无法在情感上亲近他。通过丈夫及朋友的支持，加上婴儿欢喜她的存在，并乐意接受她的安慰，使母亲渐渐发展出做母亲的自信。因为父亲能够在各方面协助母亲照顾婴儿，埃里克有2个照顾者可以仰赖。因此，埃里克能够在心中形成被所爱的父母照顾的经验，并且这些经验得以存留。

第五章

双胞胎姐妹：凯茜和苏珊

因为对遗传和环境如何影响儿童发展有兴趣，观察者选择观察一对双胞胎。同时，希望借由观察这对双胞胎的发展，探索"认同（identifications）"及"认同历程（identity formation）"的复杂内涵，并了解孪生情谊中的高危险因素。在选择观察对象时，因为找不到同卵双胞胎，最后找到一对异卵双胞胎姊妹，出生时早产9周，剖腹生产。双胞胎之一苏珊的情况一度十分危急，因为她在母胎里被另一个婴儿挤到子宫一角。当医生只能听到其中一个婴儿的心跳，而苏珊的状况很不乐观时，医生决定立刻动手术。整个情况超过观察者的预期，变得十分复杂。反省生产前的经验如何影响婴儿后来的发展，及父母的心理状态，是观察者在过程中的重要体验。观察者原本的兴趣是区分孪生子个性中天生与后天习得的部分，但观察开始后，她参与了这对双胞胎早年生命的痛苦挣扎，整个情况充满了能否生存下去的真实焦虑，观察者被卷入痛苦的情绪风暴中。

父母亲

双胞胎出生后5天，医院里的护工介绍我与父母认识。

母亲皮肤黝黑，三十几岁，她躺在床上，显得疲累且疼痛。她好像忘了前一天护士告诉她，我希望能够观察这对婴儿的发展。她说，她还在服用很多药物的阶段，所以大部分的时候都觉得昏昏沉沉的。

婴儿观察　----------------------　Closely Observed Infants

父亲进到病房，热情地大声说话，仿佛要平衡妈妈声音里的虚弱和疼痛。他说，他和妈妈的家族里都有双胞胎的记录，所以他们并不讶异生了双胞胎。我很惊讶父母完全没有问我任何关于我想定期来观察的事，他们似乎很乐意有人每周来探访他们1次。我不禁猜想，他们可能是对很寂寞的夫妻。

妈妈告诉我，生产的过程非常痛，"简直糟透了"。怀孕前几个月，胎儿的发展都很正常。第6个月时，照了超声波。妈妈说，其中一个婴儿看起来"就像一只猴子"；她有了这个婴儿可能"不正常"的想法，而这个想法让她非常紧张。她告诉我，她曾对她先生说："如果这个婴儿不正常的话，我不想要。"接着照了X光，发现其中一个婴儿情况危急，被另外一个婴儿挤到一边，而且只能听到一个婴儿的心跳。这时，医生紧急给妈妈动了剖腹生产手术，婴儿早产9周。不过被挤压得很厉害的那个婴儿，发展上慢了5周，所以她算是早产14周。我第一次见到妈妈时，她还没见到婴儿，因为她还站不起来，而婴儿在保温箱里。她深信其中一个婴儿已经死了，直到父亲带了婴儿的照片来给她看，好让她放心。*妈妈说，明天她应该可以见到这对双胞胎了。

妈妈对怀孕及生产过程的描述有几点不清楚的地方，她说得仿佛一切就是这么自然。她说话的样子好像没有问问题的空间，后来的情况渐渐表明，此种不提问题的习惯是她个性的一部分。

我在此要用后来收集到的资料，简短形容一下这对父母。妈妈看起来大约35~40岁，实际上应该更年轻一些。她来自东非一个小村庄，她的家人至今还住在那里，只有一个小妹妹跟他们一起住在伦敦。

她的身材和姿态是典型非洲人的样子，不过她的五官看起来像亚洲人。她的父系家族来自斯里兰卡。我从未见她穿过毛料衣物，即使天气非常寒冷。而婴儿穿衣状况也一样，即使她们的健康情况一直很不好，我也未见她们穿保暖衣物。

---

* 事后反思，我认为母亲在怀孕后期，特别是产后5天内见不到婴儿时，对苏珊健康状况的极度焦虑严重影响了她的期待。

第五章
双胞胎姐妹：凯茜和苏珊

妈妈体态丰满，给人一种身体强健的印象。她的手掌很大，像男人。她的脸非常甜美，笑起来的时候显得更年轻。她说话的声音很轻柔，英文并不好，文法和发音都差。10 年前，她和妹妹来到伦敦，在伦敦机场工作，一直到她结婚。她在工作场合认识了她先生，他的样子完全和她相反。

他看起来能力很好、很有教养，也很有魅力，他常会用自己这些迷人之处突显妻子的缺乏。他是个身材矮小、圆胖、40 多岁的男人，在机场上夜班，我进行观察时，他经常在家。他很擅长做东西，很积极地改善他们家的状况。他在家时，总是忙东忙西，也许这是他避免涉入家庭太深的方法，不过这也可能是他贡献自己的方式。

母亲受的教育不多，对于她的缺乏知识的情况，父亲常显得不耐烦，甚至有点瞧不起她。她对此倒是没有一点怨言，好像她也期待先生这样对她。在照顾孩子的分工上，明显是妈妈负担所有困难的工作，而爸爸享受与女儿玩耍的快乐。

从观察一开始，这位母亲就想与我建立朋友关系。她要我以她受洗后的名字称呼她，给我看她家人的照片，把她穿不下的衣服送给我。我渐渐感受到她似乎很担心造成我的"负担"；她好像很怕我体验到她所感受到的"空"，她给我礼物是为了补充我的资源。与此有关的行为包括：她至少每个月 1 次改变客厅里家具的摆设，房间里也是；而婴儿穿的衣服则总是不同。这些持续的变动或许也显露出她的不满足。

尽管她对我有基本的信任，但她还是对脏乱和不够整洁感到不好意思。她从不让我看她帮婴儿换尿布，如果房间没有整理，她也不喜欢我进到卧室去看婴儿睡觉。一开始我认为这是她想保留家中私人领域，不过这种情况一直持续。也许源自她觉得在照顾婴儿方面，自己表现得并不好，而她不想让别人看见这部分。

父亲如果在家，总是想要引起我的注意力。他喜欢"说明"一些他认为只有他才知道的事情：他屈尊俯就的神态让我觉得，也许他认为所有的女人都需要教育。不过，他渐渐减少高压的态度，变得热切地想知道我的看法，后来他慢慢能坐着看婴儿玩游戏而且显得很有兴趣，不再像以前坐着就睡着了。

在医院里

***

18 天大的观察

婴儿18天大时,我进行了第一次观察。两个孩子都插管喂食。妈妈每天用奶瓶喂她们一次。这位妈妈告诉我,她没有足够的奶水喂她们,后来有一次她告诉我她试过了,但非常困难。

她非常高兴见到我,并很抱歉没能给我泡杯咖啡。她谈到医院的情形,说2个孩子可以在医院里多待几个星期让她松了口气,因为她还没有准备好要在家里照顾她们。她也谈到她和她先生在家里做些什么事。谈了10分钟后,她把我介绍给婴儿。凯茜睡在婴儿床,苏珊在妈妈腿上由妈妈抱着,刚刚吃完奶,我记得我在想她们俩这么像,恐怕我得花上一些时间才能分辨她们。第一次见面,妈妈便很清楚地让我知道她多么需要被观察,唯有她自己得到一些注意后,她才能让我把注意力放到婴儿身上。这渐渐成为日后观察的模式。妈妈接着很快说,她已经注意到2个孩子的不同之处,对她来说,知道这些不同点似乎很重要。苏珊的体重增加不少,而且吸奶的状况比凯茜好,但她也比凯茜容易醒。她们出生时的体重一样,都是1.67千克。

妈妈把苏珊放回婴儿床后,她很快就睡着了。凯茜刚醒,妈妈去准备奶瓶。过了一会儿,凯茜简短哭了几声,妈妈把她抱起来时说,凯茜都不哭,苏珊常常哭而且哭得很大声。她语带埋怨地说:"从病房另一头就可以听到她的哭声。"妈妈一边帮凯茜换尿布,一边说这孩子怎么喂都行,苏珊则得先换尿布再喂奶。走廊传来一些声响,妈妈说凯茜对任何声音都很敏感,而"苏珊只认得她爸爸的亲亲"。凯茜吸奶时一直看着妈妈,她把整瓶奶都吃完了;妈妈恭喜她,并很骄傲地向护士提这件事。凯茜在妈妈怀里显得很舒适、放松。观察才进行一半,我就有种很深的感受,我觉得自己只看见了一个婴儿。事后我决定再选一天回来观察苏珊。

***

第一次观察的过程中,"好像什么东西没注意到"的感觉不只成为我的个人经验,也成为研讨小组的体验,我的同事们总在讨论结束时深感挫折,因为没有足够的时间看2个婴儿。

***

4周大的观察

我去观察苏珊时,她4周大,妈妈不在。为了配合先生的工作时间,她改动了来探视婴儿的时间。

苏珊刚刚吃过奶,护士给她换了尿布,她躺在婴儿床里。除了我之外,没有人在房间里。她看起来想要入睡,但又害怕睡着的样子。好几次,她阖上眼又突然张开;同时她一直把拳头放进嘴巴再拿出来。过了半个小时,她看看四周,然后把手拿到眼前,很仔细地盯着它看,直到她的手歪斜地落在脸上。她看起来很吃惊的样子。她在快要睡着时,又突然醒过来;她碰碰自己的鼻子,然后她的手落在毛毯上;她再次把手举起至面前,然后手又落下;她的手指离眼睛非常近,那动作看起来好像要把手指戳进眼睛里。最后,她把拇指放进嘴里,然后她的头倾向脸颊旁的手,睡着了。

***

将头靠向自己的手似乎安抚了苏珊，让她有东西可以攀附，克服恐惧的感觉并顺利入睡。她花了将近1个小时才睡着。我觉得苏珊试着想与能安抚她的外在客体建立联结，先是手部的动作，然后是把手指压向眼睛，最后将拇指放进嘴里。她好像利用她的手来填补结束喂奶后的空隙。当苏珊感受到她有东西可以攀附并吸进嘴里，她也就能享受手给脸带来的支持。

在家观察：母亲和婴儿之间初次互动

父母住在离伦敦相当远的地方，没有什么休闲场所。最近一家商店步行约要半个小时。他们的公寓很小，陈设很简单。2个婴儿没有自己的房间，他们的婴儿床就放在父母的床尾。

***

6.5 周大的观察

婴儿44天大时，我首次在家观察她们。她们在医院里待了37天，妈妈取消了婴儿回家后我们约定的第一次观察，她说她们还没有完全安顿好。我想，她的意思不只是他们家里该做的事还没完成，还包括她自己还没安顿好，一切尚未就绪，不想有人来访。

妈妈在卧房喂苏珊，凯茜睡在婴儿床里。妈妈似乎很高兴看见我，不过不好意思的感觉更多一些。妈妈用奶瓶喂苏珊，苏珊渐渐睡着了。妈妈很疲惫地说，喂苏珊总是要花很多时间，因为她常常吸着吸着就睡着了……爸爸把苏珊放进婴儿床时，她哭了起来，爸爸调整她的姿势，她还是哭；最后，他把她抱起来放到他们床上，苏珊继续哭着。父母俩对我说，苏珊真是他们的麻烦。她真的很坏，她哭得太多，吸奶时间太长。她也不肯在凯茜之后换尿布。妈妈直截了当地说，苏珊要到了她想要的每一样东西。

……我注意到妈妈在喂苏珊奶时，并不真的抱着她或亲近她的身体，她只是让苏珊靠在她手臂弯里；苏珊把手臂靠在自己身侧，大部分时候眼睛都闭着——仿佛她对吸奶毫无兴趣，得不到任何愉悦。妈妈接着喂凯茜，她很快就吸光整瓶奶。凯茜直直盯着妈妈看，并用一只手抓住妈妈的上衣，另一只手则握住奶瓶。显然凯茜与妈妈有比较多的联结，妈妈说凯茜很乖、很安静。凯茜用她的眼睛、嘴巴和双手搜寻，并找到了安顿自己的方式。

妈妈请我抱一下苏珊，她抱着凯茜到厨房泡咖啡。整个气氛变得非常混乱……

妈妈谈起他们之前那栋房子，爸爸则展示给我看他刚买的录像机，并放了部影片，同时收音机是开着的，稍后爸爸又介绍他们家的3只猫给我认识。

我觉得他们给我看一些新奇、兴奋的东西，分散我的注意力，也许是因为他们认为当观察员一定很无聊。在这个时候，爸爸还无法感受婴儿很有趣，他"希望她们赶快长大，这样她们会对他比较有反应一点"。

***

回想这第一次在家的观察，我发现其中已蕴含了许多亲子关系的重要特点。父母两人在心里为2个婴儿找到暂时的位置：一个"好"婴儿和一个"坏"婴儿。妈妈一次只能注意一个婴儿，她要求观察者抱另一个。父亲话里的兴奋似乎有着分散注意力、热络气氛的企图，也许这是他解决自己沮丧、无聊或空虚的方法。当妈妈离开房间，他便打开录像机；当她心里只有婴儿时，他就介绍家里的猫。

***

8 周大的观察

观察中,我和苏珊被单独留在房间里。

妈妈到浴室去帮凯茜换尿布。苏珊突然醒来并开始大哭。我很惊讶她哭声如此有力,而妈妈继续待在浴室,没有过来,这也让我很吃惊。妈妈终于进来房间,但苏珊仍在哭。妈妈抱起她,走向浴室,一点也没有想要安抚她的意思。苏珊哭得更用力,当妈妈抱着她一进到房间,凯茜也开始哭起来。妈妈把苏珊放在沙发床上,抱起凯茜说,她肚子有点不舒服,可能消化有点问题。苏珊还在哭,妈妈要我把苏珊抱在我腿上。我注意到她僵硬的姿势;她的头向后转面对着墙,专注看着那面墙。

我感到妈妈一次只能照顾一个婴儿,也就是说,倘若一个婴儿得到她的注意力,另一个就要不到。她的内在似乎不足以供应 2 个婴儿,我认为她迫切需要我的注意力。有时,妈妈自己渴求注意的需要,让我感到她觉得自己就像个小孩。

***

10 周大的观察

我注意到妈妈用 2 种不同的瓶子来喂婴儿。妈妈解释说:"喂苏珊吃奶比较复杂,她会一直把奶洒出来,所以我用比较大比较短的瓶子,这样比较容易握。"

妈妈把苏珊抱得离她有点距离,苏珊一直闭着眼,她的手臂下垂着，好像只有将头靠在妈妈肩上来支撑自己。苏珊哭了一下，便分神四周观看。妈妈不停地跟我说话。等苏珊睡着了，妈妈把她放在膝盖上摇，摇醒了她，又拿玩具来引她注意，苏珊显然一点也不喜欢。

***

母亲与苏珊的关系

***

11 周大的观察

我听妈妈说，苏珊严重感冒，前一天晚上几乎无法呼吸。妈妈把正在上班的先生叫回来。经过几个小时，苏珊的情况好转，所以他们没有找医生。她告诉我，她好怕苏珊会死掉。她看起来非常疲倦且紧张。苏珊躺在床上，频繁地哭着。妈妈说，她哭是为了引人注意。爸爸也在，他认为苏珊习惯"假哭"。"苏珊老是在我小姨子下班回来时哭，因为她知道她阿姨会一直抱她抱到半夜。"苏珊似乎发现，她可以从这个阿姨身上得到一些她无法从父母那儿获得的温暖。

***

13 周大的观察

妈妈让苏珊靠在她肩头，为了帮她打嗝。苏珊盯着墙看，手臂垂在身侧。妈妈并没有碰苏珊的身体，只是让她靠着她。然后她让苏珊坐在膝上，她的脚向着妈妈的肚子。苏珊整个向后仰躺，然后盯着天花板看。妈妈再把奶瓶给苏珊喝，但她没吸。在我的观察中，一再出现妈妈抱苏珊时会与她保持一段距离的现象，而苏珊则借由绷紧肌肉并盯着天花板看，来撑住自己的情绪。在我观察期间，她的哭声从未被当作一种沟通方式加以回应，也没有得到身体上的亲近和安全感。

***

14 周大的观察

妈妈告诉我，虽然苏珊的消化情况有好转，不过她还是很麻烦。医师开了一些药给她，她现在比较少哭，不过夜里还是经常醒来，给爸爸和她造成困扰。妈妈仍然继续否认这个婴儿需要特别的照顾。妈妈一边跟我谈话，一边让苏珊坐在她膝上。当她哭时，妈妈批评她是个不乖的小孩，并帮她换个姿势。她让苏珊横躺在她膝上，并且脸朝下面对地板，她的手和脚则悬空着。妈妈规律地拍着她的背，不过苏珊继续哭着。她用手抓住妈妈的衣服，并从这很不舒服的姿势抬起头来，给我一个很难看的表情。过了一会儿，妈妈把苏珊拉起来，看着她，让她不要再哭了。苏珊安静下来。然后妈妈立刻把苏珊交给我，说她要去泡杯咖啡。妈妈一消失在门后，婴儿立刻大哭起来。

这次观察，妈妈还告诉我，她有个妹妹一直吃她妈妈的奶到3岁，后来偶尔还吃，一直到她5岁才断奶。妈妈露出嫌恶的表情说，她一点也不妒忌她妹妹，因为"小孩吸奶是很恶心的画面"。一说完，她便把苏珊拉着放在她膝盖上，抖着膝盖摇她并说："我们来跳舞，我们来跳舞。"

***

妈妈借由不抱苏珊、尽量不碰她，以减低婴儿的需求对她的冲击。苏珊得忍受的不舒服，似乎与妈妈对其妹妹吸母乳的扰人记忆有关。喂奶的画面激起妈妈一些不好的感受，而我觉得，她脸上的嫌恶表情，以及接下来摇晃苏珊的动作，似乎是她用来防御这些感觉的方法。苏珊的需要唤起她对家中小妹的记忆，同时也可能激起妈妈自己内在贪婪的部分。妈妈似乎不相信成长的自然历程：通过满足孩子的依赖需要，帮助孩子走向分离与独立。

另一方面，妈妈似乎能够了解2个婴儿不同的需要，而提供不同的奶瓶和喂奶技巧。然而令人惊讶的是，她从未试着考虑苏珊的种种不适，可能源自怒气、不舒服或肚子有气；她总是以同样的方式回应她，分散婴儿的注意力至别的地方，想办法用一些刺激的游戏来消除婴儿的感觉，而不是吸纳婴儿的这些不适感。

妈妈似乎觉得苏珊很难相处，她没有生气、无趣、情绪低落、肥胖而迟缓。这些感觉似乎也呼应了父亲常带给母亲的感觉。也许，苏珊让妈妈想到了自己的依赖。当她觉得自己没有当母亲的能力时，婴儿就变成极重的负担。

母亲与凯茜的关系

虽然观察凯茜与观察苏珊是在同一时间进行的，体验却完全不同。有时甚至有种感觉，好像凯茜生活在完全不同的环境里。

婴儿9周大时，妈妈开始担心凯茜的健康，她胃不好。

***

10周大的观察

妈妈喂凯茜喝奶瓶里的奶，抱她躺在大腿上，身体很靠近。凯茜规律地吸着奶，看着妈妈的脸，双手扶着奶瓶。她暂停一会儿，闭上眼睛。妈妈温柔地抚摸她的脸颊，要她别睡着了。凯茜又开始吸，20分钟就把整瓶奶都吸光了，吸吮的动作伴随着暂时的停顿。妈妈语带包容地说凯茜喜欢这样，她很尊重凯茜自己的速度。喂过奶后，妈妈抱凯茜坐在腿上，温柔地按摩她的背；婴儿紧抓住妈妈的衬衫。

***

14 周大的观察

凯茜得了重感冒。在我进行观察的 1 个小时里，妈妈都抱她坐在腿上，说她会这样一直哭是因为不舒服。当凯茜拒绝喝奶时，妈妈说，她有消化的困难，最好等一等，过一会儿再试。当凯茜看起来很痛苦时，妈妈就把她抱近一点，让她像胎儿一样躺在她怀里，并说这个姿势最能安抚她。凯茜很快就放松下来。

***

16 周大的观察

妈妈逗凯茜玩，边唱歌边碰她的手指、手和手臂。这对妈妈而言很不寻常，因为她很少不使用玩具当作媒介来吸引婴儿。凯茜似乎比苏珊"真实"许多。妈妈并未困在与凯茜的经验里，她允许凯茜有自己的律动，并能用身体的接触来安慰她。她似乎也很清楚可以要求多少。凯茜对母亲的回应则包括看着她微笑、全心全意向着母亲，并表现出欢喜母亲拥抱的神情。

***

凯茜是个"教科书宝宝"，她吸奶吸得很用力、睡眠规律、很少哭，身体很健康。苏珊则需要较多注意和耐心，这是早产可预期的结果。读者大概会预期因为她发展比较慢，需求比较多，所以会得到父母较多的照顾和保护。不过事实上，父母的反应正好相反。他们似乎感觉凯茜比较迷人、可爱，而且比较不会勾起父母的焦虑。整体来看，凯茜成长的状况和心满意足的神情让父母安心不少。很遗憾的是，苏珊出生时已经比较孱弱，出生后相对被忽略，导致发展较缓慢。

忽略苏珊的同时，妈妈也表现出对苏珊病重的极度恐惧和忧虑。她第一次提到这件事是谈及苏珊出生时的危急状况；后来，她不止一次提到苏珊在天气热时有呼吸困难的现象。这些时候，妈妈显得很紧张，花很长的时间谈她，以释放自己的焦虑。当她觉得苏珊可能死掉或健康受损时，她也许再次体验到怀孕时情况危急的感受。也许在拒绝苏珊的行为背后，是想要避开失去的痛苦。她因此不许自己意识到苏珊是个活生生的婴儿。后来，妈妈谈到她想到医院去帮助临终病人，这似乎进一步指明"死亡"是她的心里想着的事。

后来的发展

当这对双胞胎 17 周大时，我第一次观察到两人之间简短的互动。

***

17 周大的观察

凯茜躺在沙发床上埋怨着妈妈不在，我把苏珊放在她旁边；凯茜的哭声渐增，而苏珊立刻有反应，她对她姐姐笑了 2 次。妈妈告诉我，先前有一回，当她们俩坐得很近时，凯茜踢了苏珊，把她弄哭了。

***

在第 5~6 个月时，妈妈改变了她的看法：两个婴儿都很聪明；晚上都不易入睡，因为开始长牙了；两个人用一样的方式回应她。妈妈在评述两个婴儿时，把焦点放在共同点，而非差异。这个重要的变化似乎给苏珊的发展带来飞跃。暑假过后，当我回到这个家进行观察时，两个婴儿已 8 个月大。苏珊看来长了不少，变高而且变壮了。她对着我笑，露出两颗门牙。凯茜还没长牙，令我惊讶的是，她看起来很害羞且退缩，好像不认识我似的。

***

34周大的观察

虽然苏珊看起来比较大，不过她还无法坐直，坐时会斜向一边。她看起来很满足，好奇地观看四周。她看着自己的脚，然后伸出两只手去碰脚。然后，她仔细观察起衣服上的一条缎带，开始玩起来，她把带子拉高放低，愉快地玩了约莫10分钟。

***

从这个时候开始，苏珊经常显露出自处的能力，可以玩玩具玩很久，她通常玩的是一个立方体或是瓶盖。凯茜则正好相反，她可以坐得很直，不过她很快就厌烦某个玩具，而要妈妈给她另一个，她会用手指明她要哪一个玩具。

接下来的观察里，苏珊经常对观察者微笑，也会让人明白她想要站起来或跳跃。她会发出一些像是语言的声音，偶尔还会起头和人"聊天"。她对观察者的兴趣及互动能力，显然多过她对父母的兴趣和互动；她对衣服和饰品特别有兴趣。相反地，凯茜非常安静且严肃，当她被放到观察者的腿上时，她会发声抱怨，并哭起来。实际情况是，这个时期，凯茜面对陌生人会显得很焦虑，而苏珊的社交反应则在增长中。

与父亲的关系

这个时期，父亲在观察中的主动参与已成为固定的部分；妈妈常不在现场，她在厨房里忙，熨衣服或洗东西。从婴儿出生一直到夏天，父亲常在我进行观察时睡着。

他一向很注意两个婴儿之间的差异：他不只忽略苏珊，还常公开拒绝她。他习惯叫苏珊"胖妞"（虽然他明知苏珊并不胖），也常转身离开她。

***

36 周大的观察

父亲进门时，苏珊并没有转向父亲，反而盯着我的毛衣和胸针看：她想把胸针拿下来，不过最后放弃了，她轻柔倾身向我，爸爸则仍在一旁直叫她"胖妞"，吸引她的注意力。然后爸爸告诉我苏珊太胖了，他说，她就像他太太娘家那对双胞胎一样，而凯茜苗条得就像他家的人。

父亲有强烈的诱惑凯茜的倾向，他总是给凯茜糖果或巧克力来吸引她。凯茜会爬到他腿上，用手抱住他；然后他会很骄傲地对我说："看到没？她要的是我！"

***

父亲不断告诉我凯茜在发展上出现进步的情形，却很少谈及苏珊。有时候，我觉得我需要提一提苏珊的进步，这么做对我很重要，我就做了。父亲的回应是，苏珊发展得比凯茜慢多了，然后我觉得我得提醒他苏珊严重早产的事实。这时，我发现自己因认同"被拒绝的孪生儿"，而卷入到家庭冲突中。

苏珊经常搜寻着父亲，当凯茜从父亲手上得到一些东西而她没有时，她的忌妒也很明显。也许是为了逃避这痛苦的处境，她会开始盯着窗户看，脱离争夺父亲的竞争者角色及其他的不愉快。

婴儿观察 -------------------- Closely Observed Infants

**

38 周大的观察

　　父亲躺在扶手椅上看电视，把苏珊抱在他腿上。她正在喝奶，拿着奶瓶对着爸爸。她一喝光，爸爸立刻把她交给我，然后离开房间。妈妈和凯茜在厨房。苏珊开始发出声音埋怨起来，我抱起她来，让她面对我。苏珊朝我浅浅一笑，然后转头去盯着窗户看了约 5 分钟。妈妈抱着凯茜进到房间来，把凯茜放到父亲腿上，然后去泡咖啡。凯茜手上抓着一张纸玩，把纸放进嘴里，露出恶心的表情，然后她望着爸爸的大肚皮，看了好一会儿。她伸手摸他的下腹，最后她的手向下滑至他的生殖器。爸爸把她抱起来，举高过头，对苏珊说："苏珊你看，凯茜是超级辣妹！"爸爸给苏珊一张信封，她拿着玩起来；他转向坐在他腿上的凯茜，她正在玩爸爸的项链。苏珊发出一些声音，声音渐大。然后她用两手拍我的膝盖，最后又把目光盯着窗户看。

**

　　苏珊头 3 次切断自己的感觉，似乎与父亲在场及他对凯茜的态度有关；不过稍后，在没有任何外在刺激的情况下，苏珊又有这种出神的样子。
　　父亲经常造成这对姊妹之间的竞争，他会刺激苏珊去做凯茜已经做到的事。

　　爸爸走进房间，抱起凯茜；苏珊很生气地看着。爸爸走到桌旁坐下，递给凯茜一块饼干。他叫苏珊的名字，要她自己拿一块。妈妈把苏珊放到地上，虽然他们知道苏珊还不会爬。不过，她想办法用"游泳"的姿势游到房间中央。此时，爸爸拿了饼干给凯茜（那块应该给苏珊的饼干），放到她嘴里。然后他对苏珊说："看，苏珊，凯茜有饼干！她是个聪明的好孩子！"苏珊盯着爸爸看，然后她把眼睛转开，望向门，往门的方向移动。

从这个例子可以发现，苏珊的出神所传递的是因被父母拒绝而退缩，并到其他地方寻求满足的现象。有时候，观察者会成为她注视的焦点。凯茜还是安静的孩子，在口语表达上比苏珊少许多。

11个月大时，凯茜已经有能力爬一段很长的距离，而苏珊一直到13个月大时，还不太能爬。他们肢体发展模式相当规律。凯茜9个月大会爬，14个月大会走；苏珊14个月大会爬，19个月大会走。

一岁大

圣诞节后，苏珊不再对观察者微笑，反倒是看起来很悲伤；在靠近观察者时，她几乎要哭了。凯茜则有浅浅的笑容。妈妈感觉到观察者的惊讶，她说，苏珊过去几周来非常依赖她（她先生不在家）。我观察到的实际情况是，她只想跟妈妈在一起，一旦妈妈想把她留给观察者，她立刻哭起来。妈妈说，她很担心苏珊这么黏人怎么办，她在想是不是要去看医生。凯茜对苏珊和妈妈之间这种新的亲密程度非常妒忌，常会试着要加入她们。因此，妈妈常得一次抱2个。她语带埋怨地说，她右手臂非常疼痛。经过这个圣诞假期，妈妈变得更能回应婴儿的需要，特别是对苏珊。可能是因为父亲不在家，或是发生了其他观察者不知道的事情。苏珊似乎发现，呈现自己的情感比切断它要来得令人满足。此外，在父亲不在的期间，凯茜可能比较没有竞争的压力，因为父亲总是鼓励她竞争，这也许促使苏珊找到办法更靠近妈妈。

这个大转变也显示，父亲的嘲弄带给苏珊极大的痛苦，它损害了她的自信及期待；这也表示她需要隔离自己的感觉，因为父亲的态度实在超过她所能承受的负荷。当这个因素移除后，她开始能够表达并努力获取母亲的注意力。

父亲回家后（在婴儿12个月大时），他们取消了当周的观察，因为苏珊的气喘很严重，需要看医生。这严重的气喘可能与面对父亲回家，她得重新适应其压力有关。1周后，母亲通知我苏珊还没好，而凯茜吐了整夜。妈妈把凯茜留在家里给阿姨带，她则在医院陪苏珊。呕吐的情形显示，对凯茜而言，这个状况也很难适应。她是否无法涵容母亲及苏珊不在引起的焦虑和不安？呕吐的现象也表示，她以身心症状反映她精神上承受的压力。

接下来的观察中，苏珊看起来很苍白，姊妹两人都感冒了，不过她们仍然穿着平时的单薄衣衫。苏珊有一只手包了绷带，妈妈告诉我她前一天烫到了。这件意外发生在厨房，妈妈抱着苏珊给爸爸的杯子倒热水时，苏珊突然把手伸出去。他们带她去医院接受治疗。除了这件意外，苏珊看起来就和平常一样，微笑地看着妈妈和观察者。

1周后，苏珊把茶倒在妈妈腿上。妈妈非常不高兴地埋怨说："这孩子老是搞这种事，因为她总不注意看她在做什么！"父亲则继续埋怨她发展迟缓。然后两个孩子再次争着要坐到父亲腿上。

***

71周大的观察

妈妈坐在桌子旁，抱着苏珊坐在她腿上。有东西掉落地上，妈妈弯身去捡。苏珊抓住妈妈的手臂免得自己掉下来。当妈妈坐好时，突然发出尖叫，因为苏珊倾身压到她手臂疼痛的地方。妈妈痛得流眼泪，爸爸说这没有什么（不过显然被它可能的后果吓着了）。过了一会儿，妈妈恢复平静并对苏珊说（我把苏珊接过来放在我腿上）："你这个坏小孩，你老是伤到妈咪！"

***

几天后，苏珊同一只手又被烫到，他们再次把她送到医院去。

这所有的意外或许可视为苏珊渴望延长与妈妈的亲密感的表现，她在父亲离家的那段时间找到了这样的亲密感，如今，因为妈妈得应付太多需求，于是她只好采取此种方式。或许可以将这些意外理解成一种惧怕被母亲遗忘或被"抛下"的信息传递。发生在她周岁前后的这些病痛和意外，或许也和妈妈因孩子生日重新经验当时的焦虑、难产及生命起始的脆弱有关。凯茜则表现出另一个极端，充满了成长的兴奋，特别是她顺利地开始走路时。

结语

本观察最大的兴趣在于，孪生儿产前经验对出生后生理发展及行为特征的影响。

因为是早产儿，苏珊的成熟度比凯茜低，随后也显得较有活动力、易醒，也比凯茜易躁动、容易饿。以同卵双生子为对象的研究也发现同样的特质，这显示在出生前，他们就已具备了这些特质。

出生后，妈妈形容苏珊是个贪吃的婴儿：出生后第10天，她们同时接受食管及奶瓶喂奶，苏珊就比凯茜吃得多。15天大时，苏珊比凯茜重5克，接下来她一直都比较重。18天大时，妈妈告诉我苏珊哭声很大，令人难堪。这个特质保留下来，一直维持"很吵的"婴儿的形象，虽然部分原因可能是她呼吸困难。18天大时，父母发现苏珊比凯茜容易醒来，这个现象也一直持续下去，变成她的睡眠模式：她不易入睡，晚上容易醒。

苏珊出生前的经验是：安全堪忧，没有适当的成长空间，这给她造成挫折。或许她哭声里的绝望，也传达出一些对存活的焦虑：她出生后的饥饿感及不安宁，也许反映她在子宫里未得到足够滋养。这使她成为一个需求很多、很难照顾的婴儿。她的缺乏从心理及生理两方面显现出来。她的健康状况很差，满月前一直有消化的困难，开始吃固体食物后也有消化问题。气喘发作让父母带着她跑了好几趟医院。她在这些事件中，显露出与母亲分离的巨大焦虑。

照顾这样一个焦虑而需求很多的婴儿，强烈加重母亲对自身养育能力的忧心，也造成她沉重的负担。母亲一开始的反应方式是，把婴儿视为绝对的好或坏。她视苏珊为贪婪、永远不满足，有时候甚至是令人嫌恶的婴儿。母亲自己儿时亦有被拒绝的感受，被笨拙、肥胖等字眼羞辱，而这些记忆与她对苏珊的感受交织在一起。在她的婚姻里，她又重复此种被贬低的经验。

妈妈认为，凯茜是个健康而可爱的宝宝，而苏珊则"贪得无厌"，应该要离她远一点。她尽量避免碰她、抱她或亲她。当她真的与苏珊亲近一些，她也显得毫无乐趣。

苏珊对此的反应是退缩，减少与母亲的互动。喂奶时，她不看妈妈，当妈妈抱她在腿上时，她也不曾抓住妈妈的衣服。因为两人之间缺乏满足的、活泼的互动，苏珊未能发展出对母亲的安全依恋。苏珊因而把她的注意力转向没有生命的东西，花很长的时间玩玩具或瓶盖。虽然她很喜欢妈妈将她放在膝上摇晃她，但妈妈玩这个游戏的时机总不对，结果苏珊反而变得更沮丧。

苏珊在吸奶时，总会从嘴角流出奶来，以至于妈妈开始用不同的奶瓶。持续把奶洒出来的现象，也与缺乏生理及心理涵容空间相呼应，嘴和奶嘴之间、妈妈和婴儿之间"吻合度很差"。

她生病一事对母亲而言也是一种伤害，而她的埋怨总被诠释为想要更多的注意，或是妒忌凯茜拥有的。这就形成一种恶性循环，苏珊因此哭得更凄惨；然后父母亲对苏珊就更没耐性，更生气。

父亲不在家的4个星期，妈妈和苏珊有了更亲密的关系。不过父亲回来后的观察发现，这种发展没能持续。当妈妈和苏珊比较亲近时，她们俩似乎显露出相同的特征，像是"笨拙"：妈妈倒开水时，烫了苏珊的手；没有多久，苏珊把热茶倒在妈妈腿上。妈妈还告诉我，她小时候也很胖，胖到她只要一跑步，腿就开始流血。她告诉我，她很担心苏珊会像她小时候一样胖。事实上，苏珊胖嘟嘟的样子与一般婴儿并无二致。

凯茜在母腹里也经历同等的困难，虽然并未威胁到她的生命。她出生时体重过轻，喂食困难。不过回家之后，凯茜变成一个容易照顾的婴儿。她开始形成规律的进食及睡眠习惯，她的健康状况一直很好，这让她父母确实放了心。她的需求和要求较苏珊少，回应她的需要也较容易。她的魅力和深情吸引父母与她温柔地互动。第1个月在医院里，凯茜有进食困难，不过回家后，因母亲稳定的照顾与存在，情况便改善许多。喂她吃奶变得非常容易，她的回应对极需赞赏的母亲而言意义重大。

因为这两个婴儿是孪生子，她们重要的发展任务就是在彼此关系中、在与父母的关系里，找到自己的空间。有趣的是，当她们非常靠近彼此时，凯茜立刻显露出极大的焦虑。她会突然哭起来，显得非常不安，而苏珊则因游戏被粗鲁地打断而显得十分吃惊。凯茜此种退缩、与人接触会受惊吓的情况，并未引起母亲的关切。也许它也呼应母亲自己的害羞及缺乏社交。

凯茜也许感觉到妹妹是个威胁，好像有人侵入她成长所需的空间。此种对竞争将带来损害的恐惧一直持续。有时，苏珊对凯茜的回应感到困惑，而这些困惑重复了父母经常给她的负向反馈所带来的感觉，也增强了她转开对家人的注意而独自游戏的行为。在第1年解决空间共享问题的方法是，凯茜较常得到父母亲密的关照，而苏珊则把注意放在玩具、观察者（或其他成人），或自己内在，去探索她自己的资源。

第六章

安德鲁

安德鲁是家中第 2 个小孩，他出生时，哥哥 2 岁半。他的父母皆 30 出头，受过良好教育，中产家庭。父亲目前在家工作，母亲在结婚生子之前是老师。她不在英国出生，不过很小就来到这个国家。她有个姐姐住在国外，父母都已过世。父亲有个兄弟，父母健在，住在英国另一个城镇。他们的第一个孩子是个漂亮、健康的男孩，这个孩子没有任何特别的问题。

***

3 周大的观察

第一次的观察，在我们初次交换问候时，妈妈便说了很多话："太幸运了，他睡得很多，晚上也是；我第一个小孩晚上老是醒着。那真是恐怖极了！不过他现在并没有睡得很深，因为他感冒了，我也感冒了。有时候，婴儿看起来又老、又累、又无聊！"她忧心地继续谈着："有时候，我把他放在我床上，这样他有比较多的东西可以看。"稍后，她继续说："老二比老大幸运多了，因为哥哥常把脸贴近他的脸，笑着看他。这对婴儿很好，大人就不会这样。"

第一次见面令我印象最深的是，当妈妈介绍她的婴儿时，她好像无法与这个真实的婴儿有真实的接触；她的思绪似乎被一些想法盘踞，导致会对婴儿形成一些与事实不符的想法。妈妈认为这个婴儿又老、又累、又无聊，然而，我们实在很难想象一个新生儿又老、又累、又无聊。她觉得这个真实的婴儿很难了解、不易认识，她倾向把自己的想法强加在他身上。这些想法从何而来呢？她感受到的"冷冰冰的婴儿"似乎与她觉得自己冷冰冰有关；她觉得自己无法提供婴儿所需要的温暖感觉。她将婴儿放在她床上，让他有一些美好、吸引人的东西可看、可吸纳进去。她很高兴老大可以给婴儿一些温暖的感觉，老大不像她，他可以和弟弟非常亲近，对他微笑；这是妈妈觉得自己做不到的。

她也提到很担心不知怎么处理两个孩子同时对她有所要求的情况。在与老大的关系里，她很担心他会有被抛弃的感觉、会觉得她是个糟糕的妈咪；她也担心老大对婴儿会有愤怒和妒忌的感觉，于是通过强调老大多么善解人意、对弟弟多么友善，来平衡她心里的忧虑。

"我不想强迫婴儿遵循例行的规律，我希望顺着他的需要，不过，面对两个小孩真的是有点困难。现在我得同时考虑他们两个不同的需要。"

她说面对第二个小孩，她的情况好多了，比较有自信，不那么焦虑。然而，她很高兴婴儿睡眠时间很长，也许与睡着的婴儿不会提出她无法回应的要求有关。有个需求很多的婴儿引起的焦虑，都划归给"睡不着""恐怖极了"的老大。

接着，她把婴儿抱出婴儿车，好让我可以看见他。"他很瘦"（语气里充满关切），"你看他有多瘦，尿布都包不住，血管都看得见。"她一把婴儿的衣服脱下来，婴儿就哭了，哭得很伤心。在妈妈帮他清洁并擦上乳液时，他越哭越用力。当妈妈帮他把衣服穿好，他的皮肤再次被包裹时，他的哭声立刻不同：声音的强度变小、音调变低，而他很快就平静下来。

***

当衣服被脱下时，他出现恐慌及解体的反应；或许可以解释为，他的肌肤尚未有在家的感觉。他的"心智皮肤（mental skin）"尚未强壮到足以保护他免于被解体焦虑所侵袭。当妈妈脱去他的衣服时，他顿时失去了因被包裹而有的完整感。听见自己的孩子哭成这样，妈妈感受到他非常脆弱。需要她圈住他，提供他被涵容的体验，而这些需求让妈妈无力招架。她想把所有的焦虑都推给过去照顾老大时的经验，因为这些焦虑令人非常痛苦。"我觉得好紧张。他一哭，我就很担心我会伤到他，担心我没有足够的奶水。"

这个时刻，担心自己奶水不够增加了她的不胜任感。她说，她不喜欢用食物来安抚婴儿；好像她很难在心里留住食物能安慰人，以及她提供奶水喂养婴儿的画面（那正是婴儿所求于她的）。她想仰赖其他的资源，例如"说话"。"我比较喜欢大一点的小孩，他们会讲话，有什么不对，他们会说出来。面对婴儿，我们只能用猜的。"

这个时候是喂奶时间。她让婴儿吸右边的乳房。乳头滑出了他的嘴唇。妈妈没有帮他，因为如妈妈所说："他必须学习找到奶头。"婴儿吸得很温和，当他找到乳头后，他比较用力地吸了一会儿，然后又和缓下来。有时候他会停下来，像是睡着了似的。妈妈用手指轻触他的脸颊，他再开始吸。有一回，当他漏掉了乳头，他把两根手指放进嘴里。

我们可以将此种失去乳头的经验，描述为"失去一体感"。他与母亲乳房之间出现空隙的感觉，分开了他与母亲乳房的一体感，面对此威胁，婴儿的反应是使用手指来代替乳头。

这个当下，妈妈对我说："有些婴儿吃得很少，他们不想吃到全饱。这个孩子很像我第一个孩子。他们吃到全饱了才会停下来，他们会吸干最后一滴。"她把婴儿换至右边乳房："他比较喜欢右边的奶。

所以我通常在开始喂他时，会先喂他左边的奶。老大坚决拒绝吃左边的奶，这个孩子比较没有那么固执。"

妈妈好像认为，婴儿这么饿似乎不是应该有的行为。这个看法或许与母亲面对不胜任及空虚感的焦虑有关。她被婴儿可能会拒绝她的想法迫害着。她无法主动提供乳房，因为她害怕被拒绝，她要婴儿主动找，借此得到肯定。她引用别人的话来表达她对好母亲的定义，而显然这个定义对母亲要求很多："有个教授说，母亲最好能让婴儿随时拥有乳房，好让他在任何时间做他想做的，像是吸吮、休息或睡觉。"

这个婴儿在吸奶时，左脚随着他吸吮的动作而动着。他闭着的双眼也显示他完全沉浸在吸奶中，一种与母亲亲近、享受其心跳及奶水流进口中带来的连续感；在他的主观经验里，这些都为他所有，是他的一部分。接着，妈妈给他奶瓶："有了奶瓶，他就不必用力吸，奶会直接流到他的肚子去。吸奶瓶的时候，他通常张着眼睛。"妈妈好像在比较自己与奶瓶的不同；奶瓶只提供食物，而她的乳房给的不只是食物，也要求其他的回应。

***

4 周大的观察

接下来这一周，妈妈对婴儿的态度有重大的转变。这可能与观察者给她的感受有关，观察者如同"提供支持的母性客体"，全心注意着婴儿。妈妈原本很忧心自己内在并没有这样的部分，如今借着观察者所提供的经验，她这样的能力又再度活跃起来。她谈到，她很害怕她心里那个饥饿贪婪的婴儿，会毁掉他所需求的对象。观察者对"婴儿的经验"那么有兴趣，似乎也让妈妈有机会接触到母亲育婴能力中理解的功能。她对婴儿的态度变得比较开放，比较不那么忧虑会被婴儿完全占有或吸干。母婴关系变得比较放松且愉悦。她的奶水变得更多，这也有助于她重新思考乳房喂奶及奶瓶喂奶的不同。在使用奶瓶时，她希望营造以乳房喂奶的连续感——她说："奶嘴孔大，奶会直接流到他肚子去，如果用洞小一点的奶嘴，吸起来就比较像是乳房。"她也试着把牛奶的温度调到一样。这个时候的她，很享受体贴婴儿关切的小事。她现在谈起大儿子"老大"时，总会一起谈到爸爸，而她和婴儿则与观察者同一阵营。

我已经喂了他……（她看看时钟）45分钟了；早上老大不在，我们就可以慢慢来，对不对？晚上我陪哥哥（她神情愉悦地看着婴儿，笑得很甜）他好像知道，他呜呜地哭，好像饿了一样。不过他其实并不饿，他只是想要我在身边陪他，不过现在……你是唯一的小孩啦，对不对？我们现在可以一起享受这美好的一天哦，对不对？

此时，妈妈与婴儿有着偷偷在一起的亲密，这回应了婴儿想要和妈妈成为一体的渴望。当下有着排除其他所有人的气氛（不过，观察者被圈在这一体感的氛围里）。

婴儿看起来很安静。他慢慢地吸吮着，看着观察者和妈妈。他轻轻动着手和脚。显然这时他的注意力向着外在世界，向着营造他的外在世界的妈妈。她说："这孩子喜欢被我抱在怀里摇。"他看起来真的很享受躺在妈妈怀里，嘴里含着奶瓶的奶嘴，随意吸着。看来他更像在吸吮爱，看着他的母亲，倾听她的声音，享受她怀里的愉悦。妈妈似乎正在感受婴儿对她的情感，轻轻将奶瓶放在一旁，等候他的反应。当婴儿比较有反应或情绪较低落（他通常借由身体僵硬、嘴部及头部快速左右转动，来表达他的紧张不适），她都会试着把奶瓶放进他嘴里，让他再多吸一些奶。她全神贯注重复此事，直到婴儿看起来满足了。"我第一个孩子也很喜欢我抱着他，不过，他真正喜欢的是我抱他四处走动时，他可以到处张望。"她继续说："这个孩子则完全不同，他最爱的是感受在我怀里的感觉。他要的只是我抱着他摇他。你喜欢摇啊摇，对不对？"

妈妈对她儿子的需要非常敏感，特别是那些与她的希望相呼应的需要——她希望这个小婴孩全然依赖她。在这个阶段，她似乎将"成年"和"婴儿"两种面貌分派给她两个孩子，所以一个已能完全独立，不需要妈妈在身边，他需要她只是因为他还不能走；而另一个则完全仰赖她，完全没有兴趣脱离与母亲合一。

妈妈要我抱一下婴儿，她要把衣服穿好。我和婴儿面对面，他饶有兴致地看着我。他的每一个动作都显示他想靠近我，仿佛他想要将我纳进、"吃进"他里面。当我将婴儿递给妈妈，他立刻全心全意注视着她。抱着他的时候，我感觉他的身体没有一点紧张，非常放松。妈妈带他去洗澡。她说现在脱他衣服时，他不会哭得那么厉害了："他不那么害怕了，现在他知道接下来会发生什么事。"婴儿开始哭，她用毛巾将他包起来；他似乎很容易找到所需要的抚慰。她说她观察到："他不喜欢出门，那会让他很不高兴。"

***

当观察者告知母亲，她要离开几周去度假时，发生了一些改变。妈妈接下来很快让婴儿断奶，这一反应显示她自己体验到某种失落。这位母亲在观察的开始，便与观察者形成了相当强烈的联结（可能是因为她自己亲族中没有女性成员），观察暂停几周与母婴关系的变化有关。

这个时候，她希望她的婴儿是个"大宝贝"（这是她现在对婴儿的称呼），而且很受不了两个孩子"婴儿似的需求"；她谈到老大非常妒忌，要喝奶瓶。"哥哥有时候会推弟弟，我真担心他会伤到他。"整个下午，婴儿都很烦躁不安、眼泪不断；晚上哥哥爸爸在的时候，也是这样。她的奶水又不够了："他现在要不是很饿却吸不到奶，要不就是不饿、对乳房一点兴趣也没有。整夜，我都在想办法让他睡觉（不喂奶），同时，我会让他爸爸给他奶瓶。我最近要开始节食，现在，我要停止喂母乳，我得控制我自己。"节食及断奶彼此呼应着妈妈感觉到观察者到访所提供的支持与愉悦经验被剥夺了。

2周后，当观察者回来，妈妈说很多事情已经不一样了。她暂停喂母乳，婴儿现在一个人睡；晚上她不再喂他奶，改用奶嘴来安抚他。老大最近也很难搞，晚上老是吵着要奶瓶，有时候他自己拿着吸，有时候则要她拿着奶瓶喂他。现在都是爸爸用奶瓶喂婴儿；一开始婴儿不喜欢（因为爸爸把奶瓶当作食物，而她把奶瓶当作一种安抚），不过现在都好了。在这些改变中，妈妈对待两个孩子及丈夫的态度完全不同了。"当我用乳房喂婴儿的时候，爸爸觉得这个孩子好像只属于我；现在情况不同了，他会抱他坐在腿上，用奶瓶喂他，跟他一起玩。"然而，婴儿不再乐于食物。"他最近不太高兴。"妈妈说，不过他很喜欢听音乐，也渐渐对小玩具有兴趣——不过他不会玩三（指的是她给婴儿买的一种玩具，有三块，他不喜欢这个玩具）。

***

11周大的观察

我进门的时候，婴儿躺在他的新婴儿床里，眼睛张得大大的。他看着挂在床边的小玩具，想要抓住它们，因而弄出很大的声响。他挥动着手，有时候他抓到了某一个，不过他眼睛注意的是另外一个。他玩得很专心，常常把嘴巴张开、吐出舌头。一开始，他没注意到我；当看见我，他便专注看着我，笑着，然后再回头去做他正在做的事。他看起来充满活力。这样的状态维持了很久。有时候，他抓玩具所制造的声音超过预期且实在太大声时，他吓了一跳；有时候他真的抓到了，也让他很惊讶。其他时候，他什么也没抓到。他两手并用，不过只有右手抓到东西，然后他把左手伸到右前方。他一直抓不到就吊在他眼前的那个红色玩具，因为它就挂在线的正中央，在安德鲁抓不到的地方。妈妈进来拿东西，准备帮他洗澡。她微笑着，很满足于这美好的气氛。在安德鲁床左边挂着一个小鸡八音盒，她悄悄扭开它，没有打扰到安德鲁。她告诉我，他很喜欢听八音盒。安德鲁对音乐有反应，他发出越来越多的声音，看起来很享受。妈妈又进来一次，洗澡水备好了，她温柔地中断安德鲁的游戏，把他从床上抱起来。安德鲁对此有些吃惊：他没哭，没对着母亲笑，他一动不动，好像不明白接下来要发生什么事。我们进到厨房——他洗澡的地方。妈妈把他放在桌上，帮他脱衣服，他看着她，好像立刻找到接续先前感觉的线索。她逗他玩，充满深情地和他说话。

现在的他看起来比以前要快乐。他非常投入，回应着妈妈：向着她动着他的身子，微笑地看着她，笑得很甜。过了一会儿，妈妈开始洗他的脸：先擦他的眼睛，一边说话，一边轻柔地擦他的眼睛；他欢喜地望着她；接着她擦他的脸颊，然后花了一些时间温柔地抚摸他。接着，她的目光移开他的脸去帮他脱衣服，且有短暂的静默，这时，安德鲁的反应和之前对中断经验时一样：有点不知所措，他不再说话，静候接下来要发生的事。他看起来并无惊恐或烦躁，而更像是极深的失望、不知所措或失去所依。妈妈抱他坐在她腿上，面对着她，然后给他抹香皂，这时他再次深情地望着她，他们开始说话，语调中有着音乐般的旋律。

***

过去一段时间，安德鲁面对了断奶及许多生活变化，这些改变都引发他与"乳房－母亲"合一的幻想的崩塌。他似乎在适应他所处的环境，花很大力气于在母亲不在时维持自己的完整感。面对可能支离破碎的感觉，断奶也让他有机会区分他与客体、外在与内在。他正在扩展他所感兴趣的宇宙，渐渐觉察到他人及许多新事物的存在。他的游戏蕴含着探索，他对"成为两个独立个体"越来越有兴趣。他努力在做一些联结，找出可能的关联，思考"谁带来什么？"的问题。玩具对他已有象征意义，他在游戏中有了更复杂的体验；有趣的是，他能从这种更进阶的体验，很快退化到与客体合一的心智状态，而不再是"两个"。被音乐包围或许正将他推向这个方向，所以当妈妈进来抱起他时，他并没有准备好转换他的状态；他无法立即与从现实世界走来的真实母亲做内在关系的联结。当妈妈抱他在怀里，看着他、凝视他，同他说话时，他渐渐能将自己再统合起来。

音乐被选为母亲的替代品。安德鲁在听音乐时，发出越来越多的声响，这表示他借着将失落的客体与某些声音（音乐）联结，于内在再造此客体。当母亲帮他脱衣服时，没有看着他，也未与他说话（她在此时的静默），这让他也进到静默状态，而且似乎有些迷失。然而，外在客体的活力，使他能接触到来自他内在的生命力。洗澡时，他看着观察者并微笑，当妈妈在他身上抹香皂时，他饶有兴味地看着大浴巾上白色的花。通过强化把客体吸纳进来的经验，借由对支持客体的感知的确认（包括外在与内在），他能将其他人及周遭之物吸纳进来。喂奶时间一到，妈妈给他奶瓶；他躺在她腿上吸着，看起来睡眼惺忪，他看着她，但是几乎要睡着了。好几次，他闭上眼再张开眼。有一刹那，他不肯再吸，不过立刻又开始吸起来。他吸了不少，然后停下来。妈妈让他坐在她腿上，面对我。他完全清醒了，笑着，不过接着哭起来。妈妈说，他每次都在快要打嗝时哭。她把他放在肩上，温柔地拍着他的背；他打了嗝，立刻不再哭，"你看到没？"妈妈看着我说。她再把奶瓶给他，不过他很坚决地拒绝了。他看起来很累的样子。

我感觉到婴儿很享受躺在妈妈怀里，他整个人消融在妈妈怀中（当喂奶与睡眠状态联结）。现在真实的喂奶过程以较复杂的方式满足着他。清醒时对喂食过程的觉察，使婴儿意识到客体同时是好的、他所要的，也是坏的、他想拒绝的。打嗝及婴儿对打嗝的反应，意味着他正感受到被某些不愉快的东西搅扰，而这些东西此刻又与外在的不愉快联结（此时，观察者真实地感受到她也是那讨人厌的东西，把婴儿弄哭了）。打了嗝后，他似乎觉得已将那令人不舒服的东西排出，觉得松了口气。

妈妈说，白天她若将他放在床上，他不会哭，不过晚上就会。她说："他知道白天结束了，所以他才哭。他很爱他哥哥，虽然有时候他对哥哥有些疑心。"我们或许可以解释，白天躺在床上并未与被排除的感觉联结，而晚上时，他感觉到自己被丢在一旁。婴儿开始注意到妈妈和他之间有第三者。他开始承受妒忌的痛苦，也意识到家里其他成员。

安德鲁有能力也渴望完全觉知自己与母亲是不同的个体，不过此种能力和渴望起起伏伏，特别是分离感使他愤怒、痛苦或挫折时。安德鲁发现，很难放弃与母亲的理想关系，这种关系让他体验到与母亲完全合一、令人满足的幻境。

他对口语沟通的态度是一个很好的例子，从中可了解安德鲁回应"外在"世界的方式。观察者发现，每当安德鲁先发出声音，而妈妈模仿他的声音回应他时，安德鲁会非常高兴，迫不及待投入这样的"交谈"。当妈妈主动说些什么，他则会迟疑，不知如何回应，这时他参与的情形显然不同。他会很有兴趣，最后也很开心，不过在他全心投入这个游戏之前，显然有什么事打扰着他。

在他与周遭世界不同的体验之间，安德鲁对周遭环境的气氛特别敏感。想要满足与母亲"合一"的幻想时，他感受到的是带给他挫折的母亲；当母亲协助他走向"两个个体"的状态时，尽管面对那么多困难，他似乎也乐在其中，且能顺着她的带领走。

***

20 周大的观察

安德鲁躺在他的房间里，妈妈在准备洗澡用品。他有时把手指放进嘴里吸，有时则把拳头放进去舔，看起来都不满足的样子。当他舔着手时，看起来并没有抓住什么，有时候他的手很容易就滑掉了。当他吸吮着手指或拇指，他的动作也带着不确定的感觉：他的拇指未与拳头分开，所以他只能用嘴巴舔到拇指指尖。妈妈好几次进来拿东西；安德鲁转头注意看着她，他好像很好奇她在做什么，享受她的同在，但不再像以前那样会惊喜而兴奋。她告诉我，她很惊讶安德鲁认得自己的名字。

***

安德鲁渐渐能察觉到自己的感觉，这些感觉还与身体感官知觉有强烈的联结。他对嘴巴有强烈的兴趣，全心全意探索、发现位于嘴部的所有感觉，并表达它。虽然他的动作尚未非常熟练，但他好像很享受让手、嘴动作更协调的这种练习。妈妈离他有段距离，不过他通过眼睛和耳朵来亲近她；他很享受与妈妈同在时给他的稳定感。不过，在某些不安与痛苦的时候，安德鲁的活力很快就不见了。他会完全退出外在现实，借由遁入睡眠，或吸吮奶瓶，进到他个人的安全领域——"肚腹中的婴儿（the inside baby）"，幻想自己就在母亲里面或成为她的一部分而与母亲合一。

***

21 周大的观察

开始吸奶时，安德鲁非常清醒，后来渐渐进入完全与外在环境隔绝的状态。即使他张开眼睛，也是一脸茫然。

***

24 周大的观察

妈妈说："我把孩子抱出来，可能是声音太多了，或是因为空气的关系。我不知道到底是什么让安德鲁睡得那么沉,他已经多睡了2个钟头;他睡那么多,有时让我很担心。"

***

安德鲁这个时候开始吃固体食物所隐含的意义,似乎与此现象有关(他坐在高脚椅上,手里是他正在吃的东西,他的奶瓶则在妈妈手里)。新的经验似乎让他更意识到自己的嘴巴,体验到主动将食物吃进来或等待食物;随着汤匙送进嘴里,再离开,嘴巴这个空间可以是满的,也可以是空的。喂食本身有了新的律动,而它也强化了"有距离的"关系。食物的新形式与汤匙及杯子引发的嘴部新感受联结,这似乎强化并深化他对母亲各个不同部分的认识。随着渐渐认识到母亲是个外在客体,与他有别、是他所渴望需要的,安德鲁越来越想要拥有这个他害怕自己会失去的客体。妈妈说:"他现在常常很努力要抓住东西,要是没抓到,他就好挫折、好失望,然后就哭起来了。"随着这个现象一同出现的是,他对所欲抓取之物的贪求。

他把东西(围兜、毛巾、海绵、玩具)放进嘴里的样子,好像饿坏了似的,而他的饥饿又似乎与食物无关。我到他家的时候,妈妈很焦急地告诉我:"他都没有吃东西。我没办法喂他吃固体食物,他本来很喜欢的,现在连喂他喝奶瓶都很困难。"妈妈想到,可能是因为他在长第一颗牙。也许长牙冲击了他原本柔软而舒适的世界。疼痛与不安再一次阻碍他借由感官界定的轻松自在。想要咬碎或攻击母亲,并渐渐公开想将母亲吃进肚腹的渴望和幻想,而这似乎对安德鲁与实际进食之间的关系造成极大冲击。饥饿感与愤怒混杂一起,而吞食则与毁坏感交织在一起,这可能是他很饿却无法进食的原因。他咬食的动作及想象,使他的嘴充满了愤怒,咀嚼食物本身好像非常危险,最好不要把东西送进他身体里面。对安德鲁而言,积极主动与毁坏连在一起了。他只准许自己被动地吸收。妈妈说:"安德鲁不肯吃固体食物,不过倒是很喜欢吸奶瓶。"我观察到的现象令人觉得,他现在进食的方式是让自己成为一个小婴孩,静候好东西进到他嘴里。所有不舒服的感觉都是一种威胁。

第六章
安德鲁

35 周大的观察

暑假过后,观察者恢复观察的第一次,妈妈告诉我,这段时间安德鲁进食及睡眠的状况糟透了。

妈妈说:"我试了所有的方法。有一天,他只想喝奶,第二天,他又不要了;有一天,他想用杯子喝,第二天呢,看到那个杯子他就哭。晚上,他心情糟透了。好像每件事都不对;我一次,两次,三次……不断把奶嘴放进他嘴里,都没用。最后我把奶瓶给他。他终于不闹了。"

***

我们可以猜想,安德鲁感受到的毁灭冲动(destructive impulses),是造成"每件事情都不对"的原因;他不再能将"危险世界"隔绝在外,他原本相信所有不好的东西都不能进到"内在安全的地方",而这个地方充满所有的好,他可以退进其中,确保自己的安全。此时,他似乎处在一种被迫害的感觉中,他夜里烦躁不安时,也许是在害怕他于幻想中所攻击的母亲,会因被他激怒,而在黑暗里变成恐怖的怪物来伤害他。

母亲也告诉我,在假期中,安德鲁和马丁(他的哥哥)的关系有了新的发展:"他们所有的时间都在一起。他们现在常一起洗澡,不过,有几次安德鲁自己一个人使用浴室,他高兴得不得了!"谈到安德鲁,妈妈笑得很灿烂,不过这笑容很快就不见了,她告诉我过去这几周,马丁非常妒忌他弟弟。"他想要每一样属于安德鲁的东西,安德鲁则想要抢马丁拿到的。不容易啊。"妈妈叹口气,说:"安德鲁现在是破坏大王,他撕书、撕报纸,什么都破坏!他不像马丁,马丁从小就喜欢看书。"

在假期中，母亲带两个小孩所遇见的困难，似乎与她要面对与两个小孩不同的关系有关。她觉得最困难的，是同一个时间里她得面对不同层次的经验，特别是在她自己压力很大的时候，更是不容易。在这个假期里，她试着同等对待两个孩子，并把他们都当成大孩子来看待。然而，马丁的妒忌和安德鲁破坏书的行为都让她的期待落空。两个孩子的表现提醒她，他们还有幼稚的部分，会给人制造麻烦。通过安德鲁的行为，观察者感受到一个新的状况：爱与"生气、愤怒"起起伏伏，变动不定；两者的强度似乎是一样的。有时他是冷酷的小小掠夺者，有时则表现出他的温柔可人，这两个方面在与母亲的关系里特别明显。他会轻抚她的发，手臂环绕着她，用脸摩挲着她的脸，好像要亲吻她似的。他仍然对音乐十分着迷，音乐似乎对他有神奇的魔力；不管他正在做什么，只要音乐一响起，他会立刻停下来，开始随着音乐摇晃自己的身体。

***

37周大的观察

我到时，安德鲁正坐在他房间地板上，四周散置着一些玩具和不同大小的书；妈妈在整理床铺。她说："他今天起床又感冒了，还有他开始长第2颗牙了。"妈妈对我说话时，安德鲁并未抬头看妈妈。我弯腰跟他打招呼。他看看我，眼神有点茫然，看起来人在心不在的样子。他右手握着一个小玩具，然后把玩具放到左手，再放回右手，然后放进嘴里。不过，他的这些动作似乎并没有让他感觉到"他拥有什么东西，或在情绪上意识到四周的环境"。他好像毫无意识地把身边的玩具或书拿起又放下。坐下后，我把手伸向他，他很有兴趣地看着，不过他并没有看我的脸。过了一会儿，他伸手抓住妈妈的腿，心意很坚定的样子。妈妈蹲下身来，拿起一本书，翻开书来让安德鲁看书里的图片。安德鲁看了一会儿，然后拿起另一本书，最大的那本，然后把自己的脸遮起来。他用力张开自己的嘴巴，想把书塞进嘴里。书的一角进到他嘴里。妈妈仍蹲在他身边，她抱他站起来，穿着准备出门的装备：是时候到幼儿园接马丁回家了。安德鲁伸出一只手，倒向妈妈，妈妈说他们快来不及了，她得帮他穿衣服。安德鲁哭了起来，显得非常失望。走到前门时，安德鲁在妈妈怀里显得非常兴奋；他整个身体都在动，高兴地咿咿啊啊，不过妈妈一把他放进推车里，他的心情就变了。一开始，他不肯坐，然后他整个身体一动也不动；妈妈推着他，一路上他非常安静，表情木然。我陪着他们走，安德鲁一副对什么都不感兴趣的样子。

到了幼儿园，有个女孩想抱他，他似乎并不想要女孩抱他，不过他也没表示反对，仍是木然、不在意的表情。妈妈把他交到女孩手里，他还是一脸事不关己的表情。马丁很热情地握着他的手，跟他打招呼，安德鲁没有表现出任何情感或反应。回家的路上，有个妈妈给孩子们饼干吃。安德鲁接过饼干，专注地看着它，不过吃得非常非常慢。他把饼干放进嘴里，再拿出来，换手拿，然后两手紧抓着它。他把手放进嘴里用力吸着。有时候连饼干一起吸，有时候则没有饼干，只吸手，甚至连手腕都很可口的样子。唯一让他分心的是街上的一条狗。

当我们回到家门口，他整个人都愉悦起来，充满精神；等我们进到家里，他更加兴奋。马丁坐在地上玩着积木，安德鲁则忙着把玩地上他伸手可及的每一样东西。他拾起地上一个里面装有铃铛的软积木，兴奋地摇晃着它。这时我们坐在客厅里，当他听到妈妈从厨房叫马丁去吃午饭时，他开始哭起来。他很快就不哭了，马丁把他盖好的积木推倒，安德鲁一脸不解地在一旁看着。不过，当妈妈过来抱起他准备喂他时，他的神情又愉悦起来。

马丁坐在桌旁吃饭，妈妈把安德鲁放在高脚椅上，给他一杯柳橙汁，他很不高兴地哭起来。妈妈给他围上围兜，开始喂他。安德鲁吵着要东西吃；他没有用手去抓，只是很生气地哭着，他倾身向前去抓，很愤怒地在椅子上跺着脚。他把杯子丢到地上，然后把妈妈递给他的汤匙也甩到地上。妈妈给他一盘加了糖水的桃子。我帮忙扶着盘子，他用手抓着吃；因为桃子很滑溜，他抓得很辛苦。等他吃完了，妈妈再拿一些给他。安德鲁把身子倒向妈妈，抓住了她的头发。妈妈把一些桃子放到他的盘子里去安抚他。后来，安德鲁很坚决地表示他不要吃了，然后开始哭起来。妈妈对我说，他现在什么都可以吃了，可是吃得一点也不高兴。

***

观察者到时，安德鲁虽然人醒了，不过神志还很恍惚，一副与周遭环境没有关系的样子；他和玩具之间好像缺了什么，使得两者之间的关系显得十分空洞、毫无意义。这次观察中可见安德鲁与母亲之间的情绪联结决定了他的认同感，以及他与外在世界互动时赋予自身的意义。此现象是内在真实，同时也是外在现实。他非常敏感于他与母亲之间的距离，觉察到此距离后，焦虑便于其中滋生。有时候，恐惧控制了他那令人无法招架的攻击冲动（他进食时的表现显现了这部分的冲动），这种充满他心中的恐惧，是他可能失去他所爱及爱他的母亲。妈妈的同在并不足以安抚他，他更需要一些具体的证明，来确认他与妈妈之间爱的关系。他整个人趴向母亲，要求身体上的贴近，这似乎与他的焦虑有关：怕妈妈会拒绝他、推开他、不准他贴近她的好，最后使他变得狂野而充满攻击性。在进食时的种种要求，似乎交织着狂怒的指控；他的反应让人觉得，他认为母亲的供应并非出自真心。他无法感受到有个好妈妈正在喂他吃好吃的食物；他愤怒地吃着她递给他的食物，好像他得对抗一个可恶的妈妈，才能吃到他想要吃的，好像他眼中的这个可恶的妈妈把好东西留给自己或其他人，而不愿意给他。

到学校去接哥哥的路上，安德鲁好像退至内在世界。这趟出门本不是为他，而是为了哥哥的需要，这可能激起他的忌妒，而使他隐入内在世界，逃开这忌妒，以及因不能全然拥有母亲而有的挫折（企图吞吃整本书的动作）。也许匆匆忙忙出门使安德鲁和妈妈没有时间好好处理这转换，以至于让人无法忍受。他一动也不动的安静无语，似乎显示他正处在死寂状态——从原本在母亲怀里到被放在推车里，感觉起来像是令人不安的失落，不过他也可能对她极度的愤怒。当另一个大孩子抱着他时，他看起来不爱搭理人、很不友善的样子，但他很可能正处在很无助的困境里。他无法回应别人的示好，全心全意只在饼干上，他与饼干的关系正是他所渴求的——饼干可以完全属于他，他可以把它放进嘴里、拿出来，而身体的某部分与饼干交融不分（手、手腕和饼干在他嘴里似乎并无分别）。没有饼干可吃的时候，他完全迷失、无法感受到自己存在的连续感，他茫然的眼神透露了这些情绪。对他而言自己不再是母亲眼中珍宝，仿佛趋近死亡。回到熟悉的家，他立刻恢复原先的活泼，失去的希望又活跃起来——那被留在家里的好妈妈及活泼可爱的安德鲁又一起出现。

***

38 周大的观察

安德鲁坐在学步车里，看起来充满活力。他开心地咿咿啊啊，手上把玩着泰迪熊，用手指碰触熊的鼻子、嘴巴，然后把熊放进嘴里，好像巴不得吃掉它的样子，不过没有像平常那样夸张。他并未真咬那只熊，而更像是抓着熊摩擦着他的脸，虽然动作有点粗鲁，却是彼此爱抚的样子；而且他显然非常享受。后来，熊掉到地上，他弯身去捡，这可得花上很大的力气。他这个动作给我从未有过的感受。他实在拿不到，我趋身帮忙，就在这个时候，安德鲁倾身向我，抓我的鼻子、我的嘴巴，然后抓我整个脸。他伸手抓我的头发，并一抓再抓。这是他第一次这样抓我。妈妈从厨房过来，把他从学步车里抱出来，一边抱着安德鲁，妈妈一边告诉我，安德鲁现在非常黏她、爱和她亲密互动，他不只要人抱。安德鲁和妈妈挨在一起，用他的脸去蹭她的脸。

闭上眼，他趴在她肩上几秒钟，然后突然起身，很温柔地捧着她的发，碰触她的脸。我们一起走到厨房，就在妈妈要把他放到高脚椅上时，他尖声大叫。妈妈说："他最痛恨这样。"

她告诉我，安德鲁最近都不吃东西，所以她不会很认真好好准备一餐给他，这样如果他不吃，她才不会太难过。这时，妈妈给了他一片梨，他拿在手上很愉快地吃着。"他现在光靠牛奶度日。有时晚上他甚至得喝上两瓶奶。"安德鲁吃完了手上的梨，又吵着要；妈妈看起来很高兴，因为他肯吃东西。他吵着要梨吃，妈妈笑着说："通常那片梨要和马丁一起吃才吃得完。"她看着他吃，分享他的愉悦。她说，她决定趁他今天肯吃东西，多给他一点。她又给他一杯果汁，然后喂他吃婴儿食品。安德鲁显得非常有活力，他抢着要妈妈送进他嘴里的汤匙。妈妈拿另外一支用，他就玩他手上那支。这个过程中，妈妈对我说了不少："重要的是他获取足够的营养，他究竟吃了什么或什么时候吃，并不是那么重要。有时候因为小孩没在午餐时间吃饭，大人就觉得他什么也没吃，但是想一想孩子一天里会吃的东西，甜点啦、巧克力、水果，你会知道他实在吃得够多了；你可以放一块蛋糕或面包在旁边，等他发现，想吃的时候他就可以拿去吃……我想改变安德鲁的用餐时间。我们去幼儿园把马丁接回来的时候，安德鲁都会太累，也许先让他睡一觉再喂他吃东西会比较好。你看他不会太瘦吧？"妈妈看着他笑："你是胖嘟嘟的小男生，对不对啊？"安德鲁似乎很高兴妈妈所有注意力都在他身上。马丁今天受邀到朋友家玩，不在家。

他把汤匙扔到地上，又吵着要。我把汤匙捡起来给他；他一次又一次把汤匙扔到地上，有时扔到左边，有时扔到他右边，也就是我坐的地方。扔了汤匙后，他总期待把汤匙要回去。不像上个星期丢汤匙时那样生气，今天比较像是在玩一个好玩的扔汤匙游戏。妈妈提到我去拜访的幼儿园，问我："他们在幼儿园都怎么做？他们让小孩自己吃东西吗？如果小孩把盘子弄翻了，他们会给他另一个盘子吗？"这个时候，安德鲁吃了不少东西这一情况似乎让妈妈放心不少。她说："今天很不一样，他拥有我全部的注意力。可是这种事不常有啦。"妈妈站起来解下安德鲁胸前的围兜，安德鲁抓住妈妈的头发，她就让他玩。手里抓着妈妈的头发，安德鲁看起来很得意的样子。她帮他擦脸时，他把脸埋进妈妈手里的海绵里。等妈妈用干布擦干他的脸时，他更用力地把脸埋进布里，妈妈没有阻止他，让他在干布上蹭他的脸，嘴巴还张得开开的。妈妈把他抱起来，说他现在真的累了，要让他睡觉了。到了安德鲁的房间，给他换尿布时，她说夜里他会醒来好几次，所以她只能趁早上安德鲁和马丁一起玩时，睡一个钟头。妈妈补充说："其实他们也不是真的玩在一起，马丁会很好心告诉他怎么玩；等他会走路、会说话的时候，他就不会那么挫折了。有时候他好像是在说话，不过他到底说了什么呢？"

***

妈妈努力让自己不过分忧心于孩子进食及睡眠上的困难，而用她的理智来思考。她确实维持住某个程度的理性，但同时在另外一个层面，她似乎面临极大的压力。安德鲁的问题引发她极深的焦虑。对自己能提供的好东西没有信心，使她又回到早期喂母乳时的心情；安德鲁的表现让她很忧心自己不是个好母亲，不知道怎么照顾一个婴儿，我们可以从她探问幼儿园怎么照顾小孩的问题中看出这样的忧心。如果安德鲁不接受她为他准备的食物，她会感到被羞辱、被拒绝。母亲和安德鲁的关系似乎有个危险：两人会陷在被拒绝、拒绝及彼此伤害的恶性循环里，他们得仰赖彼此，一起重建信任感，让充满活力且给予生命的好母亲再活过来。

当母亲为安德鲁一人所有时，他好像比较能视她为好的母亲。他玩泰迪熊的样子，靠近观察者的姿态，及当母亲过来，他亲近母亲时的动作，似乎与他热切渴望拥有他所渴求的客体有关；他好像要把他的气味沾满所渴求的客体，以宣告他的所有权，并不准人靠近。他夜里醒来，把妈妈从爸爸那儿抢过来，似乎意味着他需要时时确认她随时都在。有趣的是，当他早上和马丁一起玩，比较不那么孤单、不那么觉得被排除在外时，他似乎能容忍父母亲在一起。

妈妈想从安德鲁长大的身躯找到她提供好东西的证明；为了补偿她在喂他时体验到的痛苦焦虑，她把所有精力全放在给他各种不同的"食物"上，全心全意鼓励他说话、走路。她说："光是看着他们是不够的，他们需要各种刺激。"所以她花很多时间翻书给他看，念各种物品、颜色、动物的名字给他听。有一天，她兴奋而骄傲地告诉我："他真的说了'泰迪'这两个字哦。"另一天，"他现在对他的脚可高兴了；他假装什么事也没有，可是其实他已经可以站了；等圣诞节后你再过来，他就要1岁了"。

***

51周大的观察

我到时，马丁为我开了门。安德鲁坐在他的学步车里，神采飞扬地从厨房经过走道向我快步走来。他抱住我，静静躺在我胸前。马丁坐在一部小车上；上个星期（假期后第一次回来观察），就是在这部车上。安德鲁在情感上完全认出我来。这会儿，他突然醒过来似的，从我胸前抬起头来，很兴奋地开始把指头按在喇叭上，发出和上个星期我弄出来的声音很像的声音："叭……叭……叭……叭。"马丁指着车上的装置要我看，那是辆送牛奶的小货车，然后他推着车子往他的房间走去，安德鲁则跟在他后头跑。两兄弟就在房间里跑来跑去，推来推去。马丁笑着，轮到安德鲁推车时，他特别开心，但他突然中断了游戏，离开房间，留下车子。安德鲁快速而专注地在马丁的房间里绕着，似乎在探索着使用这个空间的所有可能……接下来是午餐时间。当安德鲁一接到妈妈给他的汤匙，他便将它递给我；妈妈笑着说他要我喂他，我照做。安德鲁开心地吃着；他愉快而专注的神情，就像刚才他在玩游戏时一样。他注意到我的手表，他说："滴……答。"我把手表拿到他耳边；他脸上浮现着深思的神情，似乎想从我眼中找到答案、解释，或许只是与一个人分享他不凡的经验。妈妈后来问他："时钟在哪里？""爸爸的照片在哪里？"安德鲁向右看，妈妈看起来对他非常满意。到了该离开的时间，他们送我到门口，安德鲁充满深情对我说了再见后，第一次在我离开时哭了。

***

安德鲁精力充沛，愉快地和哥哥互动，男孩子气的玩具吸引着他；玩具货车不在时并未使他留在绝望中，他内在似乎已有内化的玩具货车，使他的游戏持续维持原有好的质量；他内在有个父亲，使他不至于卡在与母亲的亲密关系里。在观察过程中，观察者在某个时刻有了父亲的功能，或者说在那个时刻，他使安德鲁想起了父亲，"滴答"声提醒了他时间来来去去，不再是无止境地在一起。观察者离去又于假期后返回，或许给了他机会去处理失而复得的经验。他越来越有能力面对结束。新能力的发展使他能度过断奶的痛苦，同时在他与母亲的关系里，展开新的可能，母亲和安德鲁都对他们新的关系感到非常满意。2周后，妈妈一见到观察者便告诉他，安德鲁踏出他个人的第一步了。

第七章

罗莎

罗莎是一对年轻夫妇的第二个小孩。父亲从事的是技术方面的蓝领工作，母亲生了第 1 个小孩之后就待在家里。他们的公寓虽小却很温馨，不过他们希望近期能搬到大一点的房子。父母亲信仰伊斯兰教，不过并未归属任何传统社群。第 1 个孩子是艾玛，母亲生她时 20 岁。罗莎出生时，艾玛 22 个月大。如母亲所计划的，她的第 2 个小孩是在他们小小的卧室兼起居室出生的。母亲谈起生产经验时提到，生罗莎比较快，不过也比较痛。罗莎出生时 7 斤重，比预产期晚了 8 天。罗莎出生后第 6 天，观察者进行第 1 次观察，妈妈提到虽然她还打算要生，但第 2 胎又是女孩让她很失望，她原本希望这一胎是男孩。我后来知道妈妈自己是老二，上有 1 个姐姐，下有 1 个弟弟。

***

6 天大的观察

以下摘录的记录对刚出生的罗莎进行初步的描绘，同时呈现她如何表达自己，并对周遭的人产生影响。

我在场观察 15 分钟后，婴儿开始发出小小的声音，一开始断断续续，后来吸吮和咕哝声渐渐增加。她在婴儿床里动时，发出清脆的声响，听起来好像在与人谈话。艾玛拾起一个光着身子的婴儿娃娃。婴儿的"谈话"渐渐变成轻微的哭声，妈妈问道："是吃奶的时间了吗？我不记得了，她的哭声听起来像是要吃奶了，对不对？"妈妈走向小床，艾玛则把她的娃娃丢在地上。妈妈把婴儿抱起来交给我，她说："你要不要抱抱她？"我抱了罗莎几分钟。当妈妈抱起她，她就不再哭了。她的眼睛闭着，脸微微皱起。我很惊讶我抱着她时，感受不到她的任何情绪。

我把她交还给妈妈，妈妈坐在床上，盘起腿来，然后把婴儿放在她腿上。她把乳房放进罗莎嘴里，罗莎开始用力吸着，她的身体静止不动。几分钟后，妈妈说罗莎睡着了。妈妈让她坐起来靠在左臂上，轻轻拍着她的背。罗莎的头没得支撑，斜向一边。过了一会儿，妈妈让罗莎坐在她大腿中央面对着她。我看不见罗莎的脸，妈妈很快地说："她一整天都想要大便，脸就变成像这样。"妈妈模仿罗莎的表情。罗莎放了屁。

妈妈把罗莎抱到婴儿床边，放她在小床上。罗莎的眼睛睁得大大的，看起来很满足的样子，我觉得她好像要微笑似的。妈妈帮她把尿布解开，说着："终于解大便了。"艾玛倾身向小床，把手放在罗莎脸上。罗莎看向艾玛，然后望向妈妈。就在妈妈拿开她的尿布时，罗莎解了更多黄色的便便在小床的床单上。妈妈说："这下要洗更多了。比起上回照顾艾玛，我这次洗得比较多，不过那是因为我让罗莎喝水，喝水让大小便更容易些。"

稍后，妈妈暂时离开房间，艾玛坐在双人床上，利用枕头作支撑，抱着罗莎。当妈妈从厨房回到房间继续喂奶时，艾玛不肯放开罗莎。后来妈妈建议她拿杜狗（电视节目《神奇旋转木马》，20世纪70年代开始的木偶剧，每天5分钟，甚受欢迎）里那只玩具狗给我看，她才放开罗莎。我还是没见到杜狗，因为艾玛只注意着罗莎占住了妈妈。

妈妈喂罗莎时，艾玛在床上跳来跳去，有好几次撞到她们。妈妈伸手保护婴儿，免得艾玛撞到罗莎，不过有几次情况还是很惊险。妈妈又问我想不想抱一抱罗莎，她把婴儿递给我。罗莎在我手中显得很满意的样子，她闭着眼。不过，我注意到她并没有依偎在我怀里，她静静不动，并未完全放松。

和妈妈谈了一会儿话之后，是我该走的时候了。我准备好要离开，妈妈起身，把手放在肚子上说："几天前，我还感觉到有人在我肚子里踢着，现在我看着这个房间，心里想，她这会儿是在外头了。现在我要做的是把她养大。说真的，我觉得有点难过。"

从一开始，罗莎就展现出她有让别人了解她的能力，通过她的互动与创造的"谈话"，妈妈可以清楚地了解她的需要。我在这篇报告里希望呈现她1岁前表达能力的发展，包括她在不同发展阶段所使用的方法及内容。我试着呈现在何种情境下，她如何使用"前语言信号（pre-verbal signals）"，包括身体信号、字句及象征游戏，来表达自己。

罗莎特殊的存在及沟通方式，是在与母亲、姐姐的亲密关系里渐渐成形的。她一出生，艾玛就已经在那里了，这是环境里不可改变的部分。在这第一次观察里，当母亲提到她给婴儿喝水以帮助她排便，并借由鼓励艾玛当杜狗（同时也是罗莎）的妈咪或朋友，来协助她担起大姐姐的角色的这些细微的动作，让我感受到母亲对婴儿的敏锐认同。日后的观察资料更细微地显示出，母亲如何想尽办法要提供给两个孩子足够的空间。她一再邀请观察者抱婴儿，也许显示她希望每个人开心，且不要有人觉得被排除在外，好像任何被排除在外的感觉都会带来痛苦。艾玛难以容忍母亲和婴儿在一起的处境，也是可以理解的。罗莎些微迟缓的身体动作，可能是刚刚离开母胎的婴儿都会有的现象，一种尚未完全进到这个世界的状态，可能是（相较于其清楚的沟通及强劲的吸吮）一种对外在世界小心谨慎的态度，其中包括艾玛无法预期的干预。

***

婴儿观察 ---------------------- Closely Observed Infants

✳✳✳

21 天大的观察

这次观察，母亲的一位女性朋友及其 15 个月大的女儿也在场。我一到，母亲就请艾玛抱一下罗莎。过了一会儿，看见大人们还在谈话，艾玛受不了，开始把婴儿推开。

罗莎开始呜咽起来，妈妈立刻过来，把她放到床上。妈妈看着她，把手放在她的肚子上说："你快要长成一个小胖妞了！"妈妈解开她左边的乳房，她将罗莎抱在左臂弯里，用右手扶着乳房。罗莎横躺在妈妈腿上，紧靠着妈妈的身体；她的右手在妈妈乳房下，她的左手握住妈妈右手的一根手指。罗莎吸了 4~5 分钟的奶后，妈妈将她抱倚在肩上，轻轻拍着她的背说："她还是个乖宝宝！"几分钟后，她让罗莎坐在她腿上面对着她。罗莎很快打了嗝。妈妈问我要不要抱抱婴儿，并把她交给我（这样的邀请还是让我有些惊讶）。我接过罗莎并将她抱在我胸前。我立刻注意到她和我 2 周前抱她时不太一样：她的身体传递着感情，虽然她还是没有贴近我的身体。几分钟后，罗莎继续看着我的眼睛，但把两手放在我胸前，使劲把自己撑离我的身体。我说："你大概比较喜欢坐在我腿上吧。"我让她坐在腿上面对我后，她显然比较满意。她张着眼和嘴，然后她打了哈欠，开始呜咽起来。

接下来是妈妈的朋友接手抱着罗莎，然后罗莎被放进摇篮里，艾玛非常用力地摇着摇篮。

罗莎静静地躺了 5 分钟；她张着眼，右手遮住鼻子和左手。妈妈问罗莎是不是睡着了。她说："现在不能喂她，因为她下一餐应该是

5点。"过了几分钟，妈妈发现罗莎还醒着，她把手指放进罗莎嘴里，罗莎吸吮起来，妈妈抱起她并说："她想吃。"当妈妈把乳房准备好，罗莎立刻含住吸起来。妈妈说："有时候她喜欢干吸。"两个妈妈开始谈起孩子出生后很关键的前2个星期，她们都很担心自己没有足够的奶水可以继续喂母乳。妈妈说："如果那个时候我没有每3个小时喂一次奶，奶水就开始退了。晚上，如果罗莎开始哭，我的乳房就开始微微刺痛起来。"

妈妈抱起罗莎，让她打嗝，并说："我最讨厌抱她打嗝，每次都要花很久的时间。"

***

从一开始，罗莎就能很有效地表达自己的需要；通过她的口语表达，她让别人意识到她的存在，并沟通她想吃奶的需要。她借由身体的力道，让我知道她不喜欢我抱她的方式。她借由双眼去感受周遭环境，并辨别其不同。她应用不同声音的能力，与区分母亲、艾玛及观察者的观察力，特别让观察者惊讶。总的来说，罗莎是个心满意足的婴儿。不过，旁人倒是体验到一些痛苦的情绪。当罗莎把自己推离观察者身体时，观察者有些微受伤的感觉；妈妈则感伤于罗莎已经离开了她的肚子；艾玛则努力要在这已变动的家庭新结构里，找到自己的位置。在第一次观察里，母亲和婴儿都还在处理生产的创伤，并调整彼此身体分离后两人之间的空间距离。

第3周里，罗莎有了显著的发展，她更加贴近母亲的身体，并用手扶住乳房，同时握住母亲的手指。稍后，罗莎用右手包住鼻子左手的姿态，可能是在再创与乳房、乳头接触的经验。相较于母亲和罗莎之间的亲近和甜蜜，观察者与罗莎的关系则是一个对照：她把自己推离观察者的肩头。这个数周大、还不太能做什么的婴儿已经拥有不容忽视的力量；罗莎也许借由投射其体验中痛苦的部分（特别是被拒绝的感觉），来保有自己的完整感。

这段时期，出现了3个主要主题：母亲对其体重、建立喂食习惯的忧虑，以及艾玛对婴儿的强烈注意。

***

5 周大的观察

艾玛坐在床上,把一个画在纸上的婴儿放进火柴盒里,让纸片躺在棉花球里。她要我看她怎么做,不过当妈妈端着咖啡过来,她就放下手上正在做的,爬下床。

妈妈告诉我,她这个礼拜开始节食了。她觉得130斤的体重对于一个身高1米5的人来说,太胖了些。她注意到她丈夫比较有力气陪艾玛,她很容易就累了。我问她是不是一直有体重的问题。妈妈说,从她10岁开始,她觉得没有人爱她,就渐渐开始偷偷吃东西。罗莎开始动起来,发出细微的呜呜声。妈妈说:"她要醒过来了,她一直是个乖宝宝。"我问到罗莎的睡眠状况,妈妈说,她们似乎发展出一种"按需要喂食"及"按时喂时"的混杂模式。有一晚,罗莎一觉睡到天亮,另一晚,她则每3个小时醒来一次。妈妈说有时候喂完奶后,罗莎的脸会发青,她觉得,这可能是因为她的奶水越来越丰富的缘故。这次观察从头到尾,罗莎没有醒来,也没再发出其他声音。

***

6 周大的观察

妈妈把我介绍给她姐姐。罗莎躺在妈妈腿上,她闭着眼,我觉得她看起来大了许多。她穿了件灰毛衣和海蓝色长裤,看起来像个男孩。罗莎还在睡。妈妈告诉我,艾玛咬了罗莎的脸。她还提到丈夫在担心她有没有足够的奶水。

　　妈妈抱起罗莎，准备喂奶。罗莎贴近乳房，她一边规律地吸着，一边用手轻触着乳房。喂完奶后，罗莎的脸红红的，妈妈说她大概是大便了。罗莎很快就打了嗝。

　　妈妈在帮她换尿布时，罗莎动着手脚仿佛在运动似的，并看着妈妈。妈妈说罗莎的腿肥肥的。她把干净的尿布放上，边说着："现在你要是把它搞脏了，我可不会再换新的给你。"

　　妈妈把罗莎抱给我。我感觉到罗莎的身体比较硬实了，而且"活生生的"。她看着艾玛，表情很认真，几乎有点皱着眉。我对她说话，她嘟起嘴来。我觉得她在模仿我嘴巴的动作。她的嘴和眼有着笑意。

　　我把她抱在我肩上，她开始呜咽起来。我改变姿势让她坐在我腿上，她一开始很满意，不过很快变得睡眼惺忪、不安起来。妈妈抱了她，给她奶喝，她规律地吸了 5 分钟。

　　妈妈告诉我，她的体重下降至 121 斤了。她很高兴罗莎有越来越多的反应。她其实不太喜欢小婴儿，她说助产士说罗莎的体重刚好。

***

　　妈妈关心着自己的体重，她认为，自己有丰富的奶水足以滋养罗莎（她喝了脸都发青了），可是这对她自己是个负担，她提到罗莎的肥腿，显示她对自己及婴儿的观感交织在一起。此种认同的混淆排除了与父亲的关系，妈妈提到父亲担心她没有足够的奶水时，似乎认为这种担心表达了对母婴关系的些微敌意；这一认同也排除了艾玛，她咬罗莎的脸的举动，似乎是对母婴之间特殊亲密关系的强烈抗议。然而，当罗莎在母亲眼里成了她不喜欢的部分（肥肥的腿），罗莎便面临被拒绝的危险——母亲威胁罗莎如果在她换尿布时当场搞脏它，她将不再换新的给她。当妈妈说，她"还是个乖宝宝"时，明显可以感受到"不是乖宝宝"的意念存在。

***

7周大的观察

观察的前半个小时,罗莎在睡觉。她的手摆在鼻子和嘴上,不过稍后便移开了,只剩下一根手指靠在脸上。之后,罗莎把手又放回脸上,看起来她的拇指就放在她的嘴巴里。有好几次,她微微张开了眼。罗莎静静不动及满足的神情令我惊讶。就在她醒来之前,罗莎用手把身体撑起来,身子转向另一边,然后立刻又转回来。

妈妈说她前一晚没睡好;罗莎一夜没怎么睡,清晨4点,她喂了她,然后让她跟妈妈一起继续躺。6点,妈妈问罗莎醒了没,她回以说话声。借着透进来的街灯,妈妈看见罗莎在笑。

罗莎吃奶的时间是下午2点,时间到了,妈妈走到小床边和罗莎说话,几分钟后,妈妈把她身上的毯子拿开。妈妈对罗莎说,很抱歉把她叫醒,罗莎慢慢地、缓缓地动起来。妈妈静等她醒来,然后抱她起来,让她面朝外。罗莎张开眼,两眼惺忪。妈妈站了一会儿后,开始准备喂奶。罗莎依偎着乳房,开始吸奶,吸了约5分钟。

艾玛和我靠近妈妈和婴儿。艾玛拾起一个10厘米的哨子,笑着然后吹了哨子。艾玛粗手粗脚地把哨子塞进妈妈嘴里,然后又塞进我嘴里,笑着。她玩一玩就不玩了,然后她吐口水在我身上,她妈妈静声训斥她。不过这似乎引发她另一个攻击。艾玛打了我一巴掌,然后紧靠着我坐在地板上,身子靠着我的腿。然后她起身去拿了个黄色软鸭子:她躺在地板上,两手抱着鸭子,嘴里咬着鸭子的扁嘴。接着,她走到厨房去,找了个奶瓶,作势要把奶洒出来,然后她开始吸起奶瓶的奶嘴。罗莎继续吸着奶,不过也渐渐睡去。妈妈决定在罗莎吸另一边乳房前,先帮她换尿布。就在罗莎躺在床上时,艾玛也爬到床上躺下,把脸摆在罗莎身旁:罗莎明显地紧张起来。妈妈注意到了,便要艾玛下来。艾玛接着用手指戳罗莎的屁股。艾玛想在我面前抱婴儿，不过就在她贴近罗莎的时候，她要人把罗莎抱走。我抱过罗莎，让她面对我坐在我腿上。她很专注地看进我眼睛里，当我对她说话时，她似笑非笑。她闭着眼，就在睡眠中嘴角浮现一抹笑，然后她张开眼。这种情况重复了几次。当艾玛进到她视线内，她皱起眉头，并舔着她的嘴唇。

***

在这次观察里，罗莎显得比以前要更整合，不仅通过母亲，也通过她自己。母亲提到清晨时罗莎对她"说话"并微笑，显示出她认为罗莎越来越有反应。观察者能清楚地看见她们身体上的亲密，同时也能感受到罗莎身体肌肉的张力。这是第一次，当乳头及乳房不在身边时，罗莎把鼻子及拇指当作替代品来安抚自己。

艾玛显然想要有个婴儿（火柴盒里的婴儿），也想要成为婴儿（吸婴儿奶瓶），她对母亲和罗莎自成一体有着爱恨交织的矛盾，而这些因素对母婴关系造成何种影响，目前并不清楚。当艾玛靠近时，罗莎显露不安的情绪，观察中也可见艾玛企图打扰并破坏罗莎与母亲的喂奶关系。艾玛一靠近，罗莎便舔唇并皱眉。她在安抚自己并试着减轻焦虑吗？母亲描述她让罗莎跟她一起睡在大床上，也暗示了罗莎对父母关系可能的影响；在她的描述里，父亲并未被提及。夜里喂奶自然免掉了艾玛在场的打扰，母亲和罗莎显然很享受这样的平静（罗莎的微笑）。

断奶及玩耍

以下所摘录的观察记录，呈现断奶的过程及玩耍能力的精致化，其中一些内容显然与断奶有关。这些内容也从心理层面说明了罗莎体重太轻的问题。1岁时，她的体重只有13斤，理想标准应是20斤。

***

20周大的观察

  罗莎趴着,头抬得高高的。她盯着我端详许久,表情认真,非常专注地看着我。接下来的10分钟,罗莎似乎非常愉悦地在探索自己的身体。我感受到她由内而外体验着、以新的方式运用并控制着自己的身体。虽然她处在专注自我的状态,却仍能意识到我的存在,并掌握着我的注意力。她发出"谈话式"的声音。我对她说,她好像很高兴让我知道她的能力。罗莎笑了,发出更多清晰的字音。似乎她越来越能操控她的舌头,而不只是咿咿啊啊。罗莎渐渐静下来,并专注于自己,不过仍继续留意着我对她的注意。约有20分钟她连续地说话,间杂着几次静默。有几次,她显得有些倦怠。

  稍后,我将罗莎抱坐在我腿上,她玩着自己的手:她两手分开,手指指着她的衣服,然后她两手手指交错,一起放进嘴里。这样的程序重复了好几次,不过有时候,她只把拇指放进嘴里。罗莎也在试着感受自己的脚,尝试着摆出站立的姿势。

  15分钟后,我注意到她先是凝视着我的毛衣,然后渐渐专注地看着我的左乳。没多久,她开始哭起来。我知道她中午吃过了稀饭,不过,我不知道她吃过奶了没。妈妈接着说,她喂了罗莎一边的奶,现在她开始吃固体食物,就不一定吃另一边的奶。妈妈抱起罗莎,让她吸左边的乳房,罗莎吸了10分钟后,在妈妈怀里睡着了。妈妈说罗莎咬了几次乳头,她的牙齿挺利的。妈妈没有叫出声来,因为她觉得叫了罗莎反而咬得更凶。

  当妈妈将罗莎放到婴儿床里去时,她哭了起来。这是新观察到的现象,好像她希望有人抱着她。妈妈把手指放进罗莎嘴里,然后让我看手指上的咬痕,罗莎继续哭着,不过哭得并不厉害。

21 周大的观察

我坐在地上，罗莎的小床旁。罗莎侧躺着，盯着我看，脸上没有笑容。我觉得她似乎想要弄清楚我是谁。

妈妈谈起，有个朋友14个月大的孩子上星期死了，是被苹果噎死的。罗莎身上盖着被，她把缎被一角拉进自己嘴里，然后哭起来。妈妈抱她起来，应艾玛的要求，妈妈把罗莎放进艾玛的玩具车里。罗莎脸色发白、全身紧绷，她的眼睛"瞪得像铜铃一样"，她看起来很害怕。艾玛闹着要妈妈注意她，最后妈妈便把罗莎交给我。罗莎坐在我腿上，两脚顶着我的肚子。她看看我，然后看看妈妈。罗莎把两手握在一起，然后把两根拇指都放进嘴里，接着把左拇指放在右手拇指和食指之间。她经常转头去看妈妈。妈妈告诉我，罗莎现在一天吃3次固体食物。罗莎哭了，我觉得她想让妈妈抱。妈妈抱了她，不过没给她奶。罗莎张开嘴，妈妈告诉她，没东西可吃了。

妈妈把罗莎放在地上，她趴着，眼睛盯着1个泰迪熊，妈妈则在一旁读故事书给艾玛听。

***

23 周大的观察

罗莎坐在婴儿学步用的弹簧带里，好像很舒服。她现在可以吐出一些字音，还变化地发出清晰的声音；我可以听到她清楚地发出"B"的音。罗莎在吐出一些字音时，流着口水。妈妈说，看来她要长更多的牙了。罗莎盯着那个橡胶磨牙环看，不过，大部分的时间她四处走动，并不断发出声音吸引我们的注意。

妈妈喂她喝奶瓶里的水（有助于排便，自从开始吃固体食物，她排便就有点困难），艾玛想拿瓶子。罗莎两手拿着瓶子，妈妈扶着瓶子让她可以喝到水。艾玛每隔几分钟就把瓶子拿去放进冰箱。我抱着罗莎，她调整成站姿，站在我腿上。她充满活力，不过并不紧张，她的动作有着身体的亲密接触。她拧了我的左乳房好几次，并第一次碰了我的脸。

当妈妈让我看他们要买的新房子时，两个孩子的情绪都低落下来。

***

30 周大的观察

这是放了 3 周假期后的第一次观察。妈妈告诉我，这个礼拜她走到哪儿，罗莎就跟到哪儿，爬得可快了。她不喜欢离妈妈太远。妈妈也注意到，罗莎比艾玛容易紧张。例如，她不能忍受吸尘器的声音，所以妈妈没办法好好打扫家里。

罗莎刚睡醒，艾玛不肯让出高脚椅，妈妈只好抱着罗莎喂她吃。妈妈不确定罗莎喜不喜欢素食，而罗莎迫不及待一口吃掉汤匙里的食物。艾玛还是不肯从高脚椅上下来，并不断发出声音来干扰妈妈。

等妈妈喂完罗莎，艾玛从高脚椅上爬下来，我看得心惊胆战，她则稳如泰山。妈妈把罗莎放在这把椅子里，艾玛立刻爬上去，想挤进去和罗莎一起坐。罗莎坐在高脚椅上，看起来个头虽小，但长大不少；她静静坐着，细细研究着我的脸。妈妈过来边笑边摸着罗莎的脸颊。罗莎开始轻声笑了起来。

稍后，在客厅里，罗莎自己坐了起来，把地板上好几个玩具拿起来吸一吸。妈妈说罗莎现在会站了，她应该表演一下。妈妈把她的手放在三轮车的座椅上，罗莎站起来，身子弯曲成 60 度角，她弓着背，屁股往外翘。艾玛过来把车子推走。妈妈鼓励罗莎去推坐在婴儿学步车里的艾玛，不过罗莎更喜欢玩散置地上的玩具。妈妈离开房间，罗莎立刻跟上。她一开始手脚并用爬行，然后变成只用手往前爬，身子在后头拖着。

***

31周大的观察

接下来这周，罗莎爬得非常好了。妈妈告诉我，她和先生上个星期有2次让艾玛禁食，因为她的一些行为令他们很不高兴。他们这么做是为了她好。妈妈说，他们的管教是关心孩子人格发展的正常反应。

***

32周大的观察

罗莎坐在高脚椅上，看起来很舒服，她坐得更挺且更有自信了。（艾玛不在房间里。）妈妈把汤匙沾了蜜，敲敲托盘，再放进罗莎嘴里，她立刻吸吮起来。她发出更多的声音，像在与人说话。罗莎把汤匙丢到地上，妈妈捡起来。罗莎拿着汤匙玩了几分钟后，再把它丢到地上。妈妈不理她，她弯身去看地上的汤匙，妈妈还是不理她。罗莎开始吸起手来，隔一阵子就把拇指放进嘴里。她渐渐滑下高脚椅，我以为她就要滑到地板上去，妈妈注意到了，抱她坐好，给她玩具茶壶的盖子，罗莎立刻把它放进嘴里。

妈妈说，她这个星期注意到罗莎说话能力的发展。她开始发"爸爸"的音，而且有自己说"哈啰"的方式。妈妈也注意到，罗莎对音乐特别有兴趣，她会随着收音机里传出的古典音乐摇摆。

***

***

35 周大的观察

　　我到时,罗莎刚睡醒。她趴在地上做出爬的姿势,然后站起来,微笑。艾玛摸着罗莎的头,然后爬进婴儿床。妈妈边说罗莎需要一个摇篮,边抱起她来。艾玛留在婴儿床里,跳上跳下。妈妈把罗莎放在客厅地板中间,罗莎爬到我身边,用手轻轻摸着我的脸。她把拇指放在我唇上,弹拨着。然后她坐在我旁边的地板上玩着。偶尔,罗莎会站起来,专心看着我的嘴,有一次她摸了摸我的鼻子。罗莎玩着有长把手的铃鼓。她反复将把手中大大的结放进嘴里,有一次,她试着想把它放进我嘴里。

***

41 周大的观察

　　罗莎坐在地上,自己拿着奶瓶吸着,非常专心地吸。她用两手拿着奶瓶,静静吸着。妈妈告诉我,罗莎咳了很久,她带她去看家庭医师,因为她很担心罗莎一直咳个不停,还有体重太轻。她担心了好几个月了,一直不知道该怎么办。她也提到罗莎从椅子上跌下来,跌得不轻。她好几个小时静悄悄的,让妈妈以为她"完蛋了"。妈妈在谈这件事时,只把它当作一件事情来讲。

　　艾玛在厕所叫妈妈帮忙擦屁股。罗莎放下奶瓶,很快跟着妈妈到厕所去。当她们3个人都回来时,罗莎把奶瓶拿起来,不过艾玛很快就把它抢走。她拿着奶瓶躺到沙发上,身上盖着垫子,躺在那儿半个小时,好像在床上似的。罗莎爬到沙发上,没有要拿回她的奶瓶的意思。她拿了艾玛先前给我的画,捏挤、吸吮着。妈妈试着吸引罗莎玩学步车,没成功。罗莎站在妈妈腿旁，想爬上去，却爬不上去，她哭了，最后妈妈抱她起来，让罗莎面对她站在她腿上。罗莎碰着妈妈的头，笑了。妈妈把罗莎放下来，同样的事又重来一次。这回，妈妈告诉艾玛把奶瓶给罗莎。艾玛没有反应。妈妈再次把罗莎放到地板上，这次，她把一条裙子盖在罗莎头上。一开始罗莎有点受惊，不过这很快就变成一个游戏，罗莎把裙子拉下来，妈妈说："喵！"罗莎笑得很开心。

***

断奶引发的情绪

罗莎5个月大时，开始断奶，10个半月大时完成断奶。一开始妈妈让她吃固体食物，只让她在中午时吸一次奶，然后再渐渐断掉中午的母乳。在这个改变的过程中，罗莎有时候会咬奶头，妈妈如果叫痛，她会咬得更用力。同一个时期出现的另一个现象是，妈妈若将罗莎放进婴儿床，她会哭着要人抱。罗莎7个月大时，她已经爬得非常熟练，并跟着妈妈后头到处爬。妈妈观察到罗莎很怕吸尘器。这可能与她这个时期花很多时间待在地板上有关。也许她的"容易紧张"与她自身的"虐待冲动（sadistic impulses）"有关联：她是否害怕吸尘器会把她绞成碎片吸进袋子里，就像她咬着乳头，幻想自己吞吃了它一样？此外，这个阶段的观察记录还包括第一次听到父母"让艾玛禁食"。禁食似乎是父母用来去除不良行为、让孩子变"好孩子"的方法。令观察者感到惊讶的是，后来妈妈说，罗莎断奶的最后阶段（从早到晚都不让她吸乳房），正好是妈妈的30天斋戒期（伊斯兰教的斋月）。妈妈说，这个月她努力让自己不要有"不好的想法"。同一个时期，妈妈也在担心医院给罗莎做的检查结果，他们怀疑罗莎有乳糜泻，但后来证实罗莎体重太轻并不是因为这个疾病。妈妈似乎觉得进食有可能是一种有害的活动（妈妈提到两件事：小时候偷吃东西来安慰自己、因吃苹果而噎死的小孩），这样的担心特别显现在她的孩子对食物的焦虑上——罗莎对离她而去的乳房的愤怒、艾玛对妈妈喂罗莎吃奶的忌妒及干扰，两者对妈妈来说都不好处理。

值得注意的是，观察者也对没注意到罗莎体重没增加一事感到自责及忧虑。有相当长的一段时期，断奶的痛苦未能得到应得的注意和考虑。对母亲乳房及母婴关系的攻击（特别是艾玛的干扰）未得到涵容，这置罗莎于非常真实的危险中，当母亲无法在其心智空间里包容并调节其爱恨交织的矛盾，情绪便以身心症状呈现。

思考及沟通的发展

追溯罗莎5~10个月大的发展，可见其沟通能力渐渐精致的历程。7天大时，罗莎"会和人说话"的能力令人印象深刻。接下来6个月的"语言发展前期"的口语活动，渐渐发展至发出"噗"音，"控制操弄她的舌头""更清晰的声音"（5个月大）、"更清晰精致的吐字"（快6个月大时）。7.5个月大时，她开始发出"达达"音，并有"哈啰"的口形，"她与人聊天似地发出更多声音"。

罗莎玩的游戏也越来越精致，并体现她渐渐发展出整合的能力，以及分辨内在、外在现实的能力。例如，第5个月时，当她玩着手、手指时，它所唤起的情感显然指向乳房及乳头，表示她已有象征性的表征能力。我们可以猜测当她探索自己的胸膛，找不到乳房，然后将两手手指交织在一起时，她创造了一个想象的乳房及乳头，暂时舒缓了她的焦虑（因真实乳房、乳头不在身边而且她咬了乳头，产生了焦虑）："她先是凝视着我的毛衣，然后渐渐专注地看着我的左乳。没多久，她开始哭起来。"缺席的客体在她心中有不同的面貌：含在嘴里令人满足的乳房，以夹在拇指和食指之间的另一根拇指代表；接着是沾了蜜的汤匙，她把它丢掉，妈妈再帮她捡回来。这个时候，罗莎把铃鼓把手上的"结（knob）"含进嘴里，此时她心里所想的似乎是和音乐有关，只要一扭"开关（knob）"，收音机里就传出美妙的音乐。也许她现在能够命名的"达达",也与她所感受到的母亲生命力有关。此外,罗莎对父母之间的关系越来越有兴趣。

　　罗莎天生有承受强烈情感的能力,以及相当的思考能力;本观察记录呈现了这些特质如何影响罗莎的家庭经验,以及她如何适应其家庭。母亲的人格特质,特别是她的某些个人焦虑影响着她照顾孩子的方式。令人深思的是,母亲暂时还没有能力看见造成其焦虑的原因。艾玛的妒忌及需求似乎唤醒了罗莎的警觉,也让她一出生就得学着应对与姐姐分享母亲的处境。这个因素或许影响着罗莎游戏中呈现的深思及认真。这份记录没有什么机会观察到父亲在这个家庭里的角色及地位。然而,在心理层面上观察者本身有时发挥了父亲的功能,而她内在被唤起的一些感觉,也许也反映了这个家庭的某些情绪。

第八章

哈利

我在母亲怀孕时即通过全国助产协会与她联系。她很乐意和她的婴儿（哈利）一起接受观察。这是她第 2 个小孩，哈利出生时，她第 1 个孩子乔治才 2 岁。父母两人都大学毕业，母亲本身说英文，离开自己的国家到英国来求学。

***

26 天大的观察

这对夫妻的家坐落于绿荫街道上，是独栋的大房子。前院的铁门不好开，而院子里那条活蹦乱跳的纽芬兰犬又让我一路困难重重。

佣人帮我开了门，并告诉我妈妈在楼上，她带我到客厅坐，然后去通知妈妈。妈妈下楼来，虽然她有着丰满的乳房和还未消退的小腹，但她看起来很瘦小、弱不禁风，像个孩子。她直直的长发披散着，苍白的脸上，眼睛显得特别大。她笑着跟我打招呼，并告诉我，其他人在午睡，她则小睡了 40 分钟。她邀请我和她一起喝杯咖啡，于是我跟着她到厨房。看起来小孩都不在。她说她刚刚瞄了一眼，小婴儿有快醒来的迹象，等一下就要喂奶了。她告诉我，早上 6 点婴儿醒来的时候，她喂了他；11 点时，则是她把他叫醒喂奶。

婴儿观察 Closely Observed Infants

　　她说这个孩子很乖，晚上睡得很久，她很喜欢，因为半夜2点、清晨6点喂奶很累。乔治就不一样，他没办法睡整晚，一直到他5个月大，情况才改变；喂奶前后都哭，她每4个小时有2小时是在喂奶。她告诉我，这个婴儿叫哈利，他很容易饿。喂完奶把他放下后，他会稍稍哭一下，不过不会哭很久。佣人把乔治带进来，他看起来很困的样子。妈妈说他平常很好动。这段时间，那条狗都在一旁绕来绕去。

　　妈妈问及我正在做的研究及我的工作。她提到研究有时候会持续很长的时间。她说，白天她都在楼上喂奶，问我要不要上去。她谈及她的学位及她后来做个人助理的工作。她说："那很像是保姆。"

　　婴儿在父母卧房，睡在窗户旁的婴儿床里，床旁边有个取暖器。他的头上方摆了只毛绒动物玩具。卧房里乱糟糟的，到处是婴儿的用品。哈利趴着睡，头朝着墙，两手举至头旁，手握拳。他的头和脸红红的，头发茂密。妈妈把毯子拉好。我注意到哈利把两腿缩向身体。妈妈把两只手放在哈利的背上，轻轻摇他。他动了一下，移动了两手，但没有张开眼睛。妈妈停下来扎她的头发，为了方便喂奶。她还准备了尿片在床上。她说，如果哈利自己不醒，她会叫醒他；又说，今天上午11点那次喂奶，哈利其实没有完全醒。她抱起哈利。他的头往后仰，身体则维持原状。她说，他还没办法控制自己的头。她把他放在换尿布的垫子上，并告诉我，他醒着的时候，她换了小床的床单。哈利伸展四肢，哭了起来。他的头转向一边，眼睛还没完全睁开。妈妈很快且熟练地换了他的尿布。移开尿布时，他大声哭着。她对他说："很冷，对不对？"妈妈解释道，胎儿晚了11天还没生，她被带到医院去催生，结果一到医院，她就发动了。经过14个小时，医院的人告诉她，如果要保住孩子，就得剖腹，因为胎儿难产，生不下来。当时胎儿的鼻子被挤压得很厉害，他的头被向后扯，所以现在他很难控制他的头。她说，两个儿子的生日本应是同一个月份，不过这个孩子晚到了。她原本期待生个女儿。医生让她不要让胎儿太大太重，因为她个头儿很小。她盛赞医院给她的服务，说一开始一片混乱，不过后来就越来越好，比生乔治的那家医院好多了，那家医院实在不怎么样——她被麻醉到根本不记得生产过程。她不想再经历一次那样的情形，所以她联络了全国助产协会，参加他们的课程。他们为她推荐了这家医院。

她抱起婴儿，让他倚在她胸前。他把手臂和腿缩向身子。她坐在床上准备喂奶，背靠着墙，腿往前伸，咖啡和面纸就在她的左手边。她建议我坐到床上或靠床尾的椅子上。我选了椅子坐，虽然坐在这里无法有很好的观察角度。（若要有好的观察视野，我会选坐在他们旁边。）她拉起毛衣，给哈利右边的乳房，他伸展四肢，打起哈欠，然后重新缩起四肢。妈妈发出声音鼓励他吸奶："来啊！来啊！"他转过头去，找到了乳房。他用力吸吮，还发出声音。妈妈露出痛苦的表情，并说他真的吸得很用力，她的乳头很痛，得擦保护霜，虽然她以前喂乔治都没有问题。她原本想，哈利也许会渐渐知道他不必吸得这么用力，不过他还是一直吸得这么用力。我问妈妈，哈利是不是从头到尾都吸得这么用力。她说不是，不过，他从来没像乔治那样吸着吸着就睡着了——即使他睡了，也会在她要把他放进小床前醒来。

哈利继续吸奶，他原本用力缩起来的腿渐渐伸展开来。他那贴近妈妈身体的手臂举起来并弯曲，但没有碰到乳房。吸奶时，他的拳头渐渐松开，看起来放松不少，且吸得比较平静。约莫5分钟后，他松开乳头，发出像打嗝的声音（不是真的打嗝），用鼻子摩擦着乳房。妈妈说，他已经开始会这样跟她玩游戏，松开乳头，然后自己再找到它；有时候他找不到，妈妈就把乳头送进他嘴里。她再把乳头放进他嘴里。他先是吸得很用力，发出一些声音，然后渐渐平稳下来。这段过程，妈妈一边喝着咖啡一边和我聊天，并不时低头看看哈利。她看起来很放松，而且很自在地让哈利慢慢来。他又放掉乳头，有点呼吸急促的样子。妈妈问他是不是要打嗝，并让他坐起来。他大声地打了嗝，并吐了些奶。她笑出声来，说她两个儿子都不太文雅。她抱起他，让他倚在肩头，拍着他的背。他打了更多的嗝。他仰头向后去看她，然后头又落回她身上。他又再次蜷缩起来。她让他躺在她怀里，把右边的乳房给他，他安静地吸了一阵子。我看不见他的手。他的脚静静不动，只偶尔踢几下。

妈妈说，她尽量不严守时间，而且补充奶瓶喂他，虽然他奶瓶的奶吸得不多。她说，自从她从医院回来，她就不知道他到底喝多少奶。哈利继续安静地吸着奶。他几乎没有任何动静，我心想他可能睡着了。妈妈告诉哈利，她觉得他已经吸够了。她让他坐起来，拍他打嗝。他的头微微晃着，很快地打了嗝。她再把他抱倚在肩头。他蜷缩成一团，静静不动。妈妈抱他躺向左边乳房，一阵犹豫后，他再次激烈吸吮起来。这次，她没有圈住他让他贴紧她的身子。他的腿向外斜伸。过了一会儿，她把他的身子转过来贴近她的身体，圈住他。

妈妈告诉我，外婆这次没空来，上回生乔治时她来了。外婆建议她请个护士，不过她不太想，因为她已经决定要自己带小孩，只是需要"多一双手"帮忙。于是他们就雇了个人帮忙做家务。她说乔治和安琪（Anges）相处得比和她还好。早上喂奶的时候比较麻烦，因为安琪不在，而乔治总是在她喂奶的时候吵着要东西。我问她是不是在英格兰长大的，她告诉我她的出生地，她到英国是来念书的。她谈到她上的两门课，她上其中一门课时，就把孩子留给安琪；上另一门课时，则把孩子留在托儿园，她说那个托儿园非常棒。还说她很喜欢出门，不过她还没跟哈利一起出过门，因为她的肚子还很痛，没办法推婴儿车。哈利静静地吸着奶，看起来平静而放松，几乎没怎么动。

她说她想去教幼儿，可是她先生泼她冷水说，她的声音像蚊子一样小，怎么教小孩？她继续说，他们给她买了有大花园的房子，可是现在空在那儿，她先是被一个孩子绑住，后来又怀了一个。她笑着补充说，给孩子一个球再把他圈起来，当妈妈就很容易了。她回头谈起喂奶瓶的事：她在想每天晚上固定让哈利吸一次奶瓶，因为她不想再像以前喂乔治那样，有被绑住的感觉。她没有让乔治吸奶瓶，结果断奶很困难。她给乔治喂母乳到9个月大，这让她觉得被绑住了。乔治6周大时，她曾把他托给邻居，结果他尖叫不止。她希望可以把哈利托给别人带一下，所以，她得知道要给他预留多少奶。

哈利再次松开乳头。妈妈抱起他，让他倚着她的左肩。这回，他一直把腿伸得直直的，顶住妈妈的肚子。她说，这样让她很不舒服，便把他抱高一点。他尖声长叫，妈妈说："哦，不要在我耳边叫。"狗跳进来。她对它大叫，要它出去。她对狗大叫时，哈利呜呜哭起来。（喂奶期间，乔治也在一旁又吼又叫，但哈利似乎并未注意。）妈妈让哈利躺下再吸奶，他静静地吸着。

妈妈又回头谈喂奶瓶的事。她提到全国助产协会某些成员所持的理想主义，她们认为喂奶瓶是不适当的。她觉得这非常不切实际，她从乔治身上学到，做你能做的。她继续说，当乔治第一次愿意吸奶瓶时，她深感他背叛了她。"我觉得他接下来就要离家去结婚了"，她嘲笑自己的这个想法。她告诉我，生产完头两天，因为伤口等情况她没办法亲自给哈利喂奶。护士抱他到她床边，用奶瓶喂他。第3天，他们认为她应该试试看。她说她不介意。她想办法给婴儿喂母乳，靠着枕头支持，婴儿躺在她身旁。她说当时她沮丧极了，很像她当初生完乔治后的感觉，觉得非常疲倦，甚至得吃镇静剂。她提到其他剖宫产的小孩都放到保温箱去了，只有哈利一出生就大哭，所以不需要待在保温箱。

远处传来乐团的音乐声。妈妈对哈利说："听，有音乐哦！"哈利停止吸吮，发出咯咯声。她抱他起来，拍他打嗝。她说："我想你是吃够了。"妈妈让他面对着她坐。看着他，她说："哦，你还要。"于是她让哈利再吸奶。他吸了一会儿就停下来。她把乳房拿开，拿起他的手放在他肚子上说："好饱，好饱。"她再把乳房放进他嘴里，他又吸了一阵。她说:"小猪仔。"他吸了一会儿后,哭了起来。她抱他坐在腿上,说:"好了,好了,现在你肚子痛了,是不是啊?"(前后约喂了1个小时奶)他呜呜哭起来。她站起来,抱着他在房间里边走边拍他的背。他立刻安静下来。她告诉我:"我想如果我抱他起来走走,他就不哭了的话,应该情况不是太坏。带第2个小孩,你比较不会那么紧张。"她又走了会儿,然后说大概可以把孩子放下来了。她停下来,还抱着他。她一直站着,他静静地没动,贴近妈妈的身体,一只手臂举起来,抓着她的衣领。她还站着的时候,他张大眼睛四处看,目光短暂在我身上停留了一下。

妈妈让他趴着躺在婴儿床里。她说他不会马上哭。他喜欢有人在旁边,只要听见她在旁边的声音,他就不会哭。哈利好几次抬起头来,又放下,张着眼睛。妈妈说,乔治在这个年纪时,脖子的肌肉比较强壮,因为脾气不好、常大叫的关系。我说我该离开了。我下楼,互道再见。妈妈问我对今天的观察满不满意,我告诉她,我很满意并再次谢谢她。我离开的时候,婴儿一直没哭。

本次观察呈现哈利早年生命里两个现象的对比:一部分是他睡眠时间很长,甚至很难醒来吃奶,好像对外界没什么兴趣的样子;另一部分则是他的渴望。他吸奶的样子似乎表明他精力旺盛,妈妈对此有深刻体验——他经历那么困难的生产过程却不需被送进保温箱。

从观察中也可发现,当哈利不专心吸奶时,妈妈借由说话、温柔地抚摩他,及鼓励他来帮助他。妈妈允许他自己决定要吸多少,不够就让他再吸,直到他够了为止。

这个家庭接待观察者的方式,及允许她观察喂奶过程,显示母亲对于与婴儿建立关系很有自信。

不过,也有其他线索显示母亲可能有的压力。她的家人不在身边。母亲提到生完2个小孩都有抑郁的情况,而她先生说她讲话像蚊子一样,好像她弱不禁风，没有办法当老师。生哈利的过程大概很令人失望，尤其是她特别强调这次生产经验比上次好，是因为她有意识地经验了整个过程，并能记住这个过程。她谈论此事像在表明，她期待自己能够以更自然的方式生产。

虽然她渐渐从生产经验中恢复，喂母乳也很顺利，但仍可见母亲的不安。妈妈和哈利才刚刚建立哺乳关系，她就已经在想断奶的事。会不会医院人员感觉到妈妈不太想开始喂母乳，便施加点压力让她早点开始？母亲似乎并未觉察到这点，虽然谈到前一次哺乳经验，她觉得被乔治绑住，对此她还有些气愤。就如她所描述，喂母乳让她觉得自己动弹不得，而喂奶瓶意味着完全分离。她以很理性的口气谈论如何在亲自喂奶及用奶瓶喂奶之间找到平衡，也许她发现，很难在喂母乳的亲密中找到平衡。

虽然母亲在观察过程中所说的，指明了她的一些困难，但观察者最深刻、整体的感受是，这是个很有自信的母亲，细心、温柔地关照她的婴儿。

母亲似乎很能处理喂奶中的干扰，并允许"不确定"存在，再去厘清哪些是重要的，而哪些会减轻哈利的压力。哈利没吃饱，她能再让他吸奶，也表明她对乳房的自信，以及她相信自己有能力与他重新联结，并提供抚慰。同时，观察者注意到哈利的哭声有种特殊的内涵；他的哭声听起来很薄弱、尖细，好像他不能放胆大哭。这哭声与有时观察者抱着他，他所发出的抗议非常不同：他会把头向后仰，脖子前拱，并大叫。

*＊＊

7 周大的观察

早上 11 点时，我如约打电话给妈妈安排观察时间。她说哈利 8 点吃过奶了，现在正在哭，她不想这个时候喂他。他现在每 4~6 个小时吃一次奶，也就是 12 点到下午 2 点之间要喂奶。最后，观察时间约定在 12 点。

我到时，哈利正大声哭着。妈妈说她在等我，因为没有其他人可以帮我开门。她走进厨房，出来时两手各端了一杯咖啡。我说，很抱歉让她为了我延迟喂奶。她说她不担心这个，喂奶之前，她还有好多事要做。

我们往楼上走，一进房间，哈利就不哭了。妈妈走向婴儿床，一直和他说着话。"很不公平，对不对？""这个妈妈真糟糕。""快了，快了。"她把哈利抱起来，放到床尾的垫子上，很快把他的尿布换了。她谈到他长大的情况。这个星期哈利去做了6周龄的检查，他现在重约6千克。她说，她一直和全国助产协会的妈妈有联络，她们会一起喝咖啡；有个妈妈很担心，因医院的人告诉她，她3个月大的婴儿重6千克，太胖了。妈妈说，哈利6周大就重6千克了。她说她多喂他母乳，有时候喂奶瓶，不曾给他吃任何谷类食物；哈利看起来个头大，并不胖。他一出生就比乔治重0.5千克，现在则比乔治6星期大时重0.75千克。她将此归因于他比乔治安静的缘故。

哈利两眼惺忪地望向我。他已经不哭了，不过嘴巴张开、合上地动着。妈妈谈起他们去医院的事，说那个医生很没同情心。医生问她哈利躺着的时候，头是不是一直侧向同一边。妈妈说是，可是他都趴着，不是躺着。医生告诉她，要转他的头，不然他的头型会歪向一边。

妈妈说，她本来就很担心他的头型，医生这样说让她很生气；她说，她已经很小心了，而且也没看见有什么不良后果。她补充说，接下来这星期要去看家庭医师，她会请她检查一下哈利的头。这家诊所的医生对乔治很有帮助，她带乔治去做2岁的检查。她继续说，她怀孕时都去找她的家庭医生做检查，那时她就想，这样比较好，因为这个医生已经认识你了，然后再认识你的小孩。边说着话时，妈妈抱起哈利，坐到她惯常喂他的位置。在她准备着要喂他时，他发出兴奋的声音，挥动手臂，朝着妈妈的脸看。她把左乳放进他嘴里，他立刻开始吸起来，吸得很用力，发出一些声音。他稳定地吸吮着，手臂和腿静静不动，如此好一会儿。然后吸奶的节奏改变，吸吮渐渐变成一阵一阵的，他的身子渐渐动起来。最后，他松开乳头，身子往后退，哭了起来。妈妈让他坐起来，他立刻打了嗝。他坐了一会儿，有点神情恍惚。他的头往前点着。妈妈抱起他，让他倚在她肩头，然后拍着他的背。他挥动双手表示抗议。她放他躺下，给他同一边乳房。他静静吸着，没再有其他动作，直到她告诉他，她认为应该够了，便把他抱离乳房。他没有抗拒。

她让他坐在腿上，拍他打嗝。他打了嗝，也吐了不少奶。她告诉我，哈利生病的时候，乔治怎么哭，哈利怎么受不了。她也提到一件事，有只狗跑进水塘里去叼树枝，然后她听见厨房里传来乔治的哭声，她过去看怎么回事，他尖叫哭着："狗在水里。"她说，他不能忍受看见任何有生命的东西跳进水里。她说话的时候，哈利把头向后仰看她的脸。他坐了好一会儿，在她的手臂弯里盯着她看。他没怎么动，她笑着看他，鼓励他也对她笑。她对我说，他还没办法决定要不要笑。

妈妈开始喂奶的时候，乔治在自己的小床里自言自语，这个时候，他开始间断地呜咽起来。哈利还盯着妈妈的脸看，妈妈把他换到另一边，让他吸右边的乳房。他立刻开始吸起来，静静地吸了好一会儿。他停了下来，妈妈说："你肚子里有空气哦。"便让他坐起来，让他打嗝。他立刻打了几个嗝。妈妈告诉我，前一周他肚子里有太多空气，这一周空气自己不见了。哈利前晚7点半吃的奶，一直到半夜1点或1点半才又吃奶，然后就是今天早上7点还是8点。她很高兴地说，希望很快就可以不必在半夜起来喂奶了。哈利坐在妈妈腿上时，他四处张望着。他先是望向婴儿床上方的大窗户，然后再转向床边的小窗户，两边都没有看很久。最后，他的目光停驻在床边台灯的暗影。妈妈确定他是盯着灯影看。那是个喇叭状的灯罩，灯是亮着的，投映出不同的暗影。妈妈对哈利说："那是不是你见过的最漂亮的灯啊？"他仍专心盯着灯看，并未因妈妈的声音而分心。妈妈告诉我，她有时候把他放在火炉前的地板上,翻开一本杂志给他看,他盯着杂志上一个女人的脸。她说,她觉得哈利大概以为那是她,或至少以为那是个像妈咪一样的人。妈妈把哈利的脸转回对着她的乳房。我几乎听不到他吸奶的声音,他看起来有点困。

这时,爸爸带着狗进来。他对我说着话,狗靠近我,他们叫它离开。这样重复了好几次。我完全无法专心注意哈利。乔治在另一个房间发出尖锐的哭声。妈妈要爸爸去看看他。她开玩笑地对我说:"把大家伙送走。"爸爸离开,她高声叫他,要他去看看乔治,不过他没听到。妈妈把哈利移开她的乳房,让他坐起来,很快地说:"我得去看看,和乔治说一下话。"她把哈利放在垫子上,让他趴着,然后离开房间。我听见她厉声对乔治说话,威胁他,然后声音渐渐减弱。

哈利开心地发出咯咯的声音,把他的头和肩膀往后推。他四处看着,然后望着我,再越过我左肩,望着墙上的阳光。稍后,他的目光离开墙,转向窗。妈妈回来,告诉我,乔治情绪不好,因为他把一些小垫子丢到地上,自己又捡不回来。她坐到床边,哈利的目光立刻离开窗,转向看着她。他吐了不少奶。她说:"我正想问你还要不要奶,看起来你喝得太多了,都流出来了。"哈利仍抬着头和肩,发出尖细的声音,好像要哭了。妈妈抱他起来,又坐回床上,让他坐在她身上,摇着他。他贴近妈妈的身体,看起来想睡觉的样子,当妈妈轻转台灯的时候,吸引了他的注意,他开始盯着灯看,不过没有先前专注的样子。妈妈说:"哦,你又看到你的灯啦!"她告诉他,她要把他放回床上,让他睡一会儿。她发出呼噜声逗他,又摇着他。她走到他的小床边,正要把他放进去,他就睁大了眼睛,看了她一眼。他打了哈欠,躺在小床里,他把头和肩抬高一些,看向我。妈妈说:"你要表演给我们看你会什么,对不对?"他四处张望,然后躺下,他的眼睛还张得大大的。他开始呜咽起来,妈妈说:"这样哭没有用哦!你知道我不会理你的。"她离开房间,哈利哭声渐大,他的腿踢着,他的手紧抓着床单。他的头渐渐变红。妈妈回来一下，然后我们俩一起离开。

本次观察呈现母亲和哈利的关系有了显著的转变，它也说明了母亲与哈利在一起及不在一起时，她对他不同的态度。当他们不在一起时，她似乎完全把他排除在外，对他的苦恼不太在意，专心于自己要做的事。一旦他们在一起，她立刻能与他接触，知道他的需要。这也呼应她对喂母乳和奶瓶的看法，两个例子都显示，妈妈的体验非常两极化。

这并非单一事件。事情的发展已经形成一种模式。有时候观察者一到，妈妈便提到哈利已经哭了1个小时左右。这个变化有点难以理解。她并不是有意要放着不管，让哈利一直哭；大部分的情况是，她并没有注意到自己在做什么。观察至今，并未清楚呈现与这种情况有关的因素。妈妈延迟喂奶并不一定是为了观察者，然而此种强烈的对比一再出现，确实令人深思。

虽然有漫长的等待，但当妈妈将乳房给哈利，他立刻就接受了。接下来有一段时间，原本吸奶的节奏变了，哈利退离乳房，发出哭声。这或许是因为肚子里有空气造成的不舒服，但也有可能是先前漫长等待的不适及压力，又回来干扰了他。他花极长的时间凝视着母亲，仿佛在与她重新联结，也许在尝试理解她的状态。有些时候，他专注于台灯更甚于母亲或她的声音。母亲注意到他的注意力附着在台灯上。

本次观察也呈现妈妈在教养乔治时遇见的困难。第1个月的观察，他仿佛不在家似的；家里很少有他在的迹象，好像没有两岁幼儿在其中活动似的。有证据显示，母亲觉得她与乔治的关系是一种彼此破坏。她渴望与第2个儿子有和谐甜蜜的关系，这可能使她不自觉地将乔治及他的"火爆性格"排除在外，因为担忧他的这些特质会坏事。

接下来是哈利9周大时的观察，观察者注意到一个整体性的变化：母亲与哈利的接触变得比较表面。当然她还是非常温柔体贴，但好像少了什么，例如，她会没注意到喂奶时哈利的不适。她好像退进自己的世界里。我感受到她希望我能和她谈话的压力、她的孤单，虽然她常提到一些社交活动。她也常提到她的家人，以及住在异地的经验。此外，她丈夫的工作显然意味着他经常不在家。

观察者注意到的改变是，妈妈和哈利在一起时，她对待他的态度如同他们不在一起。在观察中，她提到她去参加婚礼，把哈利托给邻居照顾。妈妈感慨地说，他开始吸奶瓶，情况非常好。

也许，在她很高兴哈利这么快就适应奶瓶的同时，她也感受到被拒绝，而这种拒绝引发她的退缩，并加深她的寂寞和孤单感。这些矛盾的情感可能让她非常苦恼。

当哈利10周大时，观察者第一次看见他咬母亲的乳头，她立刻身子一缩。这样的事发生在母亲喂奶没有注意他的时候。3周后，观察者再次观察到他咬母亲的乳头，然后在吸奶时抬眼搜寻母亲的脸。这次，妈妈威胁要让他断奶。这次事件发生在愉快的喂奶过程中，虽然乔治在一旁干扰。然而，同一次喂奶时，妈妈提到她把货品丢到售货小姐面前，对方却完全忽视她。这似乎暗示着她的控制感在瓦解中。

***

快14周大的观察

哈利规律地吸着奶，身体静静不动，然后举起他朝外的手臂，用手探索着。他把手放在妈妈乳房下方，手指圈成杯状，偶尔动一动。他的腿静静地没动。快结束喂奶前，妈妈尖声一叫："唉呦！"把身子往后缩。乔治出现，看着妈妈和哈利。妈妈说："真是不乖。"不过她带着笑意看着哈利，用手指逗弄着他的脸颊，他也笑了。他们微笑地望着彼此一会儿，然后再继续喂奶。

***

我们无法知道，哈利重复咬母亲的乳头，是否是在回应母亲近来有些沉浸在自己的世界里，或是正好相反。妈妈提到哈利已经可以接受奶瓶，这种早熟的独立（或说是为了适应母亲不再那么全心全意在他身上），可能导致母亲抑郁，或是母亲的抑郁使哈利这么早接受奶瓶。关键是，母亲是否能看见这些痛苦的经验，并想一想这些感觉，或者他们就继续对彼此微笑，一起假装什么事都没有发生。这会让母亲及婴儿都有些困惑。

***

快 21 周大的观察

哈利吸奶吸了 5 分钟后，把头向后仰，望向他正后方的窗户。妈妈说："糟糕了，他又要大便了。"（喂奶时，若哈利不专心吸奶，就是在大便了。不过事实上，这次并未出现大便时会有的躁动。）妈妈用手轻轻把他的头拨回来，不过他还是盯着窗户看。她试着把他的头抬起来，他不愿意。她把他往她的乳房搂紧一点，他还是把身子向后仰。当他的脸靠近乳房时，他开始吸起奶来。他含住乳头，看来很想继续吃奶。他继续吸了一段时间，渐渐不想吸了。他的头向后仰，盯着窗户看。妈妈好几次轻轻捧他的头，把它调整到吸奶的位置，他还是继续凝视着窗子。她非常突然地把他抱起来坐在她腿上。他的脸一阵白，嘴唇一阵青，好像受了惊吓似的。

母亲和婴儿之间的拉扯持续至观察结束。他的坚持让我惊讶。在喂奶结束前，我观察到：

他平静地吸了 10 分钟的奶后，把头向后仰，盯着身后的窗户看。妈妈把他的头扳回来吸奶。他吸了几分钟后，又仰头去看窗。妈妈很突然地把他抱起来坐着，并说她觉得他不是很饿，她不想强迫他。他坐在她膝盖上，打了嗝，神情有点恍惚，心不在焉的样子。不过，看起来没有前一次被突然打断时那么惊慌。

***

喂奶刚开始时，她对他的需求很清楚，便能够敏锐地抓到他的需求。那个时候，哈利的需求和喂奶时的愉悦感，支持了她对自己是个好母亲的认同（比起没在喂奶的时候）。母亲以此种方式依赖哈利来判断自己是否是好母亲。随着哈利的成长，开始出现一些无法避免的变化，此时的课题是谁来承受这些变化带来的痛苦——走向断奶的痛苦。在母亲和哈利的关系中，母亲的"自我理想化（self-idealisation）"阻隔了她觉察婴儿的需求，看来是她尚未准备好承受断奶的痛苦，虽然她从第一次观察就开始提断奶的事。

哈利在吸奶中途转开头，似乎是对母亲改变喂奶方式及开始断奶的回应。以下的观察呈现他对第一次吃固体食物的反应。

***

18周大的观察

妈妈弯身在哈利面前，从马克杯里舀出6~7汤匙的食物喂他。他都吃了，不过并无乐在其中的热情。他吸吮着汤匙，发出喷喷声，看起来却并无愉悦的表情，并将两手紧握在胸前……最后2汤匙，他用力吸着汤匙，并把它含在嘴里好一会儿。妈妈边喂他，边对他说话，他偶尔抬眼望她的脸，她的脸上没有表情。当马克杯空了，她用湿布擦他的脸，然后离开几分钟；他一动不动地坐在椅子上，接着妈妈抱着他，我们一起到客厅去。

这次观察的后半段，妈妈喂完奶，帮他打嗝之后：

妈妈让哈利趴在大毛巾上，把玩具放在他的头旁边，围成一圈，是他伸手可拿到的地方。他把头抬起来一下，把腿抬起来又伸直。妈妈对他说话时，他抬起身子看她。他似乎不是那么舒服，没有笑声，也没有任何其他愉悦的声音。妈妈细声说着话，摇动着一些玩具。他把头转向声音来源，打了嗝，有两回轻微地吐了奶。之后，他变得比较有精神，开始伸手去拿玩具。妈妈告诉我，他最近开始会动手拿玩具，把它放进嘴里吸。是我该离开的时候了，我有些迟疑，心里挂念着哈利能不能再活泼起来。

***

在这次观察中，哈利似乎丧失了一些自然率真，变得有点抑郁。这现象主要体现在他对新食物的反应上，他好像一点也不喜欢吃这些东西。他面无表情，而且吃完后，身体一动也不动。母亲喂奶之后，他似乎得借由打嗝及吐奶，把一些不愉快、不舒服的感觉排除掉，而这些感觉或许与新的饮食有关。除去这些感觉，他才能自在地玩。直到观察者离开，他的情绪还有些低沉。

然而，饮食的改变也带来新的发展，并刺激他的好奇心。他在寻找外在的（借由"盯着哥哥玩的游戏看、在他背后望着他"表达出来）及内在的其他满足（表现在他凝视窗户的动作上）。后者是他长久以来进食之后会有的习惯，在其中，他消化吸奶的经验，重新营造它，并在心理上仰赖它。20周时的观察发现，他好像硬被母亲拉出这样的心理运作历程。这样的现象空间被打断了，他被迫面对一个自觉被拒的愤怒母亲。当他的凝视被打断时，他对外在世界的探索似乎也中断了。母亲很难消化断奶引起的痛苦情绪，婴儿的发展让她有被剥夺了什么的感觉，使她无法享受婴儿的进步本应带来的快乐。

从这个时候起，哈利对乳房渐渐失去兴趣。他似乎在两种态度之间摆荡：想让自己断奶的渴望，及想控制乳房、使它归自己所有的渴求。前者是比较主要的，因为他对周遭环境的兴趣、探索新事物的愉悦以及控制自己身体的满足感支持了这个渴望。这可视为一种自然的发展，但有其特殊的内涵，因为他渐增的独立对母亲而言太痛苦，她很难亲近渐渐独立的他。

婴儿观察 -------------------- Closely Observed Infants

***

28周大的观察

  妈妈抱着哈利下楼来。她站在走道上，把哈利换个方向，让他面对我。他张着大眼盯着我看，眼神非常专注。妈妈把他放到椅子上。他转过头来继续凝视着我。他身子向前倾，继续专心盯着我看……妈妈蹲在他面前，准备喂他吃东西。他转向妈妈，表情完全改变。原本没有任何表情的脸马上笑开来，脸的线条柔和下来，立刻有了生气。妈妈要他背靠着椅背，才好喂他吃东西，并动手调整他的坐姿。他皱起眉来，低头向下看。他继续皱着眉，直到妈妈递给他第一汤匙食物。他吃得很开心……有时候显得有点兴奋，在椅子上动来动去，挥动手臂，并发出"咕咕"的声音。妈妈警告他，昨天有"很严重的体罚（妈妈打了他手心）"："一有东西吃，你就太兴奋。"他好几次兴奋地在椅子上摇晃，每次妈妈都暂停一下，警告他"好了"，然后等他停下来再喂他。

***

  在这次观察中，哈利紧张地看着观察者；面对母亲，则显得非常高兴、兴奋，立刻对她微笑，柔和地望着她。哈利也许借由这个方式把对立的感觉分开来。妈妈发现自己有点难以面对哈利渐渐发展出来的独立，以及外在事物带给他的乐趣更甚于她和她的乳房这一情况。面对妈妈难以忍受两人之间分隔为两个个体，哈利的反应似乎在告诉她，她是好的，也是他所渴求的。借此，他同时谅解妈妈，也避免她可能有的报复，像是当她在喂他吃东西前调整他的坐姿，他生气起来，皱起眉头，但却向下看，而不是看她。可能在他眼中，妈妈太脆弱、太危险，不能承受他的愤怒。

  在喂食过程中，他们两人之间的距离比喂母乳要远，但对哈利而言，失去乳房反而增进其发展。他发现自己的背脊已可以支撑上半身；他的坐姿，及他对妈妈把他调整成懒散坐法的抗拒，都显示他已感受到自己的力量。对母亲而言，哈利已经比较独立的事实，似乎意味着他们两人已完全分离，而他再也不需要她了。她无法忍受他对食物的兴奋，反而显出敌意、严厉的样子。此时，她似乎不太鼓励他进一步的发展。

结论

虽然母亲在谈论自己的感觉时还蛮开放的，不过仍有些时候，她会觉得自己"很有能力"，向自己及他人传递她"什么都知道"的信息。此种心理历程在第一次观察时就出现了，当时她谈到其他全国助产协会成员把事情理想化，她说她知道"你得做你能做的"。她也提到带第2个小孩就比较容易了。她对自己的能力的信赖，似乎以相信"别人做不到"为基础，"别人"包括其他全国助产协会的成员，及第一次当母亲的她。观察者在场，让她可以呈现好母亲的形象，更有助于支持她的信念，同时她也用观察者来让这幅画面更圆满，因此，她更能处理整个状况。观察者也目睹许多母婴之间张力十足的时刻，感受到刹那间情绪的变化。

观察者发现，在母亲的脆弱对她自己造成影响后，她便无法注意到有些时候，有许多线索指明她与婴儿之间的困难，这也说明了脆弱及无能的感觉被弃置在某处。现在回头看，哈利出生后几个星期，无法放声大哭的现象，也许与他感受到母亲无法处理他的愤怒及痛苦有关。虽然观察者觉察到母亲会让哈利一个人哭很久，但当时并未真的理解其意义，一直认为这个妈妈是个很关注小孩的母亲。观察者忽略了母婴关系中痛苦的部分，或没有意识到这些情况，或许因为母亲本身也避开这些部分，而使得忽略的现象更加严重。后来，这些感觉又再次冲击着母亲，观察员对哈利5个月大时的观察内容的吃惊显示母亲及观察者的注意力确实是减损了。

在整个观察历程中，喂食出现的频率这么高，也是值得注意的现象。观察者到访的时间或许是原因之一，不过，也可能母亲控制了喂食的时间，她希望让观察者知道，对她来说，喂食时与婴儿的协商是非常重要的部分。她可能极希望在带第2个小孩时，可以更适当地满足母亲和婴儿的需要，并强烈想要修正以前养育乔治时所犯的一些错。几乎所有的母亲和婴儿都会觉得断奶是很不容易的历程，而哈利和他母亲则是其中极端的例子。哈利内在发展、分离的倾向，与母亲渴望与小孩建立亲昵依赖关系的需求，彼此冲突且带来痛苦。

本观察提供描绘了某些第一章提到的有问题的"反移情反应"，同时，也反映观察者如何不自觉地被吸进这个家庭的心理互动中。母亲需要第三者来调节她与孩子的关系，但忙碌而经常缺席的父亲无法满足这个需要，其他家族成员也不能代替。有趣的是，在第1年的观察中，观察者似乎也不能发挥协助者的角色。

在哈利1~2岁之间，这个家的状况恶化。母亲最后完全无法承受，经过一段时间的药物控制，最后寻求心理治疗。随后，观察者很快中止观察。后来几年，母亲仍持续与观察者保持联络，当她或孩子有困难时，她会向观察者寻求协助。

第九章

史蒂文

史蒂文的父母年龄约 30 出头，他们结婚 4 年后有了第一个小孩凯伦（Karen）。史蒂文出生时，这个小女孩约 3 岁。父亲从事建筑业，母亲自从凯伦出生后就不再工作。她以前是个店员、收银员，很喜欢她的工作。祖父母和外祖父母都出生在偏远的乡村。母亲在都市长大，父亲则是长大后才来到大城市，他的口音非常明显。

他们住在一个租来的公寓阁楼，旧维多利亚式房子的顶楼，入口及楼梯看起来有些破旧。公寓整理得一尘不染，但前后距离很长，走道阴暗。婴儿在父母房间睡了几个星期，后来则和姐姐一起睡。这个公寓没有中央暖气空调，冬天会又湿又冷，夏天则很热，日照很强。

妈妈在半夜 12:30 到医院，孩子凌晨 3 点出生。关于生产的过程，我知道的不多，妈妈形容它非常容易又正常，4 天后她就出院了。她一直很遗憾自己太早出院，因为有个实习护士问她想不想成为"个案研究"对象，结果她太早出院，没机会了。后来，我与家访护士到她家，征求她接受观察的意愿时，她非常乐意且欢迎。这个态度与先前想成为"个案研究"对象有关。她还告诉我，婴儿要出生时，她先生很紧张，有点不知所措。那天他请假在家，完全无法专心看报或看电视。

我第一次拜访的隔周，也就是婴儿 4 周大时，母亲就给他断奶了。在那个时候，母亲的一个好朋友过世了。家访护士在的那回，妈妈与她讨论过断奶的问题，她提到婴儿前一晚没睡好。她看着睡着的婴儿说："你现在比较好了，对不对？现在不是晚上，不过你一点也不在意，对不对？"她已经开始让婴儿偶尔吸奶瓶，她觉得自己真的没办法给他足够的奶，她说她在想断奶的事，因为他的喂奶时间和他姐姐的作息有冲突——她得送女儿去托儿所，还要接她回来。喂母乳有困难，因为凯伦需要很多注意力。每当她开始喂婴儿吃奶，女儿要不就吵着要人帮她穿裤子，要不就吵着要上厕所。即使让她看她喜欢的电视节目也行不通，她仍会吵闹。

我第二次去，是我第一次完整地观察，母亲告诉我，她最要好的朋友过世了，过些天她就要去参加她的葬礼。在同一段话里，她提到她先生尚未给孩子报户口，她对婴儿说："你的名字会是史蒂文，知道吗？"她显得有些悲伤，有点冷淡，有时凝望着臂弯里的婴儿，时不时说他一点也不在乎她提到的事。

***

4 周大的观察

史蒂文（躺在婴儿床里）开始动。他的头摩擦着床垫，好像头痒的样子，他皱起眉头，嘴里的奶嘴掉了出来。他的脸变红，发出轻微的、不舒服的声音。他几乎把自己的身体撑起来，转动一下，又躺回去，向左侧躺，开始哭起来。他从喉咙深处发出这哭声，开始啜泣。妈妈让他哭了几分钟后告诉我，他可能又饿了，他2个小时前才吃过奶。她边把他抱起来，边告诉我，他要人抱，就像他姐姐一样。她把他身上的毯子包紧一点，让他靠在她胸前，然后将他抱离胸前，看着他。他抬头盯着灯看，看了一会儿。他的脸渐渐不再那么红，哭声也停了。他张开嘴，好像需要大口吸气。她把他抱在臂弯里，握住他的手，说他的手很冷……史蒂文现在在他的小床里静静吸着奶嘴，突然停住，一动也不动。妈妈正说着，他可能一直很冷，又说今天是凯伦的生日，然后提到她朋友的丧礼在下星期四，他们会在那天去帮史蒂文报户口。她说真是

第九章

Closely Observed Infants

史蒂文

奇妙，婴儿在哪里都能睡。"在他们的小猪窝"，就像她的育婴书上说的，"毕竟他们曾在水里和一些乱七八糟的东西游了9个月。"她说没小孩以前，她不想要小孩，也不喜欢小孩。"不过有了小孩后，就不一样了，你渐渐学着了解他们，也从他们身上学到许多。"

稍后，在客厅里，婴儿在小床里睡着了，不过他似乎还一直动来动去；他的眼闭着，但眼球动着，右手举到脸颊时太用力，好像他无法控制似的。妈妈从厨房回来后，他的眼球似乎动得更频繁。她深情地看着他和他的奶嘴，说"假奶嘴（dummy）"是个不好的字眼，她比较喜欢老式的说法"安抚奶嘴（comforter）"，因为后者比较贴切。她告诉我婴儿什么都吸，手、人、奶嘴。凯伦很靠近弟弟时说："他在吃我。"她提到结婚前，她表亲的小孩断奶断得太突然，好像因此有点问题。婴儿常常转头找奶头，令她太难为情，先生在时，她都不抱她的婴儿。

＊＊＊

在这第一次正式观察里，妈妈提到断奶断得太突然的小孩会有问题，而就在这个时候，她自己的小孩也在面对突然断奶的处境。她心里想着的，全是他什么东西都想吃的渴望、他很冷淡，以及他需要一个老式的安抚奶嘴。我后来渐渐了解她独特的说话方式：声调平淡、事实陈述，好像她对婴儿的需要了然于心，也知道怎么提供这些需要。不过，其中仍蕴含着其他意义。这意义似乎与突然断奶带来的结果所引发的焦虑有关，它意味着她不喜欢喂母乳，或对喂母乳感到难为情。她的悲伤也许与她不再哺乳有关，或因为她失去了最好的朋友。在本次观察一开始，她说我不会想要看一个睡着的婴儿，又说婴儿要几个月大以后才比较好玩；我认为她谈的是，要专注于这么幼小而脆弱的生命是很困难的，也许她希望我除了观察她的婴儿外，也对她有兴趣（她想当"个案研究"的对象）。在观察结束时，凯伦从楼下邻居那儿回来。那天是她的生日，她和妈妈似乎都很期待一起庆祝。妈妈告诉我，她前几天不断地问："我的生日是哪一天？"她们兴奋地期待着，这是她和妈妈要两个人一起享受的事。

接下来，我将摘录后续的观察，这些内容与这第一次观察有关，我将呈现的是母亲与婴儿以何种方式彼此适应，创造出独特的相处方式。

史蒂文已经是个"乖孩子"，妈妈说他"无所谓"，奶嘴就可以安抚他。他已经可以一觉睡到天亮，很少抗议什么，很少哭，学会容忍妈妈来来去去。姐姐要求很多注意，而他对此似乎很有耐心，总是静静等待，对于自己能得到多少注意力并不那么在意。

接下来所摘录的内容，包括他如何发展出包容自己的方法，吃奶的时候，可以看见他也渐渐变得对奶瓶有感情，不过这种感情不同于他对母亲的依恋。

母亲则满心想着他对她特殊的情感，他的第一个微笑对她而言是多么稀罕，而别人是多么容易就见到他的笑容。她提到，他经常只"全心注意他的奶瓶"，而不注意她。她发现这个现象有点搅扰她，但并未继续好奇下去。她温柔熟练地照顾他，担忧着他的健康，并常常抱怨很累。

妈妈的焦虑围绕着婴儿的身体状况，担心他会冷，不知道他是饿了还是累了（见下段摘录）；婴儿则除了要奶瓶时会有较大的反应，其他时候很少有强烈的反应。他很少哭，也很少抗议什么，很容易将注意力向内，只专心自己的活动。他会对人笑，但大部分的时候，他很少有任何强烈的情绪。

后来，约莫 5 周后，有了新的发展。换尿布成了非常特别的时刻，且常被提及；与喂奶时的冷淡和疏远有极大的反差。

以下是 6 周大的喂奶观察。

***

6 周大的观察

婴儿在妈妈臂弯里，很安静，一动不动。我坐在他们旁边的沙发上，不过因为凯伦在旁边吵、跳上跳下、说话，让我很难观察喂奶的情形。和凯伦相反，婴儿看起来睡眼惺忪，他的眼睛几乎是闭上了，两臂横放在肚子上。妈妈把奶瓶取走后，没办法让他打嗝。凯伦一直要我接住她的橡皮环，再丢给她，还在一旁跳舞。当妈妈再把奶瓶给他吸，这个一动不动、睡眼惺忪的婴儿静静吸着，盯着外头看，并不看妈妈⋯⋯

婴儿坐在让婴儿可以弹跳的座椅里，妈妈带凯伦去泡咖啡。他面朝门，静静的，只有他的手轻微动着。10分钟后，他手部的动作渐渐明显，看起来他好像想挣脱什么。凯伦回来，骑在沙发上，告诉我："我在学校会自己穿内裤。"她翻个筋斗，秀出她的内裤，然后骑在小凳子上。电视如常开着。婴儿继续动着他的手，发出小小的呢喃声。妈妈回来，凯伦从后头靠近弹跳椅，推了婴儿的头一下。妈妈警告她不可以，她继续做，婴儿笑着。妈妈和凯伦也笑了。妈妈告诉我，星期四她去参加丧礼，很不好受。同时，她翻开一本育婴书，让我看里面对6周大婴儿的描述。凯伦的游戏有些喧闹，妈妈警告她不要再这样，她用力拍打妈妈的大腿，然后立刻跳开去转电视频道。婴儿躺在那儿挥动他的手臂，轻轻踢着脚，玩着嘴里的舌头，用舌头顶自己的嘴唇。凯伦老是要我注意她，最后我把几支彩色笔给她玩。

**

这次观察结束后，我感到自己完全无法负荷，不知道要怎么继续下去，才能观察到持续的发展。凯伦不停地动来动去，要求这要求那，不只让她妈妈很生气，也让我愤怒。相较于她，婴儿似乎对什么都没有兴趣，没什么要求，甚至有能力照顾自己的感觉。接下来一周，我观察到喂奶结束时的情况。

**

7周大的观察

我到时，妈妈正在喂奶。妈妈问我好不好，然后立刻替我回答：

"很冷。"她显然是感冒了。婴儿在妈妈臂弯里静静吸着奶，吸得很快，闭着眼，有点呼吸不过来的样子。我无法继续观察他，因为凯伦（像上次一样）在我身边跑来跑去，要我看她在托儿所做的一座塔。她把它推到我眼前，像个望远镜似的，只不过另一边是封起来的，我什么也看不见。妈妈说凯伦今天很坏。等我得空看婴儿时，我看见他望向我的方向，但是越过我，盯着墙，也可能是盯着映照在天花板上的灯看，他缓缓眨着眼，静静的。凯伦想要妈妈陪她玩。婴儿打了嗝，妈妈说他是个乖孩子，今天一整天都在笑，也尿了尿。妈妈要凯伦跟她一起去泡咖啡，然后问我要不要抱婴儿。她替我围了围裙，因为他可能吐奶，我感到难以推辞。他似乎有些不安，手和腿都静止不动，他的视线越过我的肩膀。他的舌头在嘴里动着，把嘴唇附近的皮肤向外推，又在嘴唇附近动着。我注意到他盯着我看时，不安的感觉增强了，然而我并不清楚那是什么。他的呼吸快而浅，他突然打了寒战，我觉得他在向我右边乳房靠。他的眼神凝视着；他的手臂抚过我右边乳房，抚过他左边脸颊，然后又抚过我的乳房。他重复这个动作好几次，突然很用力地碰我的手臂，然后突然用力拉他自己的耳朵。现在，他越来越不安，挣扎着、踢着，他皱起眉来，从喉咙深处发出声音来。

妈妈回来了，把他抱过去，问他乖不乖，问他会不会对她笑。他躺在她腿上，专注看着她，持续动着手臂，没再发出什么声音。她要他笑一个给她看，她语带渴望却不可得的情绪说，他整天都在笑，却很少对她笑，倒是很容易对外婆笑。她继续说着话，也看着他，他对她笑了，她把他抱起来，亲吻他的嘴，他的眼睛有了睡意。妈妈抱着他，要凯伦跟弟弟要一个微笑，凯伦低吼几声。妈妈开始谈到他们到诊所去做检查，史蒂文尿在医师身上。妈妈谈到这儿，很高兴地笑着。医师拿两个红球在他面前移动，检查他的眼睛。"我可能告诉过她，她不了解他，他可是一次可以尿差不多500毫升的小宝宝。"妈妈问凯伦记不记得这事，凯伦也笑了。她把婴儿抱得很紧，又亲了他的嘴一次，然后把他抱

第九章
史蒂文

在身侧。他的头垂向一边,她说:"我知道……"就停下来。然后,很突然地,她说婴儿累了,并问他前一次睡觉是什么时候。然后是一阵沉默,我感觉她突然想不起来,或是一刹那什么也没法儿想。她很快回过神来,说她得给他换尿布,便抱他到卧房去。

***

这个时候,婴儿还没正式报户口。有种一切尚未归定位的气氛,同时母亲也好像有许多事情要做,有许多事耗去她的精力。显然有很多事等着她去做,例如,给我泡杯咖啡总是非常重要的事,我不能说不要。她决心要照顾每一个人,以她特别的方式。当她照顾别人的需要时,她便没什么时间与空间接触自己的感觉。

婴儿似乎也有他特别的应对方式,即专注于自身。不论在婴儿床里,或在妈妈怀里,他都很少与人有目光接触。他的舌头在嘴里发挥奶嘴的功用,这个奶嘴几分钟前还在他嘴里。他发出轻微的声音,既不是哭,也不是叫,似乎显示他并没有什么不舒服,同时也显示他让自己与外界保持距离的方式。当妈妈将他留给我,他的不安确实增强了,仿佛他原本的方法——用舌头填满嘴巴,不去注意空下来的空间(不在的母亲)——不再发挥效用。他好像也告诉我,他注意到了乳房,想要与喂乳的母亲有所接触;他不只碰了乳房,也很快碰自己的脸颊,拉拉自己的耳朵,仿佛将需要和挫折都转向自己。他似乎不会用强烈的方式来沟通他的感觉,当需要不得满足时,他好像也未表现出失望的痛苦。

我提到母亲与自身的情感只做短暂的接触。她无法与自己的感觉共处,这也可能使她必须与婴儿保持一段距离,特别是在以奶瓶喂食的关系里。她提到的去看医师时发生的事,蕴含着一个问题,倘若母亲没那么疏离,婴儿没那么"乖",也许母婴之间可以发展出不一样的沟通方式。母亲和凯伦对婴儿尿尿在医师身上这么开心,似乎也意味着很高兴他为她们展现愤怒。母亲嘴里的婴儿是个反应强烈的小孩。我们或许可以猜测他心中的愤怒,他使用小便作为武器,抗议别人对他做的事(两颗红球在他面前闪)。他在我怀里,也用同样的方式探索着（可能是与乳房及喂奶有关），他可能在告诉医师，他不喜欢有东西在他眼前动来动去，他用小便来和这个想得到他的反应的人沟通。这种体验可能是个痛苦的记忆，在他心中搅扰他。

母亲的话"我知道（I know）……"没说完，好像在她要告诉观察者什么时，她心里也有些搅扰她的事，这些搅扰的感觉浮现又消退。她没有办法追溯这些感觉，去看看是什么在搅扰她，去了解她的心理状态，并将这些感觉放在她与婴儿的关系脉络中来思考。她的"知道（knowing）"（即能够感受这些强烈的情绪经验，并加以思考）渐渐消散，她又回到原来那个以疲累面貌与婴儿联结的母亲，得换个新的尿布。

几周后，观察者看到的一些事件渐渐形成一个模式。例如，婴儿吃奶的方式有其稳定的样貌。他总是一动不动，只有在奶瓶被抽走的时候会稍微抗议一下，而通常妈妈把奶瓶拿走是因为他太用力，把奶嘴吸得扁扁的。吸奶时，他很少注视母亲，他常常睡眼惺忪的样子，眼皮下垂。他对奶瓶有强烈的依恋，他的手越来越常握住母亲拿着奶瓶的手。凯伦一直有很多要求，而母亲会提到凯伦把婴儿用品用完了，像是洗发精、婴儿饼干等。只要可能，特别是在客厅里，她会在观察期间玩很多游戏，让我看母亲近来买的衣服或香烟（这个时期，母亲开始每周到附近的慈善拍卖店给自己买衣服，凯伦展示买来的衣服给我看。这个时期，母亲抽烟抽得也很凶）。凯伦常常拿着我的皮包，探看里面的内容，她从我皮包里找到零钱和铅笔，要求我给她玩。

10月到圣诞节之间，这家人都在生病。婴儿大约每周都会有支气管感染。母亲自己也常感冒，有两次还得肠胃型流行性感冒。她常常很"罪疚"（这是她用的词），因为婴儿有尿布疹（这个孩子常得尿布疹），而她觉得婴儿看病的诊所和她自己的医生都帮不了忙。她一直在找尿布疹的原因，担心是不是她给婴儿用的尿布有问题，还是她用来清洗的毛巾或使用的水刺激了他的皮肤。她告诉我，有一天早上，她发现婴儿胸前有血迹，可是婴儿却完全没有不舒服的表现。他身上的疹子蔓延到腿上、胸前。焦虑及其症状（如果是焦虑的话）似乎很清楚地表现在身体上。

在喂婴儿吃磨牙饼干，因而影响到他吃奶时，她不止一次提到卫生所里的人说，婴儿这个月龄这样的体重太胖了。她说她才不管这些，他饿得很，她就喂他，就这么简单。有些时候，他才刚刚吃过奶，又不断把衣服、手指、玩具等放进嘴里，妈妈会说："你不可能还饿啊，你刚刚吃过。"她非常同意凯伦说的，她靠近弟弟的时候，他在吃她，他也常常咬奶嘴或安抚奶嘴；她有时会在他换过尿布后，把奶嘴放在他嘴里，直到他安静下来。她好像需要把他填满，"安抚"或让他安静下来，而他有时候也会用自己的舌头来安抚自己。她心里似乎只有用食物来填满他这一途径，好像想不到他会有其他的需要——一些并不容易沟通的需要，而她似乎无法与他一起探索或发展沟通的方式。

母亲也否认她自己的需要。例如，几周以来，我虽然知道她很期待我到访，但她从不在意我是否迟到，或得改变时间。然而，当我改变原来的规律，她接着便会提到她的家人怎么样让她失望、把她的东西都用光了，或是告诉我，即使我按原来的时间来，她也会让我失望！她的愤怒被放置在他人身上，令她失望的对象也在她无法触及的某处。

***

约莫 11 周大的观察

圣诞节前一周，我告诉他们，我的重感冒好多了，想要恢复拜访。妈妈欢迎我进门，对我说他们全都感冒了。

婴儿睡在他的小床里，侧躺，脸色淡红，嘴巴微微张开，身子不动。妈妈告诉我，感冒让他几乎没办法呼吸，她带他去看医生。医生开了青霉素，他吃了之后吐了奶，她决定不再给他吃了。她离开去泡咖啡，凯伦进进出出地玩着我的皮包，她把我的皮包打开、关上好几次。婴儿有了动静，他的脸皱起来，把手在胸前握起来。他的脸放松下来，

婴儿观察   Closely Observed Infants

舌头在紧闭的嘴唇里动来动去。他有点呼吸困难的样子，然后脸又皱起来。他的脸涨红起来，好像就要哭了——没有发出任何声音。他平静下来，涨红的脸恢复原来的肤色，他踢脚的动作增加，挥动手臂好像在挣扎着什么。妈妈进来，解开他的婴儿帽，把他抱起来，说："小可怜。"她抱着他，拿了他的围兜和奶瓶，走到火炉旁她喂奶时惯常坐的椅子上坐下来。妈妈用棉花擦拭他的眼睛，他动着，挥着手，转过脸，发出埋怨的声音。她说："你要你的奶瓶，对不对啊？给你奶瓶，你就会舒服啦！"他吸得很快，只有在吸气时才停下来，他的脚规律地踢着，两手臂静静放在肚子上。有一小会，妈妈将奶瓶拿开，他发出声音抗议着，她说他把奶嘴都吸扁了，她用手把奶嘴调回原来的形状。他再次用力吸吮着，她说他吸奶瓶时老是这样。他吸着奶时，妈妈和我说话，也和凯伦说话。她和我闲聊着，问我圣诞节要怎么过，又说到明天要带婴儿去看医生的事。凯伦直到两岁才使用青霉素。她边说话边交握十指，说她又得了肠胃型感冒，两周内第2次；又说自从生了老二，她就得吃营养补充剂了。门铃响了，她把婴儿交给我抱。妈妈回来，把奶喂完。妈妈的手抱着他的腰，他把手放在妈妈手臂上。他的呼吸有些不顺，打了两次嗝，妈妈把他抱在右臂弯里。这时候开始，他看着妈妈及屋内四周。他把手抬到嘴巴附近，开始吸自己的手指，他嘴边还留有奶渍。他挥动着手臂，踢着脚。他的舌头在两唇之间动着，眼睛很有精神，然后他注意到妈妈的手，便用两手去碰它、拉一拉皮肤，然后碰他自己的拇指、食指和中指。

本次观察后半段：

婴儿躺在换尿布的垫子上，垫子在床上，他向上望着妈妈，眼睛闪着光，手臂和腿动着。凯伦给我看一张图，上头有圣诞老公公和一栋房子。妈妈离开去拿干净的衣服时，婴儿转头看着我们。她走回来，

第九章 Closely Observed Infants 史蒂文

伸手搔他的肚子逗他，他看着她，笑出声音来。妈妈对着他说话，他微笑着，他的舌头还在嘴里动着。他把拳头塞进嘴里，妈妈问他在干吗，说他才刚吃过啊！他继续吸着，也吸吮他的毛衣，并持续看着妈妈，微笑着。妈妈说，他现在很喜欢换尿布，只要一解开尿布，他就踢得很用力。她解开他的尿布，他果然用力踢起来，看着他，开心笑着。她拿脏尿布去丢，走回来时看着他说，这会儿他恐怕要喷在她身上了。但他没有尿。她说她要擦他的脸，他最讨厌人家擦他的脸，不过现在比较能接受了。他挣扎了一下，不过看起来仍精神奕奕，很愉悦的样子。她对着他说话，轻摸他的脸颊，然后把他的屁股和生殖器擦干净。这次，她没再提那恼人的尿布疹。她说他现在笑得很开心，不过，他总是把每天的第一个微笑给凯伦。妈妈说她给他奶瓶，这是他最期待的，可是凯伦老是能见到他第一个微笑："真不公平。"他一直看着妈妈，继续微笑着，妈妈为他擦爽身粉，他把自己的内衣拉起来。她温柔地把它拉好，说她不想看他毛茸茸的胸膛。在为他包好新尿布时，她说着："现在又要把他包起来了。"听起来好像很可惜的样子。凯伦帮忙把药膏拿来，他变得比较安静。他好奇地看着妈妈的左手，妈妈在帮他换内衣，他仍继续盯着她手看。妈妈把药膏抹在他胸前，并按摩着，他好像很高兴。然后妈妈给他穿上连身衣，他微笑着。

相较于前半段的观察，换尿布似乎让母亲与婴儿的关系活跃起来。他们互相凝视，她温柔且自信地抚摸着他以及他的反应，都显示他们非常享受。在这些亲密的时刻，当母亲离开，婴儿不想乖乖等待，而且母亲对于"又要把他包起来"（结束亲密的互动）显得非常遗憾。想想先前等待凯伦的生日来到的情况，他们拖延这些时刻，好像要制造更多的期待。这些亲密时刻结束时，母亲和婴儿都显得遗憾、难过。通常婴儿会强烈抗议，而母亲会离开，把史蒂文交到我手上一段时间。我认为有些时候，她借由离开现场来克服这些失落的感觉；有些时候，她无法承受亲密互动结束时，婴儿强烈或愤怒的抗议。有一回，结束了特别愉快的换尿布时间后,她立刻把他交给我,离开去准备奶瓶。他咬了我的前额和脸颊,力道之大使我痛得眼泪都流出来。

接下来,我要摘录两次婴儿 6 个月大时的观察。这两次观察父亲都在场,那是我第一次见到他。这次,婴儿非常活泼。他 30 周大时,开始能做"俯卧撑"。他换尿布时一直非常好动,很快就能翻滚、伸展,并抓取他想要的东西,即使东西不在他伸手可及之处。他非常喜欢洗澡,常常扭动身子,想赶快把自己泡进水里,他在水里很喜欢踢脚,泼水。母亲和凯伦扶着他在水里站着或跳舞,他也非常享受。

***

24 周大的观察

我到时,男人握我的手,热情地说:"我们终于见面啦!"我打过招呼后说,我希望他不介意我每周的观察。他说他不在意,不过他以为我今天不会来——因为我应该知道他今晚会在家。

妈妈在帮史蒂文和凯伦洗澡,爸爸在门外看着他们,埋怨着天热和满地的落叶。凯伦在澡盆里拿着一个会震动的玩具逗史蒂文玩。婴儿在澡盆里把水泼出来,用脚踢着玩具,当我进去时,他抬头看我,对着我开心地笑。妈妈扶着他站在水里,免得他把水都泼完,就没水可洗了。他一边把水溅出澡盆,一边用左脚脚板来回磨蹭着他的右脚,看来心无旁骛,直到妈妈把他抱起来,放在垫在她腿上的大毛巾上。她用毛巾把他包起来,再抱到卧房,把他放在床上。她擦干他的身体,亲亲他,对他说话。他静静躺着,看着她,笑着;妈妈对他说,他真是个乖宝宝。她起身去拿些东西。婴儿立刻向右边转身,然后翻过身去。妈妈说,他现在老是这样翻身,有时候几乎要翻下床去。她把他翻回原来的位置,要我注意他,然后离开。他伸出手去拿了东西,放在自己脸上，发出和人聊天似的声音，笑着，显得非常愉快。他开始想要翻身，正好妈妈回来，把新的尿布放在他屁股下。他立刻翻了身，把尿布弄翻了，妈妈笑出声来，然后再把他的身子翻回来，她抱起他在怀里摇，要他不要动，她得帮他包尿布。她放他回床上，他看着妈妈，然后又翻身，抓住了他的尿布。妈妈把尿布放到他拿不到的地方。他很努力地要伸手去拿，终于抓住了尿布的一角，马上把它放进嘴里。妈妈说，他很喜欢这样，没东西可抓的时候，就抓尿布。他把手臂向外伸，微笑着，动着手指，看着妈妈。她正要握住他的脚，好帮他擦干屁股和生殖器，还要帮他擦乳液。结果他抓住了自己的脚，企图把脚塞进嘴里。妈妈发现他下巴有两滴吐出来的奶，便对他说："你看，这就是啃脚丫子的结果。"但我并未看见他真的把脚放进嘴里。他开始从喉咙深处发出像引擎一样的声音，通常他发出的这种声音，大概就是吃奶前的哭泣。不过当妈妈抓住他的脚，擦干他的屁股和生殖器，并抹上乳液后，他的引擎声变成咯咯的笑声。我说他好像很喜欢这样，妈妈说，他最爱人家搔他的小鸡鸡痒。她把尿布包好，边玩边帮他把连身衣套上他的手、他的腿，他一直笑着。然后她让他趴着，好把连身衣拉好，他把脸埋进床铺里，几乎是在吃它的样子，还发出微微的低吼声。

妈妈谈到前几天，他差一点就跌下床去，她伸手去抓他，差一点抓住他的小鸡鸡。如果他开始会爬，把手指伸进插座里，他的小手就会挨打，"如果你方法用得好，小小的体罚是没什么关系的。"她翻过他的身，亲吻他，而他发出低沉的声音，好像要哭了。她很快把他交给我抱，告诉我她要去泡咖啡，虽然我说不泡也没关系，她还是坚持让我和他"聊聊天"，她还得去冲奶粉（也泡咖啡）。爸爸和凯伦进来，爸爸也洗过澡了。他举起拳来假装和史蒂文打拳的样子，史蒂文的手臂伸向他。爸爸说，他在想这孩子将来会不会代表英国踢足球，或是打高尔夫。他把注意力转到穿着卫生衣和长裤的凯伦身上。她要爸爸再做一次。史蒂文则望着在床上跳来跳去的凯伦。

婴儿观察　--------------------　Closely Observed Infants

***

26 周大的观察

　　爸爸把婴儿从圈住他的栅栏里抱出来，放他坐在他膝上，面对着他。婴儿咯咯笑着，四处看着，把他的手指塞进嘴里。爸爸把他的手指拿出来，让他不要吃手指头——婴儿坚持把手指放进嘴里。妈妈给我一杯雪莉酒，然后把圈住婴儿的栅栏拿开。爸爸把史蒂文放在地上，让他躺着，他立刻翻成趴着，用手把自己的身体撑起来，看着电视。然后当妈妈把栅栏拿开后，他注意到他的奶瓶。妈妈抱起他，把他和奶瓶一起交给爸爸。他喝得非常快，盯着前方看，身体静静不动，两手环握着奶瓶。他吸奶的速度渐渐慢了下来，奶瓶掉了，爸爸没注意到。妈妈告诉爸爸："你让奶瓶掉了。"爸爸好像比较有兴趣看电视。她继续说："奶瓶要左右上下动一动，把它拿开。"他照做，婴儿伸手想拿回来。奶嘴放进他嘴里后，他吸的速度变慢，渐渐睡着了。妈妈认为，他这么累是因为夏令时结束了，时钟往后挪 1 小时的关系。星期六在教会为他举行命名礼拜，他一直叽叽咕咕，然后他们又去参加庆祝会，喝了不少酒。昨天他们全家都很晚睡。妈妈要爸爸帮他打嗝，他看起来很困，爸爸拍着他的背。他的舌头在嘴里动来动去，他还吸吮着他的手指；爸爸想阻止他，没有成功。他转脸看向爸爸的时候，突然又有精神起来，妈妈要我和他们一起拍张家庭照。

***

　　这个家里动个不停的氛围似乎被婴儿吸纳进去。妈妈来来去去，爸爸和姐姐也是。他躺在床上时，翻转成趴着的姿势，支撑起自己的身体，抬头看电视。妈妈在为他换尿布时，他没有一刻是静静不动的，只有在嘴里吸着奶瓶时，他才安静下来。在家里，大家说话的时候比较少，倒是有许多动来动去的时刻。

妈妈在爸爸喂史蒂文时提供的指导语："奶瓶要左右上下动一动。"似乎也是这个家生活的指导语。好像没有留下什么空间。

缺乏空间或安静的片刻，似乎是母亲处理婴儿、对他能否存活及自身焦虑的方法。史蒂文很少要求什么。他很少刺激母亲探问或思考他的内在心智状态；他比较会退缩，回到自己内在或注意自己的手指、脚趾或舌头。他从未全心挑战或刺激母亲"抱持（holding）"他的能力（在其心智状态中包容他，并能理解他的经验）。他在换尿布及洗澡时的主动参与、乐在其中有两个目的：不停地动让他没有空间注意母亲（心及身）在或不在的影响，也没有空间区分"奶瓶的奶嘴"和"自己的舌头"之间的不同。他当然也发现，母亲在帮他换尿布及洗澡时的活力及注意力。他们在其中享受着彼此的亲密接触，这样的亲密显然与这个家庭彼此建立联结的方式是一致的。

结论

我所描述的这个家彼此建立关系的方式，值得做进一步的讨论。我想说明的是，婴儿如何适应一个忙碌的母亲，她因为自己的抑郁，无法在心智状态及情绪上涵容自己的孩子。他的适应之道是，减少要求，并发展出自我满足的替代方案，有时完全靠自己，有时则借由人在心不在的母亲来满足某些需要。他的安静与顺从，让妈妈不必为他操心；他身体的病痛，使他呼吸不顺，皮肤发疹。他母亲非常忧虑，甚至担心他是不是能活下来。她为他擦药，带他去看医生。一个小小的行为模式渐渐成形：一种满足的妥协。她很高兴能照顾他生理上的需求，就像她照顾别人一样。他让她这么做，她从帮他换尿布及洗澡当中，感受到自己的能力，也享受其中的乐趣，这两个活动他都非常喜欢。这令人舒适的妥协，或适应母亲照顾的能力，也许可以视为快乐的巧合。我认为它确实是的。身为观察者，我要谈一谈个人的感受。当婴儿在洗澡或换尿布的时间之外，他在客厅里，静静地，没精打采地跟他自己在一起时，我有时候会感到很不舒服、很不安，很希望赶快给他找些新乐趣，换个新活动。也许有人认为，这是我将自身的无聊投射给史蒂文，因为他躺在那里很少露出不快乐的样子，或者这只是我对他有限的机会感到失望。没有人逗他或是摇他时，他确实缺乏率真活泼的表现，并对周遭环境没什么兴趣。但我宁愿考虑另一种可能，即我的感觉确实也反映了婴儿与母亲的关系里未得到充分发展的部分。有些无趣、沮丧的部分，似乎可以在日常游戏与谈话中发现。当婴儿与母亲享受洗澡和换尿布的快乐时光时，无聊、无趣也被否认或排除了，而洗澡及换尿布时的快乐则越来越重要。

第十章

奥利弗

在一般情况下，婴儿出生后，母婴之间即存在温柔的亲密，同时他们学习渐渐认识真实的彼此。家庭里的其他成员，包括婴儿的父亲及婴儿的手足，也必须适应此新关系。家庭中每个人都得调适新角色。在英国的文化中，婴儿出生后头几天或几个星期，父亲的功能更多的是保护母亲和婴儿，同时也照顾母亲；通常，其他家族成员也可能负起照顾母亲的责任。这段时期，不只对婴儿的手足是难挨的，对父亲也是。在适应他的新角色之前，父亲很容易感受到被拒绝、被排除在外，好像自己是多余的。他可能经常表现得像个面对父母亲密关系的孩子。现今社会仍强烈认为，生产及早期教养是女人的工作，这样的社会气氛其实只有些微改变。

我所观察的家庭仍有这类传统看法，因此，面对我这个对婴儿发展有兴趣的男性观察者，这个家庭除了要面对婴儿诞生带来的冲击外，还得特别去适应我；而我猜想，若我是个女性观察者，他们所需做的调适必然不同。我同时也感受到，因为这个婴儿是家中第一个男孩，父亲显得特别脆弱，而且觉得自己有责任保护他的家人，因而采取一种防卫攻击的姿态；我以另一个男人的身份进到他的世界，更突显了他的这些感觉。我的出现也提供他一个机会，把这些难以处理的情感聚焦在我身上。

母亲到医院48小时后，奥利弗经顺产出生。他有个姐姐苏珊，比奥利弗大一岁半。父亲是军人。奥利弗10天大时，我通过家访护士认识了这家人。访视员介绍我为修习"儿童发展"的学生。妈妈给我的印象是温暖、踏实、敏感,同时我立刻面对父亲的怀疑、敌意及焦虑。他见面说的第一句话是:"哦,就是你要来调查我的接班人。"他对我很有敌意,并对所有与心理学有关的东西嗤之以鼻。不过,违背了想保护儿子的渴望,他说,他"配得一个观察者来参与他儿子的成长过程"。此外,他还提到我的种族背景"迫使他被丢回他的类别去",他的反应让我提出他可以改变决定,不接受我的观察。母亲立刻介入,说:"如果他真的不喜欢你来观察,你早就被踢到门外去了。"她要我别在意父亲的反应,因为"他就是这样,对人很不客气"。父亲告诉我,除了英国之外,他反对一切,而"时至今日,这些也所剩不多"。我终于体会到这是父亲欢迎我的方式,以一种表达负向情感的方式。这一现象或许也反映了奥利弗出生后所面对的家庭环境。

我认为,新生儿的诞生"迫使"他们全家开始新的"分类处理",他们全都得重新整合、重新界定自己的新角色,以调适面对新成员的加入。父亲有时候显得很易怒,好像极易感到被威胁,然而有时他又对自己的儿子感到非常自豪。母亲得适应有个儿子的新身份,父母两人则都在调适家里有两个小孩的新生活。苏珊必须"长大",做个姐姐,这常让她很痛苦。她显得有点不知所措、悲伤,还有些埋怨。我认为,父亲对家中新加入的男性有许多负向情感,他不愿承认这些感受,并将它们置于他与我的关系里。提起他儿子,他非常自豪且父爱十足,而他在潜意识里,可能觉得将敌意及恨意向我表达,以拉开这些负向感觉与婴儿的距离,会比较安全。

在观察的一年里,父亲经常被派遣至不同的地方,每个地方待几个星期。他对我的怀疑,可能源自他离家不在所引发的潜意识幻想,这些想象使他非常痛苦。他会用开玩笑的方式表达他很担心他不在家的时候,我去观察母亲和奥利弗。有好几次,他在我观察的时间回家,他向我们道歉说:"不好意思,打扰了你们的和乐融融。"他有种被排除在外的感觉。他对我的敌意和怀疑,通常以拿我开玩笑的方式表达。

有一次，苏珊放了屁。父亲立刻说："说'对不起'。"母亲反对说："保罗，你这样会让她不好意思。"母亲的反应让父亲有点下不了台，他说他希望我在"上风处"，苏珊如果要放屁可以面对我。在同一次观察里，当妈妈在给奥利弗换尿布时，他对我说："你什么都看见了，对不对？"妈妈把奥利弗放进浴盆里，在洗澡的时候，苏珊拉住他的阴茎。妈妈阻止她，说："那是奥利弗的尾巴，不要拉。"父亲看见了，指着我，低吼着说："苏珊，不可以这样——他会很痛苦。"稍后，我要离开，母亲请我自己离开，他们不便送我，父亲接着说："不要偷那些银器。"

仿佛所有痛苦、羞愧、不想要的坏感受，都被放置在我身上。在父亲眼中，似乎我和婴儿是一样的，因为我们俩都是男性；不过，同时父亲也在展示他的雄性认同、同性竞争，及感到自己身上有什么会被偷走的威胁。那被偷走的可能是他在这个家里先前的地位——唯一的男性。而我——不是奥利弗——应该为此负责。

只要我在，且家中另有访客，父亲就会介绍我为"全国防止虐待儿童协会（National Society for Prevention Cruelty to Children，一个从事儿童保护工作的民间组织）派来的那个男人"。或许是他对我的不认同及怀疑，使他觉得我好像在监视他。有一次，父亲下班回来，便把奥利弗放在他肩上，当作部队来校阅。

奥利弗紧张地笑着。父亲说："看来你不太想玩，不过你很高兴见到你爹。"母亲在一旁说："他根本没感觉——他甚至没注意到你什么时候离开的。"父亲开始埋怨有股大蒜味，并说那一定是我刚刮过胡子的味道。他转向我，开始告诉我他的猎枪保了险——以免万一哪天不小心射中别人。他说，找一天他想让我看看他那把可以装 12 发子弹的猎枪，或者妈妈可以拿给我看，等"哪天你和她一起在楼上的时候"。

母亲说，奥利弗对父亲不在家"根本没感觉"，必然刺激了父亲对我的竞争感，好像这句话意味着他是多余的，或是已被排除在外。

和以前一样，我又得为父亲有此感受负责。有趣的是，父亲再次以闻到怪味道来表达他的感觉。这或许表示在父亲的想象中，奥利弗是好的、有人要的宝宝，而他是没人要的，随时要被外放的。他将我视为竞争者、想杀掉我的感觉完全显露在外。母亲的态度更加深父亲对我的敌意，比方说当他对我态度粗暴时，母亲会让我不要理他。这无助于修饰父亲脆弱的情感，也无助于奥利弗感受父亲对他的爱。不过，也许是因为罪疚感，同时也希望父亲能参与奥利弗的生活，母亲有时候会以比较正向的方式和奥利弗谈他的父亲。她似乎认为，奥利弗和父亲应该相处得很好。例如，妈妈微笑着，低着声音说："我最喜欢我爹哦。"她告诉我，奥利弗听到父亲的声音会四处看。从我早先的观察来看，奥利弗还不太能区分父亲及其他人，反倒是母亲的脸和她的存在，对他来说是独特的，仿佛这是奥利弗唯一真正满意的关系。他很容易被她安慰，也对她很有反应。他望着她时，会和她聊天、对她微笑，还会发出咯咯笑声。妈妈也常提到，他是多么快乐的小男孩。他会主动搜寻母亲的声音，盯着她看，并四处观看，寻找与母亲有关的所有线索。

父亲一开始就表露的不安，及母亲对男性角色的传统看法，使我很难观察授乳过程。我得在外面等父亲请我进去。不过，父亲也和我做了一些联合，他很高兴我在场，常要求我注意他、很开心地向我展示他做的电子钟，校准至百万分之一秒。这屋子有一大堆这样的时钟，我认为，这些时钟也显示父亲渴望精准，以及他无法忍受任何不能量化的东西。他希望让我知道，他有能力制造一些东西，他与母亲是不同的，他也和我观察的对象——这家中的另一位男性——争夺我的注意力，而在这些想法的背后是他的脆弱、孤单。

在观察启动后的第一个月里，大部分的时间我都与苏珊在一起（还有父亲，若他也在家）。之后，父亲对我的猜疑渐渐淡去，信任渐增，偶尔会提议，让我进另一个房间去看母亲喂奶。他似乎意识到，这部分对我应该很重要，现在的他比较放心让我观察这部分。母亲很不好意思在我面前喂奶，所以第一次，我几乎什么也观察不到，除了因为她坐的位置，还包括父亲可能基于保护母婴之间的亲密，不时与我谈他的电子钟，使我无法专心注意母亲和婴儿。一开始，奥利弗的喂奶时间就有非常精准的时间表。母亲用母乳和奶瓶交替着喂他。即使他显然想要的是乳房，而不是奶瓶，母亲也不允许，她说他一个小时前才吃过母乳。不过，母亲渐渐不再那么严格遵循喂奶时间表，因为奥利弗不肯完全遵守它。母亲改变成顺应奥利弗的要求喂奶，虽然她还是较常给他奶瓶。母亲告诉我，奥利弗很不喜欢含奶瓶的奶嘴，她用奶瓶喂他时，他会把自己的手指头也放进嘴里；而用乳房喂他时，并没有这样的问题——但我无法观察到整个乳房，通常妈妈只会露出乳头来喂他。母亲以奶瓶喂他时，会交替双臂，并让他在她两臂之间，帮他打嗝，姿势与她喂母乳时一样。当母亲渐渐不再那么害羞后，我试着和母亲商量增加观察喂奶的次数。她答应了，不过喂奶的时候会一直和我说话。

***

12 周大的观察

奥利弗用力吸着母乳，身体一动也不动。他含着奶头，头向外转，好像忘了奶头还在他嘴里。这一拉，扯痛了妈妈，她开玩笑地说，如果他再这样，她会给他"大杯子和吸管"。喂完奶后，奥利弗用一只手抓住另一只拳头，很用力地吸起他的指关节。

***

也许在他的感觉里，奶头和嘴巴是一体的，他仿佛不觉得乳房与他有别，反而像是他的一部分。吸吮指关节好像证实他认为他拥有乳头，他可以在需要时随时吸吮它。这与奥利弗醒来后发现母亲不在所引起的强烈愤怒有关。接着，尽管他吸吮自己的关节、手指和其他身体部位，也无法真的满足他。对他来说，想到自己依赖着另外一个人，或自己并未拥有母亲所拥有的一切，似乎都很难忍受。

***

20周大的观察

稍后，当妈妈喂奥利弗固体食物时，他想要抓杯子和食物；当汤匙离开他的嘴巴，他便呜咽起来。母亲对我说："每次汤匙离开他的嘴巴时，他就以为什么都没有了。"他在吞咽食物时，用左手拍着大腿，右手画着圈圈，手指和脚趾张开、合上。在表达他想吃的时候，他的手会静止不动，声音呜咽起来，并张开嘴。当看见杯子已经空了时，他伤心地哭了起来。不过，当他看见妈妈为他准备的奶瓶，他开始兴奋起来，并用手指去碰奶嘴，看着奶瓶，用手上下摸着它、感觉它。他伸展手臂，推开了奶瓶，并检查着奶瓶。

***

母亲的观点清楚地解说了奥利弗的行为。比起汤匙，奶瓶比较不容易引发他的焦虑，因为他可以控制吃的速度，同时可以体会到源源不断的感觉。我猜想他感受到了神奇感。他的手指和脚趾转着圈圈、缩起来，是否营造着不间断的持续感？

这个家似乎没人有空想一想三个人的关系。关系里的第三者无法避免地会让人觉得是个威胁与干扰。例如，我注意到，约莫4个月大时，奥利弗开始在见到我时，用手挡住自己，露出不安的微笑。这个样子可能与苏珊在和他玩时的矛盾表现有关，她会想抱着"摇他"。有时候他微笑并乐在其中，但有些时候，苏珊的这个举动会惊吓他。有时候，一见到她，他便用手遮住自己的脸，表情显得沮丧，并呜咽起来，身体扭来扭去。通常他用手遮住自己的脸时，会吸吮他的手。

***

22 周大的观察

妈妈用汤匙喂奥利弗，在食物送进他嘴里之前，他哭着，显然不能忍受任何间隔。然后妈妈喂他母乳。吸奶时，他紧抓住妈妈的手指。父亲进来，奥利弗拉着乳头，转头去看是谁。他回头继续吸奶。突然，他停下来，嘴里仍含着乳头，然后看着我。他回头继续吸奶，很快又扯着奶头转向别处。他抓住母亲的针织衫往外拉，让乳房露出来。奥利弗看看我又看妈妈，在看妈妈时，他含住自己下唇，看我时就松开唇。然后他回头看着妈妈，并开始吸吮自己的上衣。母亲离开房间，奥利弗看见了，开始哭起来，吸自己的毛衣吸得更激烈，好像要借此安抚自己。然后他看看我，眼神里带有责备，好像我应该为这痛苦的情况负责。此时，母亲回来，回应奥利弗对我的情绪，她对我说："怎么？你踹了他吗？"母亲抱起奥利弗，他立刻不再哭了。她把奥利弗交给父亲，再三保证奥利弗不会咬他。父亲把奥利弗放在腿上摇，他开始咬奥利弗的肚子，奥利弗似乎很享受。苏珊开始在椅子上跳来跳去，突然母亲出声训斥她，并从椅子上拿起垫子丢向苏珊，打到她的脸。

***

这个过程说明，奥利弗感受到他与乳房的关系受到深深的干扰。父亲无法保护喂奶关系的亲密，他和苏珊（甚至我，还有那件毛衣）一样感受到自己被扯进喂食历程中。借由看着母亲时的吸吮动作，奥利弗在区分母亲与我。母亲告诉父亲，奥利弗不会咬他——不会像咬她乳头那样咬他；反倒是父亲，扮演起咬人的嘴巴。敌意与愤怒在家庭成员之间流转，企图推开这些不被接受的情绪，这是所有家庭都会有的想象。在此脉络下，母亲开玩笑地问我是不是踹了奥利弗，好像她的敌意停驻在我身上。然后，当母亲用垫子打中苏珊时，轮到苏珊接收了这部分情绪。

***

23 周大的观察

母亲在喂奶时和我聊天。在我回应母亲时，奥利弗松开乳头，抬头看我，母亲把他的脸拨回去吸奶。他吸了一会儿，又抬头看我。他把乳头含在嘴里，不过嘴唇没有含紧，然后看着我。母亲替奥利弗表达他的感觉，她说："只有他啊！快点吃吧！"好像奥利弗觉得我是个入侵者。奥利弗继续吸着，再次抬头看我，很容易分心。母亲有点不高兴，她说："别再闹了，奥利弗，吃你的饭！"奥利弗躺在那里，不吸了。母亲抱起他，拍他的背帮他打嗝，然后让他继续吸奶。

奥利弗越吸越用力，并开始扯开妈妈的上衣，紧抓住它。他停下来，怀疑地看着我。母亲把乳头放进他嘴里，奥利弗继续吸，但是突然开始用力推开母亲，并含住乳头拉扯它，仿佛很粗鲁地要扯掉它。母亲因为疼痛而阻止他，可他继续做。妈妈有点不好意思地解释着奥利弗的举动。她抓住奥利弗的手，不让他再推开她。他紧抓住她的手指，继续吸奶。过了一会儿，妈妈让奥利弗坐起来，他四处张望了几秒钟。

***

在这段观察中，奥利弗心里只想着两个乳房，以及那双望着他吸奶的眼睛。这对乳房和眼睛令他困惑，而它们及奥利弗对乳房的敌意似乎与我在一旁观看、使他感到被侵犯有直接的关联。他停下吸奶的动作，好几次盯着我，好像要用他的目光将我推开，把我送走，好让他可以继续吃奶。他所感受到的是，我这双观察着他的眼睛似乎并非对他有兴趣，而是充满敌意与威胁。它让我想起，父亲第一次见面便说我是要来调查他的接班人，或是开玩笑地介绍我为全国防止虐待儿童协会派来的监察员。乳头与有敌意的眼睛在奥利弗心中混淆在一起，所以试图攻击它。他也许想独自拥有乳头，且能在想要的时候继续他与乳房不被干扰的关系。然而，我认为有趣的是，奥利弗的原始反应与父亲在我开始观察时对我的防卫攻击如此相像。

在这个家中，雄性特征似乎以这种攻击的姿态突显出来。他们无法思考三人关系，与母亲的两人关系则充满竞争和忌妒。

> 有一次，奥利弗在吸母乳时，父亲戴上金刚面具。父亲说过奥利弗很怕这面具。他边叫奥利弗的名字，边把面具戴上。奥利弗转过头来，突然愣住。他看起来非常不安，不过立刻回头面向母亲，继续吸奶。父亲说："奥利弗做事情的优先级可真清楚。"这件事之后，父亲与奥利弗玩，他挠他的脚，玩他的脚趾头，又挠他的脚，然后咬他的肚子。奥利弗露出嫌恶的表情，他把头转开。父亲很伤心地说："妈咪做的时候，你就很高兴。"

在此，父亲似乎变成了令奥利弗害怕的咬人、侵犯人的凶残怪兽。这种感觉很复杂。从奥利弗的角度看，父亲现在是粗暴、会咬人的嘴巴，而他自己成了受到攻击的乳房。父亲想取悦奥利弗的心意，一直受到他潜意识里的竞争与妒忌阻挠。底层的信念是，只有母亲能够真正满足婴儿，并没有一个位置是留给好父亲的。

奥利弗 6 个月时断奶，情况有些惊险。整个断奶的过程显示，在他出生之前，父母亲就决定了断奶的时间。虽然日期早就决定，但奥利弗显然没有心理准备。母亲说，他对奶瓶比对乳房有兴趣，而且不再吃母乳后，他反而松了口气似的，好像吸母乳不是什么愉快的经验，倒是吸奶瓶让他比较有控制感。

在断奶后的那次观察中，他似乎以象征的方式，把他对乳房、断奶及竞争的感觉表达了出来。此种象征，及把他的情绪"玩出来"的能力，对他很重要且很有帮助。

***

26 周大的观察

他躺在白色的塑胶盒旁边，慢慢地把盒里的玩具清空，然后吸起那个盒子。他在玩具堆里发现一艘玩具船，也把它拿到嘴里吸。他用嘴巴拉扯这艘船，动作看起来就像他想掏空乳房、拉扯母亲乳头的样子。稍后，当妈妈抱住奥利弗时，苏珊和父亲玩，她把同一个白色塑胶盒放在头上。奥利弗生起气来，在妈妈怀里扭动，想挣脱出来，父亲很得意地说："奥利弗要给苏珊好看啰。"奥利弗见到父亲和我的时候，把手抬起来做出保护自己的动作，并转开脸。爸爸和妈妈同时谈起奥利弗对陌生人突然害羞起来，以及他们推他在街上走时，只要有人经过他的婴儿车，他就抬手保护自己。

***

我猜想，奥利弗自己对乳房的粗暴，可能也多少激起了他内在的恐惧及威胁感。为了除去心中的敌意，他经常将敌意置放于其他人身上。然而，这敌意似乎总会回到他身上。在这次事件中，奥利弗感受到苏珊得到"盒子乳房"作为奖赏。父母谈起他的敌意时，语气中带有自豪。我想他们认为这是他阳刚之气的表现，即使他可能出于害怕，觉得别人可能会攻击他。这个家对苏珊的女性特质及她的情感，则采取另一种态度。

我第一次到访并开始我的观察时，妈妈告诉我，奥利弗的生产过程比苏珊容易；他也比苏珊容易喂，容易照顾。他们很难接受苏珊对奥利弗有情绪，对于苏珊的痛苦和沮丧（当母亲喂奥利弗母乳时，这些情绪很清楚地表现出来），他们倾向于以生理因素来解释。她会说她是累了，或是因为长牙齿。有意思的是，父亲反而比较能够看见苏珊的这些情绪，有一回他说："这些天，苏珊妒忌得脸都绿了，需要人家注意她。"母亲接着说，那是因为她身体不舒服。父亲补上一句："也许。"父母亲似乎很高兴有个儿子，母亲很开心自己有个"带把儿"的孩子。母亲告诉我，她一直忘记奥利弗还只是小男孩，他躺在地上时，她总是很小心地遮住他的阴茎。她说奥利弗常对着她撒尿。她说这句话时，表面上是在谈她的不悦，然而她似乎偷偷地享受着。父亲则警告我要小心奥利弗，因为"他的阴茎立正起来，可以把尿撒到屋顶"。父亲接下来说的话，显明了他内在与儿子阴茎的"婴儿式竞争（infantile rivalry）"，他说："如果你想和小男生比赛看谁尿墙尿得高，千万不要！小男生绝对赢。"他接着向我解释这个论点的心理学基础。当父亲和我说话时，奥利弗尿在了妈妈身上。父亲恭喜他达成目标。母亲说，奥利弗特别喜欢尿在她身上。这也显示母亲自己对此事乐在其中。苏珊似乎感受到父母亲非常欢喜奥利弗是男生，有一次，奥利弗在洗澡时，她拉了他的阴茎。妈妈要她轻一点，因为奥利弗是个男生。父亲嘲笑地说，等奥利弗16岁的时候，他可能会想起来姐姐拉了他的小鸡鸡。父亲告诉我，他很害怕女儿有一天会带着男朋友回家（她现在才18个月大），仿佛他希望自己是女儿生命中唯一的男人。

过一会儿，母亲在她床上喂奥利弗吃奶，苏珊变得非常焦虑。她开始翻一本杂志，找到婴儿的图片，指着说："安娜，安娜。"妈妈说："你是说奥利弗。"苏珊找到一张图片，用它吸引了妈妈的注意力，好像在说："这里，看看我，这是个小女生，不是奥利弗。"父亲弯身凑向妈妈、苏珊和奥利弗，想把杂志拿过去。苏珊把它拉开了。父亲严肃地要她把杂志放回去。妈妈说，如果苏珊知道爸爸不会把杂志抢走，她就会放回去。这话让父亲很不好意思。

和苏珊一样，父亲似乎感受到被排除在外的痛苦，不过，他要苏珊承受所有因母婴亲密关系而引发的被剥夺感。母亲似乎觉察到父亲把这些感觉全加诸苏珊身上。

苏珊经常处在不安、没精打采、泪眼汪汪的状态。我觉得她有些抑郁。母亲注意到她的不快乐，她认为那是因为苏珊在长牙，或是累了。喂苏珊时，母亲显露出对食物的嫌恶，不过还是继续喂她吃。他们不允许苏珊直接表达她的敌意，这似乎是一种对男性的特别保护。例如，有一次，苏珊借由游戏表达她的感受，她把娃娃放在奥利弗的推车上，妈妈立刻要她把娃娃拿出来，她很生气地把娃娃全丢到地上。妈妈对她说："温柔一点。"

当苏珊期期艾艾地要求父母的注意，母亲会开她的玩笑："我们应该拿你去换别的小孩，一个有卷发的黑小孩应该不错。"我认为这句话与稍早父亲对外侨的看法有关。有时候，他们觉得苏珊就像是令人讨厌的外侨小孩，毫无价值，没有阴茎，比起她弟弟一文不值。母亲曾说："你得花很长的时间才会搞清楚苏珊是男生还是女生，不过呢，奥利弗一看就知道是男生。"有一回，母亲在生苏珊的气，同时又很爱怜地逗弄着奥利弗，她说："有时候我很怀疑，我怎么可能不疯掉呢？"显然她指的是奥利弗让她不疯掉，因为她接着就谈到奥利弗是个多么快乐、体贴又满足的小孩。

父亲喜欢和奥利弗玩激烈的肢体游戏，有时候奥利弗也很喜欢玩。父亲对奥利弗说："你我沟通良好——对你就不必客气啦——你喜欢激烈的游戏。"他继续告诉我，奥利弗喜欢看他做的时钟和示波器，颇有"乃父之风"，父亲很得意。不过，如我先前提到的，奥利弗越来越不喜欢这种激烈的游戏，特别是父亲咬他肚子的动作。不过父亲告诉我："他是我的骄傲和喜乐之源，我的儿——有一天，他会是我孙子的父亲。"这段话与父亲谈到苏珊将来的男朋友时的态度比对起来看，很有意义。

　　一直到苏珊真的打了奥利弗之后，父亲才说他们之间有了"忌妒的问题"。父亲问苏珊为什么打奥利弗，她回答："因为爹地抱他。"他们终于意识到苏珊的妒忌和敌意，这种情形与父亲经常将自己的负向感受置放在我身上很像，父母亲对奥利弗的妒忌、贪心和坏脾气非常包容，有时甚至很欣赏，认为那是男孩应该有的表现。相较起来，他们经常忽略苏珊的情绪。母亲经常很欢喜地对奥利弗说："你啊，贪心又没耐性，真是标准的男生。"

我认为，父母很难接受男性特质的其他方面。好像"男性"就"铁定"是这样或那样，就像时钟一样准确；而"女性"则等同于一些不确定的、看不见的东西。这很像婴儿期区分乳头与乳房的经验——前者坚实而后者柔软。许多情绪似乎被视为女性的一部分，当它们出现时，经常被否认，将它们归咎于可见的生理因素。出牙会持续一段很长的时间，而它恐怕会一直被视为苏珊不快乐的原因。

结论

　　我相信，我对婴儿及情绪那么有兴趣，在他们看来是怪异且太过女性化的，并导致父亲无法将我归类，因而不知道怎么与我互动。

　　一开始，我在这个家的位置很不稳，不过他们给我一个观察的空间，并很和善地接待我。父亲和母亲热烈地接待新生儿，也想这样待我，只不过这种愿望常被潜意识里冒出来的敌意及竞争干扰。这个家庭特殊的环境及价值观引发一些极端的情况，特别是父亲。倘若婴儿是个女孩，我不知道男性观察者是否仍会引发同样的反应。我认为，这个观察的有用之处在于，我提供了一个地方，让父亲可以安置其敌意、忌妒，以及被母婴关系排除在外的感受。对父亲来说，能够不被这些感觉击倒非常重要；它同时还保护了奥利弗免受这些情绪的冲击。

第十一章

杰弗瑞

杰弗瑞是家中的老二,父母皆三十出头。他出生时,哥哥彼得4岁。这对夫妻结婚后就搬到离家乡较远的地方,离开了他们从小生长的乡村,及从事苦力工作的大家庭。

父母希望给孩子一个舒适且安全的家庭环境,夫妻俩都有全职的工作。他们工作很努力,买了一个位于住宅区的房子,家里总是打扫得干干净净、明亮、舒适,而且他们很好客。

彼得出生后几周,母亲便回到职场,继续原来那份要求颇多的工作。这次,她为了生杰弗瑞,再次离开工作,并留在家里直到杰弗瑞5个月大。回去工作对她来说有些困难,她提到,她发现自己喜欢待在家里,也很享受有杰弗瑞做伴。她告诉我:"我认识的女人都是为了钱而工作,不是为了自己的生涯。"她很喜欢她的工作,不过她更希望能经营一个家,她也担起了所有养育的责任及家务。

杰弗瑞的父亲选择改变工作形态,好让自己白天可以待在家里和家人在一起。他很安静、害羞,显然很喜欢和太太、小孩在一起。彼得是个活泼、爱说话的小孩,常常动来动去。大部分的时候,他对弟弟很温柔,而父母对于他的行为有严格的规范,在这样的情况下,他们还蛮能包容他的妒忌。

母亲和善且好客,不过我也总能感受到她对隐私的看重。她不会向我吐露个人私事,也不谈任何家庭私密。虽然她也问候我的家人及生活,但清楚地让我知道她并不需要我谈个人生活史,她很满意我告诉她的个人资料:我是学生,来做观察,并思考杰弗瑞的成长历程。她觉得说这些已经够了。她有时会利用我到访的时候，让自己停下家务喘口气，坐下来观察或陪陪杰弗瑞。

杰弗瑞在家里出生。他体重较重，妈妈很高兴生产一切顺利。她告诉我，"整个生产过程是个很好的经验"，可是她从来没有告诉我生产的细节。现在回头看，我认为这是我在这个家遇见的第一处"保留"。在这个亲密但不显露私密的家庭，杰弗瑞渐渐找到自己的位置：一个足够安全、让他平安度过婴儿期种种困难（特别是母亲重回职场一事）的地方。

我第一次到访时，杰弗瑞3周大，母亲告诉我，"我不是那种天生就爱喂母乳的妈妈，有些妈妈真的很享受喂母乳。我则得不时看看时钟：3分钟对我来说好像10分钟那么久。"她发现喂母乳有个困难，她不能测量奶的质和量。

***

3周大的观察

杰弗瑞静静地躺着，非常放松，两腿张开，眼睛闭着。他慢慢吸着奶，很长一段时间只是静静地躺着。我看见他的圆脸和轻柔的头发。妈妈结束喂奶，很突然地把杰弗瑞抱坐起来，一只手在他腋下。他向前倾身挂在她手臂上，看起来完全没有力量支撑他自己的身体，他慢慢张开眼睛。母亲拉拉他包着连身衣的脚趾头，说他已经太大了。杰弗瑞向上望着我，想抬头，他的眼睛专注地看着我。我很确定他意识到我的存在，且知道我是个他不熟悉的人。几分钟后，母亲想让他吸另一侧乳房。她说，她可能得先帮他换尿布，好把他叫醒。妈妈让他靠在她身上几分钟。他张开眼睛，盯着椅背看。然后她让他坐在她膝盖上，他们俩互相凝视对方，非常亲密、柔和的凝视。在这几分钟的凝视中，杰弗瑞的神情非常愉悦。然后她再喂他另一侧乳房；这次，他紧抓着她的上衣，身体其他部分则一动不动，十分放松。

***

杰弗瑞让我印象最深刻的是，他还这么小，却能静静不动好长一段时间，不过他的眼睛经常动着，探看四周环境。我觉得他虽然只是用眼睛在探索这个世界，却能知道身边有着不同的人，家里的人在身边来来去去。他特别能觉察母亲的动静。

杰弗瑞是个很敏锐的婴儿，置身在各种不同的经验里，特别是喂食的经验。接下来的经验是清洗和换尿布。他非常喜欢洗澡。

**

4 周大的观察

母亲把他放到垫子上。他一动不动，四处看着，然后开始动起手臂和腿，一直到妈妈解开他的尿布，他都不断地动着。妈妈离开房间去拿水。他的拇指非常接近嘴巴，但没有放进去。他的手臂和腿并没有什么动作，他望着四周的眼神显得有些谨慎。妈妈在他屁股上擦乳液时，他的腿用力踢着，他蜷曲的脚则停放在阴茎上。妈妈很熟练地替他换上干净的尿布。尿布换上后，他的脸皱起来，开始变红，然后伤心地哭起来，发出呜呜的声音。妈妈抱他起来，他立刻安静下来，开始四处张望。

**

杰弗瑞被放在垫子上的时候，整个身体变得紧张起来，好像借此来稳住自己。在碰触到冷冰冰的地板，感受到空旷的空间时，他似乎借着紧绷的肌肉维持自己的完整感。接着他开始四处看，好像想找个地方安置他的经验。然后母亲熟悉的手开始清洗他的屁股，她的抚摩释放了他的紧张。有了妈妈提供的确定感后，他便能用力踢，并探索裸露下的自在。当母亲离开他去拿水，他把拇指当作乳房，希望借由拇指来安抚自己。尿布换好、清洗结束后，安抚的动作也停止了。于是杰弗瑞哭了，一直到妈妈抱起他来。

出生后前几周，在喂奶瓶之前，喂母乳的工作好像整天不停歇。妈妈很不喜欢这样。她提到，特别是在晚上，杰弗瑞喜欢和她在一起，她"不知道该怎么安抚他"。杰弗瑞2个月大时，她说："杰弗瑞喜欢整个早上和我坐在一起，四处看，吸收看到的，偶尔就吸吸手指。"我观察到好几次，当母亲要他继续吸奶时，他怎么样地强烈拒绝，以及每次喂奶时间太长，结果两次喂奶之间的间隔时间非常短。这几周，杰弗瑞成功地把妈妈紧紧绑在身边。

2个月大时："他的手紧握着，过一会儿，妈妈无心之中把他的手扳开。杰弗瑞的手摸着她的上衣，然后抓住她的衣服。他的眼睛还闭着。"

2个半月后："妈妈在喂杰弗瑞，他静静不动，闭着眼睛。妈妈谈着他的睡眠习惯。杰弗瑞停下吸吮的动作，抬眼看着妈妈。他的脸皱起来，涨红，好像有点生气的样子。"

他可以整天占住母亲，仿佛他感受到自己可以通过眼睛控制她的行动，或他的家人。

***

7周大的观察

喂了一阵奶后，母亲把杰弗瑞放在婴儿推车里，然后开门出去，带彼得去学校。杰弗瑞四处看着，他的手移到嘴边，然后发出有点奇怪的喃喃声。他看着那扇妈妈刚刚走出去的门，他的嘴动着，舌头进进出出。他把一只手放进嘴里，吸着指关节。父亲静静进来坐在他儿子旁边陪他。妈妈回来后，继续喂奶。杰弗瑞笨拙地含住乳头，乳头很快掉到嘴外，他转开头。妈妈把乳头送进他嘴里。他张着眼，抬眼看着他妈妈，她低头看他，他们四目交接。他开始吸吮，她说："好了，别玩了，赶快吃。"他吸奶时张着眼，一只脚画着圈圈。他是否利用张开眼睛的方式，来留住妈妈在身边，不准她消失？

第十一章
杰弗瑞

***

12 周大的观察

妈妈站起来，把杰弗瑞放进婴儿椅。他看着她站起来，走开。他看着她走出门，脸上没有特别的表情。他在椅子上玩着人偶，不玩人偶的时候，他就静静坐着。他抓住一个蓝色的人偶，一手握住它，两眼盯着它看。

***

思考及好奇感似乎比饥饿感还强烈。我的观察记录中，有许多描述了杰弗瑞中断吸奶、四处观看的情景。在他转开头的时候，妈妈经常把奶瓶留在他嘴里。等他慢慢长大后，她常把杰弗瑞放在我旁边，好让他可以同时看见我和她，也许也让他感受到他可以同时控制我们两个。他的样子让人觉得，好像四处观察就像奶一样可以喂饱他，仿佛他可以通过眼睛把这个世界吃进去，并否认他对真正食物的需要。这样的征兆在 6 个星期大时就看出来了。

***

6 周大的观察

妈妈一走出房间，杰弗瑞的脸就开始皱起来。他的脸变红，他的下唇向前突出，开始颤抖起来，不过他很快找到东西看着（好像什么东西突然吸引了他的注意力），他的脸便放松下来。他这样看了一会儿——他的嘴唇又向前突，偶尔才小声哭一下。然后他让自己专注在某件东西上，很快地，他的脸就放松了，他会盯着这样东西看一段时间。

杰弗瑞 3 个月大时，妈妈一见到我就告诉我，她现在中午改给杰弗瑞吸奶瓶了。他很快就接受了，不过吸奶瓶好像让他吸进不少空气，打了不少嗝。妈妈说，她还是让杰弗瑞在清晨6点全吃母乳，上午11点和下午6点就只喂他一侧乳房。在这次观察中，杰弗瑞猛吸拇指，妈妈说他可能是饿了，不过他不肯吸妈妈的奶。我觉得杰弗瑞在上午11点拒绝吸乳房（只喂一侧乳房），可视为他在表达对妈妈留住乳房不给他的愤怒。在断奶之前，杰弗瑞很享受吸吮并探索他的嘴巴，不过也许现在他吸手指（这个动作一直持续到完全断奶后）可能有另一层意义，是在压抑他对母亲的需求。这段时期，他经常被放在帆布婴儿椅上，他的家人在他身边来来去去。这段时期，我的记录经常提到他坐在椅子上，吸吮着他的拇指或手的某部分，或让舌头在唇间进进出出，有几次则吸吮自己的舌头。有时候，这些动作的出现很明显与母亲在面前有关，他会盯着妈妈看，同时吸吮自己的手指。遇见挫折后，他会两手交握，仿佛要握住自己，紧紧攀住自己，同时吸吮着。断奶后，他经常拿着一些小玩具又吸又咬。

杰弗瑞5个月大时，母亲恢复了工作。这事默默地过去了。1个月前，她加快杰弗瑞断奶的速度，所以，他的进食形态突然改成一天3次固体食物，傍晚吸奶瓶，只剩下清晨一次亲喂母乳。在我看来，这个断奶的过程似乎非常快，然而妈妈很高兴"整个过程非常顺利"。以下是杰弗瑞4个月大时，我对喂食过程的观察。

※※※

16 周大的观察

妈妈用一条小手巾擦着他，把他两条胳膊束在身侧。她舀了满满一汤匙食物放进他嘴里。杰弗瑞打开嘴巴等着食物，同时看着我。妈妈又给他一汤匙，他扭动身体，发出"哦哦"的抗议声。妈妈说："还太烫。"她边重复说着"太烫"，边把一汤匙食物放进杰弗瑞嘴里。我后来才理解，她指的是放在桌子上那碗水里的奶瓶。这个奶瓶在杰弗瑞身

第十一章
杰弗瑞

后,他其实看不见。不过,杰弗瑞扭着身体并不是在看那个奶瓶,他盯着我看,现在,他扭得更用力些。妈妈说:"你要你的大拇指吗?"她把食物放下,松开他的手臂,然后继续喂他。他没有把大拇指放进嘴里,倒是向后躺,吃得津津有味,不再扭动身体。他的嘴巴张开准备接收妈妈递过来的食物;他的舌头向前伸到两唇之间,然后边舔边吸地把食物吞下去。妈妈用毛巾把他的脸擦干净,然后把他放在沙发上,再去拿他的奶瓶。杰弗瑞一手捧着碗,另一手完全放进嘴里。妈妈回来,抱起他,让他贴近她的身体;杰弗瑞开始发出喃喃声,看着奶瓶。当妈妈把奶瓶拿到他面前,他张大嘴,向奶嘴靠去。他用力吸着,发出一些声响,鼻子的呼吸声也变大,发出喘气般的声音。他的眼睛张着,看着妈妈。他的脚一动也不动,偶尔一只脚会慢慢画着圈圈。离妈妈较远的那只手移动到她握着奶瓶的手附近;他把手指张开。妈妈低头看着他,很长一段时间,四下一片静寂,只有杰弗瑞吸奶吸得津津有味的声音。

妈妈突然出声问我假期的事。我回答妈妈的问题。杰弗瑞开始边吸边发出喃喃声,抬起左手去碰妈妈的脸。她低头看他,问:"怎么了?你要我和你讲话吗?"她开始细声和他说话,声调像唱歌一般,边说边摇着头。杰弗瑞很认真地看着她,然后松掉奶嘴,开始对着她说起话来,他嘟起上唇,和她聊天,把手伸向她的脸。她把奶嘴再放进他嘴里,他吸着,一直看着她。

杰弗瑞渐渐越来越放松,身体静静不动。他的眼睛渐渐阖上,停下吸吮的动作。"你快要睡着了,眼睛都打不开了!"妈妈移开奶嘴,让他坐起来。杰弗瑞开始大声哭起来;他的脸皱起来、涨红,接着是一长串的大声吐气。妈妈按摩他的背,她的手在他背上画圈圈。她说:"哦?你还要吗?"然后把奶嘴放进他的嘴里。杰弗瑞含住了奶嘴,但吸了几口后就把它推出来。妈妈让他坐起来,按摩着他的背,他发出抗议,可是情况没有好转,妈妈变得有些不能理解,而杰弗瑞则变得更不舒服。她说:"我不知道你要什么,我去拿垫子,给你换尿布。"

妈妈帮他换了新尿布——旧尿布还很干净——杰弗瑞静静地让妈妈换。穿好衣服后，他躺在地上，妈妈给他一个塑胶"尿布别针"玩具。他看着玩具，过了一会儿，伸出手来想抓它；第二只手也开始伸出去抓时，就抓住了。他把玩具别针放进嘴里，开始吸、舔、咬。妈妈离开房间，杰弗瑞看着她离开。他有时候吸吮、咬着玩具，他的右手卡在围兜下面，围兜翻起来遮住了他的脸。他开始涨红脸，我帮他把围兜拿开。他继续咬着玩具，后来玩具从他手中掉了，我把它还给他。他拿住玩具，并看着我，然后又开始吸它，看着门的方向。妈妈回来时带了茶，她很快又离开，把茶端去给爸爸。杰弗瑞看着她离开，他的脸变红，开始大声哭起来，中间偶尔停下来咬一咬别针。妈妈回来，杰弗瑞立刻不哭了。她把他抱起来，和他说话，靠在他脸颊旁吹气。杰弗瑞看着她，开始对着她发出各种声音。

***

杰弗瑞的第一批玩具是这些小小的、各种形状的塑胶玩具。有的是别针，有些是人，还有的是鸟。母亲每次帮他换尿布时，就把这些玩具介绍给他，并放在他手里。他会吸吮并咬着这些玩具。这些玩具似乎有抑制他对母亲的需求的功用。当她离开他的视线时，他会紧抓住这些玩具。我也感受到当他有愤怒及攻击时，咬的动作会增加。

***

20周大的观察

妈妈在落地玻璃门外头清洗窗户。杰弗瑞看着她，又看看我，重复地看妈妈和我；当我们四目交接时，他会浅笑一下。他把手上拿着的小鸟放到嘴里，开始咬着它。我感到有些不舒服，好像如果我不和

第十一章
杰弗瑞

杰弗瑞说话，他会焦虑起来；杰弗瑞继续咬着他手上的鸟，并看着我。妈妈和哥哥进来了。他叫出声来，我看他，他也看我。过了一会儿，这事重复了一次。然后他变得静静不动，只是咬着嘴里的玩具。这样过了好一会儿，他把嘴里的玩具拿出来，伸出手去，张开手指，玩具因而掉在地上。然后他变得更安静，他看着我们，渐渐陷入一种半梦半醒的状态，把头靠在椅背上。妈妈同我说话，我的注意力因而离开杰弗瑞。他大叫，我转头看他，他也看着我，嘴里咬着爽身粉盒子的边缘。

妈妈进来，缓缓帮他换着尿布。她向前倾身，越过杰弗瑞，趴在地上，指着什么东西给彼得看，彼得在他们两个人旁边写字。杰弗瑞抬头看着她，伸出右臂、张开手，碰她右边乳房附近，然后很开心地微笑，并笑出声来。妈妈没注意到他的反应，没有表示什么，她坐起来，继续清洗他的屁股；杰弗瑞开始玩起他的手，两手互击发出声响，又张开手心，两手手心和手指相对。妈妈第二次向前倾身，杰弗瑞抬头看着，自己微笑起来。妈妈在处理彼得的事，没有回应杰弗瑞。她给杰弗瑞包上干净的尿布，正包着的时候，杰弗瑞把两根拇指放进嘴巴里。他的动作有点粗鲁，有一两次拇指差一点戳到眼睛。等拇指送进嘴里，没待很久，他又开始戳来戳去。妈妈把他抱起来。

***

看来，有一些未被注意到的愤怒在流动着。

这可能是母亲重回职场所带来的影响。在她重回工作前一天的观察中，杰弗瑞急着要抓住汤匙、自己喂自己，不过妈妈精神奕奕地喂他，他满嘴食物，同时伸出手要抓汤匙。看他的样子，妈妈说他吃得又快又干净。妈妈这么说，可能是为了减轻隔天就要离开他去上班的痛苦。她表现得好像在说"别胡思乱想，提起精神来做事，保持忙碌"。

下一次观察，我抵达时，杰弗瑞在睡觉，我正好目睹他做梦，好像是在回想令他满足的吃奶经验。

***

21周大的观察

我们一起进到卧房时，妈妈和我说着话，杰弗瑞张开一只眼睛。看见这种情况，妈妈停下正在说的话。杰弗瑞慢慢闭上他的眼睛，开始吸吮他的拇指，吸了约4~5秒。妈妈看了他一会儿，离开房间。他吸吮拇指几秒钟，除此之外，没有动静。他的眼球在眼皮下动着。他渐渐进入深度睡眠。他的吸吮减缓为5~6秒钟一次，并伴随着相同速度的深呼吸。他的眼睛不再动，我看着他一动不动，睡了约莫20分钟。然后我听到妈妈的声音，好像是在讲电话。杰弗瑞突然改变姿势，用手臂把自己撑起来一点，那手臂便留在身侧。他把脸埋进床单，在床单上摩擦着他的鼻子。他脸向前，右脸颊向下，然后左右转动一两次，同时发出低沉带着埋怨的声音。接着，他摩擦着他的脸，好像要把脸埋得更深一些。他又睡着了。他没有把拇指放回嘴里，渐渐安静下来，呼吸也平顺了，他的拇指就在离嘴边几厘米的地方。

***

妈妈总是在喂奶或喂食之后，用毛巾擦拭杰弗瑞整个脸。以下是同一次观察的后半段：

杰弗瑞醒着，躺在放在地上的一把塑胶椅上。他四处张望，然后看着我，微笑，再微笑。我感到我若不回应他的微笑，会让他不知所措，便也对他微笑。之后他又对我微笑，然后向妈妈发出声音，妈妈站在厨房走道，他发出引她聊天的声音。接着，他观看着，然后兴奋

第十一章
杰弗瑞

起来，唤他哥哥，他哥哥大吼大叫，玩着激烈的游戏。他妈妈把彼得嘘走，好把杰弗瑞放在地上，并让我看他已经快要能自己移动了。他向下直直盯着地毯看，撑着自己的手臂，好几次把自己的身体撑高又放下。然后他抬起头，四处张望；接着，放下头，他开始移动脚和膝盖，推撑着地毯，有点爬行的意思，但不是很成功。他把脚和膝盖移到肚子下面，抬高自己的肚子。妈妈看着，显得非常高兴，笑着。然后她把他抱起来，谈到他很强壮。

在这节摘录中，我认为有许多线索指明，杰弗瑞找到方法应对妈妈因工作好几个小时不在身边的情况，从而继续他的成长与发展。他继续发展他的生理能力，这部分一直是他家人关注的焦点，他也借此争取家人的注意力。他对其他小孩很有兴趣，有时候甚至显露出他早熟的好奇，特别是对他哥哥；好像他认同了父亲及哥哥，使他显得像个小男孩，而不是个还有很多需求的婴儿。

妈妈开始上班后的几周，杰弗瑞在各方面都长得非常快。我所观察到的奶瓶喂奶的时间，仍是母亲和儿子之间的亲密时刻。尽管他们俩的身体有些距离，他们仍发展出非常私密的对话，其中包含了各式各样的声音，那是种非常亲密的互动。

杰弗瑞也持续展现其个人特质，清楚表达自己的愿望。母亲回去上班 1 个月后的情况如下。

***

25 周大的观察

杰弗瑞静静吸着奶瓶，他的手放在妈妈的上衣上，五指张开。他的另一只手放在她的手指上。彼得同我说话。杰弗瑞不想要奶瓶了，他把头转开。过了一会儿，妈妈说："这样啊，你想看，不想吃。"她转过他的身体好让他看见我和彼得。他愉快地微笑起来，然后躺下来继续吸奶，把我和彼得都放进他的视野里。

***

好长一段时间，奶瓶对他来说一直是令人满足且可以控制的经验。杰弗瑞触摸奶瓶，感受自己可以控制的感觉。有好几次，我看见当奶流得太慢，他便咬一下奶嘴。在母亲回去上班后，杰弗瑞开始对杯子有兴趣。他 6 个月大时，我意识到他经常注意着我喝的杯子。我每次到访观察，妈妈都会为我泡一杯咖啡。在他的注视下，我觉得我好像在喝他的饮料。他常会模仿家人使用杯子的姿势，有时用他的奶瓶，有时用空杯子。我认为，这反映了杰弗瑞对长大一事的个人探究，以及想要长大的愿望：他也许希望自己是父亲或彼得。他喝水的动作仿佛试着体验他人的经验。当我感受到我在喝他的饮料，他是否与我一起在体验我的经验？

***

26 周大的观察

妈妈坐在我旁边的沙发上。杰弗瑞看着我，把手伸向我的咖啡杯。因为我的杯子是空的，妈妈便让他继续伸手试着抓杯子。我把杯子给他。他试着要握稳它，然后往杯底看。他把玩着杯子约莫 10 分钟，然后露出他那乳臭未干的得意笑容。

有几个月，杰弗瑞一直用妈妈给他的那几个塑胶玩具玩"先丢再捡"的游戏。他把东西掉在地上，然后从椅子侧边探出身子去看，最后捡起来。7 个月大时，妈妈增加了好几个玩具给他，杰弗瑞把这些玩具拿起来后，会生动地和他们聊天，那样子就像妈妈跟他聊天时一样。这个时候，好像他就是"妈咪"，和他的玩具宝宝在一起。借此，杰弗瑞体验着与母亲分离的主题：现在他是掌控情况的母亲，他可以控制玩具宝宝的"在"与"不在"。

***

24 周大的观察

杰弗瑞坐在他那把放在地上的塑胶椅上。他拿出玩具狗，让它从椅侧掉出去，他等了一下，然后弯身去把它捡起来。他咬着玩具狗的头，然后再让它掉出去，从他前面掉到地上。他等了一下，然后上半身从两腿之间往前弯，左手伸出去要捡，但捡不到。他弯身向左，伸出手找那个玩具。这次，虽然他摸到玩具，但捡不起来。试了几次后，他抬头看向妈妈，说："啊！啊！"妈妈回答："你拿不到吗？"妈妈过来帮他捡起来。杰弗瑞渐渐兴奋起来，显得非常高兴。他用力踢着脚，偶尔就咬一咬玩具，有时对着我说话，有时则对着妈妈说话。他咯咯笑着和我们聊天，显得很快活、很开心的样子。妈妈离开去泡咖啡。杰弗瑞看着她离开房间。他看不见妈妈之后，便把他的视线转向我。他微笑，试着要我和他说话。我回应了他。当妈妈回来后，杰弗瑞立刻盯着杯子看。

***

一旦杰弗瑞可以移动自己（先是翻身，后是爬），他便开始探索房间四周，摸摸门把、打开橱柜的小门。他带着他的奶瓶爬，奶瓶不时掉到地上。我觉得那个奶瓶对杰弗瑞而言仿佛是"心理母亲（pseudo-mother）"，是他可以丢掉、忘记的。他发现他不再需要母亲随时在旁边，他已经不是那个小婴儿了。在这些探索中，杰弗瑞也呈现出他现在心里想的父亲及哥哥，并希望自己可以像他们一样。

***

40 周大的观察

他转向彼得的脚踏牵引车，想办法跪坐在这个玩具车旁边。他推着它在房间里绕，推的时候先倾身向前，等到上半身不能再往前了，就用膝盖走过去。他学彼得发出"呜呜呜"的声音，然后往侧边看向我。

***

44 周大的观察

杰弗瑞爬着，爬到一辆木制平板车旁坐定。他把瓶子一个一个拿出来，很仔细地看每一个瓶子，然后把瓶子放到一边。等箱子空了，他用手检查箱子里面，把里面全部检视一遍，然后再把瓶子一个一个放回去。

***

在他1岁前的后半期，还有其他有关"分类""检视""观看"及"丢弃"的游戏。这段时期，我经常观察到此类活动，仿佛杰弗瑞在这段时期最关切的主题是弄清楚他生命里的这些人，他们的来来去去，以及发展出借由游戏理解其愤怒和攻击的方法。

***

88 周大的观察

妈妈拿了一个大红苹果进来，她咬下一块，给杰弗瑞。他开心地接过苹果，一边在房间里走来走去，一边湿答答地吃着那块苹果。过了一会儿，他回到妈妈膝前，把苹果递还给妈妈，她接过去，又给他，他叽叽咕咕地催着她，她便再咬一口。这次，他接过苹果，拿着它走来走去，然后来到我面前，把它递给我。我接过来，再还给他。他拿了苹果，开始吃，然后把苹果留给我，自己跑去追猫。稍后，他要回他的苹果，没一会儿苹果掉在地上。妈妈把它捡起来，把沾在上头的地毯绒毛拿下来，然后拿到厨房去冲洗。杰弗瑞跟在后头，伸出手要苹果。妈妈把苹果举到他拿不到的高度，小心检查苹果上有无脏东西，杰弗瑞突然哭起来了。他的下唇嘟起来，涨红了脸。妈妈低下身来抱起他，擦擦他的鼻子和嘴巴。他挣扎着。她一把苹果还给他，他就高兴了，边在客厅里四处走动，边吃着手中的苹果。他四处走，丢掉了苹果，他用脚踢它，像在踢足球。

※※※

杰弗瑞在客厅里的动作，显示他觉得一切都在他的掌控中，他拿苹果喂妈妈又喂我，好像很伟大的样子。妈妈清洗弄脏了的苹果时，对于那可望而不可及的苹果，杰弗瑞很沮丧，这个时刻，他完全失控，也许他害怕苹果就此一去不回。等他拿回苹果，一切又回到他的掌控，他可以随自己的意思丢掉它、踢着玩。有时候，杰弗瑞的脆弱显而易见，他应对沮丧、压力的方式也是如此。接下来摘录他 6 个月大时的观察。

※※※

24 周大的观察

喂食的过程短而快。妈妈站起来，说她要去拿他的奶瓶，并让彼得跟她一起去，她要帮他清洁牙齿。他们离开房间。杰弗瑞看着他们离开。妈妈离开房门时，顺手拉了门。一下子，我很害怕门会被关上。她离开时，杰弗瑞静坐着不动，把手放在大腿上。此刻，他的脸没有变化，不过他的右手开始在右腿上动着，左手没动。他把右手硬挺挺地放在腰际，食指戳着他的大腿。他四处看，看向我的方向，最后注视着我，然后转回去看门。他向后看我，给我若有似无的微笑，并有一次笑出声来。我也对他笑。他望着门，然后转回头注视我，对我发出谈天似的声音，他的身体向椅子右侧弯，他的右手和手指僵硬地在椅侧及扶手的地方移动着。

***

32周大的观察

以下是杰弗瑞8个月大时的观察，彼得和他的几个朋友也在。当时已是黄昏，杰弗瑞有些累。

妈妈让杰弗瑞坐在沙发上，一旁有一堆等着要熨的衣服。杰弗瑞身子向前倾，他似乎在观看屋子里玩得兴高采烈的孩子们。他的身体前后摆动，微笑着、摇晃着，非常兴奋地享受四周热闹的气氛。3个小孩决定要玩Snap（一种纸牌游戏，见到相同的两张牌时喊"Snap"）。杰弗瑞渐渐安静下来，陷入出神的状态。他的左手开始在座位上游走。沙发上的丝绒罩都拿掉了，可能是拿去洗。他的手摸着接缝，直到他找到了拉链。他把接缝的地方拉起来仔细看了一会儿，然后他又回到出神的样子。过了一会儿，孩子们大吼"Snap"时，他抬起头来，兴奋地看着，然后又渐渐安静下来，又开始出神。其他的声音好像不怎么干扰他。他心不在焉地伸手到那堆衣服里拉出一件衬衫，把它拉到嘴边，开始咬起衣领。妈妈拿了咖啡进来，把衬衫拿走。他盯着我的杯子看，一直到我觉得不好意思喝那杯咖啡。妈妈给他一部玩具电话。他拿起话筒收话的部分咬起来。然后他拿起电话线咬一咬，再把它缠在手指间。过一会儿，他缓缓向旁边倾斜，抓起衣服堆里的东西咬一咬。他渐渐安静不动。然后他的脸突然涨红起来，我闻到大便的味道。

他继续咬着衣服。妈妈把他的奶瓶带进来。他依偎在妈妈的膝边，热切地张开嘴巴，眼睛张开，开始吸起奶瓶。他很放松，静静地，看着奶瓶，很专心地在自己的世界，有点出神的样子。他两手拿着奶瓶，并用手拍着奶瓶，显得很满足的样子。

***

在日常生活琐事里，会有一些小小的争执，而杰弗瑞总是能够找到与母亲妥协之道。

***

20 周大的观察

杰弗瑞伸手要拿汤匙，妈妈让他拿了。他把汤匙放进嘴里，没有弄脏嘴。她就让他自己吃，于是他又舀了第 2 匙。等他慢慢不再那么热切地要自己吃，她便接手，干净利落地喂他。吃了几口后，他抬起手，手心向外，好像在说"停"，然后他喝了几口水。下一口食物塞满嘴巴时，他把手指头放进嘴里吸，妈妈说："对，用你常用的那根指头。"他没再吸。食物咽下去后，他就张着嘴等下一汤匙。妈妈拿了一瓶水果酸奶，杰弗瑞似乎没多大兴趣。妈妈抱他坐在她膝上，试着用汤匙喂他吃。他拒绝，坚持要自己吃。他们各让一步：杰弗瑞自己拿汤匙，但妈妈握着他的手，好让他不会弄脏自己。妈妈有点紧张不自在，好像在忍耐杰弗瑞自己喂食，而她硬邦邦的动作显得有些滑稽。我发现自己在笑。她转头看我，看见我在笑，也忍不住笑起来，松了口气地说："我受不了脏兮兮，就是受不了。"她还是试着让他自己喂。在吃酸奶的时候，杰弗瑞 2 次要求妈妈帮他擦嘴巴和鼻子。

***

一旦杰弗瑞渐渐独立，不那么需要别人的协助，他便能在人际关系里，选择并要求亲密及关爱。

***

52周大的观察

妈妈一抱起他，杰弗瑞就安静下来。他依偎在妈妈的肩头，手臂弯曲在胸前。他没有抱着妈妈，两手交叠在前，依偎在妈妈怀里。

***

结论

杰弗瑞生长在接纳并爱护他的环境中。他的自信使他能够表达自己，并深信家人会帮助他面对任何困难，只要他有要求，他们就会帮助他。他的家给予他足够的空间：不过分干涉，又有充分的关照，使杰弗瑞能够自行选择要静静地沉思、想象或是玩耍、探索。也就是说，他有足够的空间让他进行躯体上或心理的探索。他很有毅力，也很专心，能够从头到尾完成他想做的事。

杰弗瑞的家人很鼓励他表现出"大男孩"的样子，较少给他机会去呈现他婴孩的那一面——包括感觉和行为。他们赞美他肢体动作能力的发展，总是有种要他快快长大的气氛。每次他发展出新的能力，他们就开始想到下一个阶段。例如，他刚会爬，妈妈就去借了一部学步车；等他刚会走，妈妈就买个便盆给他当玩具。至于杰弗瑞，他热切地认同身边的大人，想要长大、独立，减少婴儿般的需要，以及对常不在身边的母亲的依赖。杰弗瑞也许吸收了母亲的样子，或仿效她总在情绪上维持些微距离。哺乳且需要她一直待在身边，带给母亲不少压力和焦虑，这些因素或许与她情绪上与人保持距离有关。此外，母亲不太能忍受"乱糟糟或脏兮兮",我认为,这不单指小婴儿实际上会造成的乱糟糟,也包括情绪方面的"乱糟糟"。

　　杰弗瑞"希望妈妈任何时间只属于他"的早期愿望没有得到满足;不过这个家提供的环境质量,特别是妈妈的温暖和包容,稳定和可信赖,及最重要的,她在鼓励他长大、能与她分离的同时也能将他放在心里的能力,使杰弗瑞稳固地融入了他的家,并发展出了归属感。

参考书目

Abraham, K (1924) 'A Short Study of the Development of the Libido', in *Selected Papers* on *Psycho-Analysis,* London：Hogarth (1949) (Maresfield Reprints 1979)

Alvarez, A (1988)'Beyond the Unpleasure Principle：Some Preconditions for Thinking Through Play', *Journal of Child Psychotherapy,* Vol. 14, No. 2

Bain, A & Barnett, L (1980) *The Design of a Day Care System in a Nursery Setting for Children under Five*：*Final Report,* Tavistock Institute of Human Relations, Doc. No. 2347

Barnett, L (1985) (film) *Sunday's Child*：*The Growth of Individuality 0-2 years* (120 mins, short version 60 mins). University of Exeter

Bentovim, A (1979)'Child Development Research Findings and Psychoanalytic Theory：An Integrative Critique', in Schaffer, D & Dunn, J (eds) *The First Year of Life,* Chichester：Wiley

Bernstein, B (1977)'The Sociology of Education：a Brief Account', in *Class,Codes and Control,* Vol. 3, London：Routledge & Kegan Paul

Bick, E (1964) 'Notes on Infant Observation in Psychoanalytic Training', *International Journal of Psycho-analysis,* Vol, 45.

Bick, E. (1968) 'The Experience of the Skin in Early Object Relations', *International Journal of Psychoanalysis,* Vol. 49

Bick, E (1987) 'The Experience of the Skin in Early Object Relations' (first publ. 1968), in Harris, M & Bick, E, *Collected Papers of Martha Harris and Esther Bick* (ed. Harris Williams, M), Perthshire：Clunie

Bion, W R (1962) *Learning from Experience,* London：Heinemann (Maresfield reprints 1988)

Bion, W R (1962a) 'A Theory of Thinking', *International Journal of Psychoanalysis,* Vol. 43

Bion, W R (1962b) *Learning from Experience,* London: Heinemann

Bion, W R (1963)'Elements of Psycho-Analysis, London: Heinemann; also in Bion, W R *Seven Servants,* New York: Aronson

Bion, W R (1965) *Transformations,* London: Heinemann, also in *Seven Servants,* New York: Aronson

Bion, W R (1970) *Attention and Interpretation,* London: Tavistock; also in *Seven Servants,* New York: Aronson

Boston, M (1975) 'Recent Research in Developmental Psychology', *Journal of Child Psychotherapy,* Vol. 4, No. 1

Boston, M (1989, forthcoming) 'In Search of a Methodology of Evaluating Psychoanalytic Therapy with Children', *Journal of Child Psychotherapy*

Boston, M & Szur, H (1983) *Psychotherapy with Severely Deprived Children,* London: Routledge & Kegan Paul

Bower, TGR (1977)*A Primer of Infant Development,* San Francisco: Freeman

Bowlby, J (1969, 1973, 1980) *Attachment, Separation and Loss* (3 vols), Harmondsworth: Penguin Books.

Brazelton, T B, Tronick, E, Anderson, L H & Weise, S (1975) 'Early Mother-in-Law Reciprocity', in *Parent-Infant Interaction,* Ciba Foundation Symposium 33, Amsterdam: Elsevier

Bretherton, I & Waters, E (eds) (1985) *Growing Points of Attachment Theory and Research,* Monographs of the Society for Research in Child Development, Vol. 50, Nos. 1-2, Chicago: University of Chicago Press.

Brown, G W & Harris, T (1978) *Social Origins of Depression: a Study of Psychiatric Disorder in* Women, London: Tavistock

Bullowa, M (1979) *Before Speech,* Cambridge: CUP

Burgess, R G (ed) (1982) *Field Research: a Source Book and Field Manual,* London: Allen & Unwin

Burgess, R G (1984), *In the Field: an Introduction to Field Research,* London;

Allen & Unwin

Carpenter, G (1975) 'Mother's Face and the Newborn', in R Lewin (ed) *Child Alive*, London: Temple Smith

Cranach, M von, *et al* (1979) *Human Ethology: Claims and Limits of a New Discipline,* Cambridge: CUP

Dandeker, C, Johnson, T, Ashworth, C (1984) *The Structure of Social Theory: Dilemmas and Strategies* (ch 3 on subjectivism), London: Macmillan

Denzin, N K (1970) *The Research Act in Sociology,* Chicago: Aldine

Denzin, N K (ed) (1978) *Sociological Methods; a Sourcebook* (2nd ed.) London: McGraw Hill

Dunn, J (1977) *Distress and Comfort,* London: Fontana/Open Books

Dunn, J (1979) 'The First Year of Life: Continuities in Individual Differences', in Schaffer, D & Dunn, J, *The First Year of Life,* Chichester: Wiley

Dunn, J B & Richards, M P M (1977) 'Observations on the Developing Relationship between Mother and Baby in the Newborn', in Schaffer, H R (ed) *Studies in Mother-Infant Interaction,* London: Academic Press

Fairbairn, W R D (1952) *Psychoanalytic Studies of the Personality,* London: Tavistock/Routledge

Freud, S (1909) 'Analysis of a Phobia in a Five-year-old Boy', *Standard Edition,* Vol. 10, London; Hogarth (1955)

Freud, S (1911) 'Two Principles in Mental Functioning', *Standard Edition,* Vol. 12, London: Hogarth (1958)

Freud, S (1912a) 'The dynamics of transference', *Standard Edition,*, Vol. 12, pp.97-108

Freud, S (1912b) 'Recommendations to Physicians practising Psycho-analysis', *Standard Edition,* Vol. 12, pp, 109-20

Freud, S (1915) 'Remembering, Repeating and Working Through', *Standard Edition,* Vol. 14, pp. 121-45

Freud, S (1920) 'Beyond the Pleasure Principle', *Standard Edition,* Vol. 18, London: Hogarth (1955)

Geertz, C (1973) *The Interpretation of Cultures,* New York: Basic Books.

Geertz, C (1983) *Local Knowledge,* New York: Basic Books

Hargreaves, J (1967) *Social Relations in the Secondary School,* London: Routledge & Kegan Paul

Harré, E & Secord, P F (1972) *The Explanation of Social Behaviour,* Oxford: Blackwell

Harris, M (1978)'Towards Learning from Experience', in Harris Williams, M (ed) *Collected Papers of Martha Harris and Esther Bick,* Pérthshire: Clunie

Keimann, P (1950) 'On counter-transference', *International Journal of* Psychoanalysis, Vol. 31, pp. 81-4

Henry, G (1974) 'Doubly-deprived', *Journal of Child Psychotherapy,* Vol. 3, No. 4

Hinde, R A (1982) 'Attachment: Some Conceptual and Biological Issues', in Murray Parkes, C & Stevenson-Hincie, J (eds) *The Place of Attachment in Human Behaviour,* London: Tavistock

Hinae, R & Stevenson-Hinde, J (1988) *Relationships within Families: Mutual Influences*, Oxford: Clarendon Press

Hinshelwood, R (1989) *A Dictionary of Kleinian Thought,* London: Free Association Books

Hopkins, B (1983)'The Development of Early Non-verbal Communication: an Evaluation of its Meaning', *Journal of Child Psychology and Psychiatry,* Vol. 24, No. 1

Isaacs, S (1952) 'The Nature and Function of Phantasy', in Klein, M, Heinemann, P, Isaacs, S & Riviere, J (eds) *Developments in Psychoanalysis,* London: Hogarth

Kaye, K(1977)'Towards the Origin of Dialogue', in Schaffer, H R (ed) *Studies in Mother-Infant Interaction*, London: Academic Press

Klaus, M H & Kennell, J H (1982) *Parent-Infant Bonding,* St Louis: Mosby

Klein, M (1921)'The Development of a Child', in *Contributions to Psycho-analysis 1921-1945*, London: Hogarth (1950)

Klein, M (1928)'Early Stages of the Oedipus Conflict,' in *Contributions to Psycho-analysis 1921-45*, London: Hogarth (1950)

Klein, M (1946)'Notes on Some Schizoid Mechanisms', in *The Writings of Melanie Klein,* Vol. 3, London: Hogarth (1975)

Klein, M (1948)'On the Theory of Anxiety and Guilt', in *The Writings of Melanie*

Klein, Vol. 3, London: Hogarth (1975)

Klein, M (1952a)'Some Theoretical Conclusions Regarding the Emotional Life of the Infant', in Klein, M *et al, Developments in Psycho-analysis,* London: Hogarth

Klein, M (1952b)'On Observing the Behaviour of Young Infants', In Klein, M *et al, Developments in Psycho-analysis,* London: Hogarth

Klein, M (1959)'Our Adult World and its Roots in Infancy', in The *Writings of Melanie* Klein, Vol. 3, London: Hogarth (1975)

Laplanche, J & Pontalis, J B (1973) *The Language of Psychoanalysis,* London: Hogarth

Likierman, M (1988)'Maternal Love and Positive Projective Identification', *Journal of Child Psychotherapy,* Vol. 14, No. 2

Liley, A W (1972)'The Foetus as a Personality', *Australian and New Zealand Journal of Psychiatry,* Vol. .7, pp. 99-105

MacFarlane, J A (1975)'Olfaction in the Development of Social Preference in the Human Neonate', in *Parent-Infant Interaction,* Ciba Foundation Symposium 33, Amsterdam: Elsevier

Mackay, D M (1972)'Formal Analysis of Communicative Processes', *Non-verbal Communication* (ed. R A Hinde), Cambridge: CUP

Magagna, J (1987)'Three Years of Infant Observation with M Bick', *Journal of Child Psychotherapy,* Vol. 1.3, No. 1

Main, M & Weston, D R (1982)'Avoidance of the Attachment Figure in Infancy', in Murray Parkes, C & Stevenson-Hinde, J, *The Place of Attachment in Human Behaviour,* London: Tavistock

Meltzer, D (1978) *The Kleinian Development,* Perthshire: Clunie

Meltzer, D (1983) *Dream-Life,* Perthshire: Clunie

Meltzer, D (1988) *The Apprehension of Beauty,* Perthshire: Clunie

Meltzer, D *et al* (1975) *Explorations in Autism: a Psycho-Analytic Study,* Perthshire: Clunie

Meltzer, D & Harris Williams, M (1988) *The Apprehension of Beauty,* Perthshire: Clunie

Meltzoff, A N (1981)'Imitation, Intermodal Co-ordination and Representation in

Early Infancy', in Butterworth, G (ed) *Infancy and Epistemology: an Evaluation of Piaget's Theory*, Brighton: Harvester

Menzies Lyth, I (1988) *Containing Anxiety in Institutions: Selected Essays*, London: Free Association Books

Middleton, M P (1941) *The Nursing Couple,* London: Hamish Hamilton

Mills, M (1981)'Individual Differences in the First Week of Life', in Christie, M J & Mallet, P, *Foundations of Psycho-somatics,* Chichester: Wiley

Mounoud, P & Vinter, A (1981)'Representation and Sensorimotor Development', in Butterworth, G (ed) *Infancy and Epistemology: an Evaluation of Piagef's Theory*, Brighton: Harvester

Murray, L (1988)'Effects of Post-natal Depression on Infant Development: Direct Studies of Early Mother-Infant Interactions'; in Kumar, R & Brockington, I F(eds), *Motherhood and Mental Illness 2*, London: Wright

Murray Parkes, C & Stevenson-Hinde, J (eds) (1982) *The Place of Attachment in Human Behaviour*, London: Tavistock

O'Shaughnessy, E (1964)'The Absent Object', *Journal of Child Psychotherapy*, Vol. 1 No. 2

O'Shaughnessy, E (1981)'A Commemorative Essay on W R Bion's Theory of Thinking', *Journal of Child Psychotherapy*, Vol. 7, No. 2

Osofsky, J D & Danzger, B (1974)'Relationships between Neonatal Characteristics and Mother-Infant Interactions', in *Developmental Psychology*, Vol. 10, pp. 124-30

Piontelli, A (1987)'Infant Observation from Before Birth', *International Journal of Psychoanalysis,* Vol. 68, Part 4

Polanyi, M (1958) *Personal Knowledge: Towards a Post-Critical Philosophy*,London: Routledge & Kegan Paul

Popper, K R (1972) *Objective Knowledge,* Oxford: OUP

Pound, A (1982)'Attachment and Maternal Depression', in Murray Parkes, C & Stevenson-Hinde, J (eds) *The Place of Attachment in Human Behaviour*, London: Tavistock

Richards, M P M (1979)'Effects on Development of Medical Interventions and the Separation of Newborns from their Parents', in Schaffer, D & Dunn J (eds) *The First Year of Life,* Chichester: Wiley

Robertson, James (1953) *A Two Year Old Goes to Hospital*, Ipswich: Concord Films Council

Robertson, James & Joyce (1976) *Young Children in Brief Separation: Five Films,* Ipswich: Concord Films Council

Rosenfeld, H (1987) *Impasse and Interpretation*, London: Tavistock

Rustin, M E (1989, forthcoming)'Clinical Research: the Strength of a Practitioner's Workshop as a New Model', *Journal of Child Psychotherapy*

Rustin, M J (1987)'Psychoanalysis, Realism, and the new Sociology of Science', *Free Associations*, No. 9

Rutter, M (1981) *Maternal Deprivation Reassessed*, Harmondsworth: Penguin Books

Rutter, M (1989)'Pathways from Childhood to Adult Life', in *Journal of Child Psychology and Psychiatry*, Vol. 3, No.1

Schaffer, H R (1977)'Early Interactive Development', in. Schaffer, H R (ed) *Studies in Mother-Infant interaction*, London: Academic Press

Schaffer, H R (1986)'Child Psychology: the future', in *Journal of Child Psychology and Psychiatry*, Vol. 27, No. 6

Schaffer, H R & Collis, G M (1986)'Parental Responsiveness and Child Behaviour', in Sluckin, N & Herbert, M (eds) *Parental Behaviour in Animals and Humans,*1Oxford: Bladtwell

Schaffer, H R & Dunn, J (1979) *The First Year of Life, Chichester*: Wiley

Schwarz, K & Jacobs, J (1979) *Qualitative Sociology; a Method to the Madness*, New York: Free Press

Segal, H (1957)'Notes on Symbol Formation', *International Journal of Psychoanalysis*, Vol. 38, pp. 391-7; also In *The Work of Hanna Segal*, New York: Aronson

Spillius, E (1988) *Melanie Klein Today; Developments in Theory and Practice*, Vol. 1, London: Routledge

Spitz, R A (1945)'Hospitalism: An Inquiry in the Genesis of Psychiatric Conditions in Early Childhood', in *The Psychoanalytic Study of the Child*, Vol. 1, New

York: International Universities Press

Stern, D N (1985) *The Interpersonal World of the Infant: a View from Psychoanalysis and Developmental Psychology,* New York: Basic Books

Stratton, P (1982)'Significance of the Psycho-biology of the Human Newborn', in Stratton, P (ed) *Psychobiology of the Human Newborn,* Chichester: Wiley Szur, R et al (1981)'Colloquium: Hospital Care of the Newborn: Some Aspects of Personal Stress', *Journal of Child Psychotherapy,* Vol. 7, No. 2

Taylor, C (1985)'Neutrality in Political Science', in *Philosophy and the Human Sciences: Philosophical Papers 2,* Cambridge; CUP

Trevarthen, C (1977)'Descriptive Analyses of Infant Communicative Behaviour', in Schaffer, H R (ed) *Studies in Mother-Infant Interaction,* London: Academic Press

Trevarthen, C (1979)'Communication and Co-operation in Early Infancy: a Description of Primary Intersubjectivity', in Bullowa, M (ed) *Before Speech,* Cambridge: CUP

Trevarthen, C (1980)'The Foundations of Intersubjectivity: Development of Interpersonal and Cooperative Understanding in Infants', in Olson, D R (ed) *The Social Foundations of Language and Thought,* Toronto: Norton

Trowell, J (1982),'Effects of Obstetric Management on the Mother-Child Relationship' in Murray Parkes, C & Stevenson-Hinde, J (eds), *The Place of Attachment in Human Behaviour,* London: Tavistock

Trowell, J (1989, forthcoming)'The Use of Observation Skills', in Central Council for Education and Training in Social Work, *Post-Qualifying and Advanced Training for Social Workers: the New Priority*

Tustin, F (1972) *Autism and Childhood Psychosis,* London: Hogarth

Tustin, F (1981) *Autistic States in Children,* London: Routledge & Kegan Paul

Tustin, F (1986)*Autistic Barriers in Neurotic Patients,* London: Karnac

Willis, P (1977) *Learning to Labour,* Aldershot: Saxon House

Winnicott, D W (1941)'Observation of Infants in a Set Situation', in *Collected Papers,* London: Tavistock (1958)

Winnicott, D W (1945)'Primitive Emotional Development', in *Collected Papers,* London: Tavistock (1958)

Winnicott, D W (1949)'Mind and its Relation to Psyche-Soma', in *Collected Papers*, London: Tavistock (1958)

Winnicott, D W (1951)'Transitional Objects and Transitional Phenomena', in *Collected Papers,* London; Tavistock (1958)

Winnicott, D W (1960a)'The Theory of the Parent-Infant Relationship', in *International Journal of Psychoanalysis,* Vol. 41, pp. 686-95; also in *The Matutational Processes and the Facilitating Environment,* London: Hogarth (1965)

Winnicott, D W (1960b)'Ego Distortion in Terms of the True and False Self, in *The Maturational Process and the Facilitating Environment,* London: Hogarth

Winnicott, D W (1971) *Playing and Reality,* London: Tavistock

英汉专业术语表

anthropology	人类学
bad experience	坏的经验
case-study method	个案研究法
child psychotherapist	儿童心理治疗师
child psychotherapy training	儿童心理治疗师训练
competitiveness between sisters	姊妹之间的竞争
container	涵容器
container-contained	涵容者－被涵容
countertransference	反移情
depressive position	抑郁心智状态
ethnography	民族志
external world	外在世界
father's relation with infant	父亲与婴儿的关系
homogeneous entity	同质的实体
impact	冲击
inner world	内在世界
internal object relation	内在客体关系
internal object	内在客体

internalization	内化
introjection	内摄
Kleinian psychoanalysis	克莱茵精神分析学派
mother's anxiety	母亲的焦虑
object relation	客体关系
observations reports	观察报告
paranoid-schizoid position	偏执－分裂位置
projective identification	投射性认同
psychoanalytic approach	精神分析导向
psychoanalytic clinic research	精神分析临床研究
psychoanalytic infant observation	精神分析导向婴儿观察法
return to work	重回职场
sense of self	自我感
sibling relationship	手足关系
sociology	社会学
special ability	特殊能力
symbol formation	象征能力
transference	移情
transitional object	过渡客体
weaning	断奶
whole persons	完整的人